新世纪高等职业教育
数学类课程规划教材

Advanced Mathematics

高等数学

微课版

- 主　编　薛　贞　王宝谦
  副主编　焦树锋　韩　群　皮小红
  参　编　张秀玲　贾增畔　李敦峰　商玉芳
  主　审　颜秉霞

U0245288

 大连理工大学出版社

图书在版编目(CIP)数据

高等数学 / 薛贞,王宝谦主编. -- 大连 : 大连理
工大学出版社,2023.6(2024.8 重印)
　新世纪高等职业教育数学类课程规划教材
　ISBN 978-7-5685-4271-5

Ⅰ. ①高… Ⅱ. ①薛… ②王… Ⅲ. ①高等数学－高
等职业教育－教材 Ⅳ. ①O13

中国国家版本馆 CIP 数据核字(2023)第 050106 号

大连理工大学出版社出版
地址:大连市软件园路 80 号　邮政编码:116023
发行:0411-84708842　邮购:0411-84708943　传真:0411-84701466
E-mail:dutp@dutp.cn　URL:https://www.dutp.cn
大连永盛印业有限公司印刷　　　　　大连理工大学出版社发行

幅面尺寸:185mm×260mm　　　印张:13　　　字数:300 千字
2023 年 6 月第 1 版　　　　　　　　　2024 年 8 月第 2 次印刷

责任编辑:程砚芳　　　　　　　　　　　　责任校对:刘俊如
　　　　　　　　　封面设计:张　莹

ISBN 978-7-5685-4271-5　　　　　　　　定　价:41.80 元

　　《高等数学》是新世纪高等职业教育教材编审委员会组编的数学类课程规划教材之一。

　　高等数学是高职高专院校各专业学生必修的一门重要的公共基础理论课,也是学生学历提升、进修考试的必考科目之一。其教学内容不仅关系到学生后续专业课程的学习,还关系到学生专业素质的提高。所以,教材的编写不但要让学生获得高等数学的基础知识和基本技能,为后续课程的学习打好基础,还要让学生获得一定的数学思想和方法,充分利用学科的特点,培养学生好学的精神、一丝不苟的工作态度、良好的思维习惯,帮助学生提升数学思维品质,形成科学正确的价值观、人生观和世界观。

　　本教材是根据高等职业教育高等数学课程教学基本要求和公共基础课考试要求并结合国际国内同类教材发展趋势编写的。本教材具有以下特点:

　　1.培养目标明确,课程思政内容贯穿始终。本教材每一小节都附有学习要求,让学生明确在学习过程中的具体要求,做到心中有数。思政案例贯穿始终,坚持立德树人根本任务。

　　2.注重能力培养,把提升素质贯穿始终。紧扣大纲要求,淡化定理证明,在原有知识体系的基础上,重新编制教学内容,做到精讲、多练。对于较难的知识点,编制了图形、结构图或程序图,梳理知识结构,帮助学生理解和应用,让知识的形成收敛于不同情境中,达到提升学生数学思维品质的目的。

　　3.教学资源丰富,使用针对性强。题例编排充分根据学科的特点,借助一题多解,较好地发散学生的数学思维;在每一小节后根据大纲要求和学生实际情况,分层次、按需求,由浅入深,精心配置了大量的习题和复习题,满足了不同层次学生的需求,让学习更加有的放矢,让数学课堂充满智慧。

　　4.实现有效衔接,完善自我发展。中学数学知识在高等数学中的应用是学生学习高等数学的短板,所以本教材附录中编写了初等代数、三角函数、求面积和体积等初等数学知识,还精心绘制了基本初等函数、椭圆、双曲线、抛物线的图象并标识了它们的方程,为学生进一步学好高等数学奠定了基础,实现了初等数学和高等数学的有效衔接。

　　5.增加了二维码,实现数字化教学。学生通过手机扫描二维码,可以阅读推动绿色发展、论数学美等拓展知识,做一个发现美、感悟美、践行美的人;还可以看到相关知识的图象、动画、微视频,来深入理解课程内容、拓展知识、解决难点。

本教材共7章教学内容,分别是函数、极限与连续,一元函数微分学,一元函数积分学,多元函数微积分学,常微分方程,向量代数与空间解析几何,无穷级数。

本教材由滨州职业学院薛贞、王宝谦担任主编;由滨州职业学院焦树锋、韩群,江西水利职业学院皮小红担任副主编;滨州职业学院张秀玲、贾增畔、李敦峰、商玉芳参与了教材部分内容的编写工作。具体编写分工如下:王宝谦编写习题、复习题及其答案,薛贞编写第1章;焦树锋编写第2章;皮小红编写第3章;韩群编写第4章;贾增畔编写第5章;李敦峰编写第6章;张秀玲、商玉芳编写第7章。全书由薛贞、王宝谦设计和确定篇章结构,并完成统稿、修改与定稿工作。滨州职业学院颜秉霞教授审阅全部书稿。

本教材在编写和出版发行过程中,曾参考了国内出版的同类教材,并得到有关院校、部门以及编审者的大力支持,在此谨致谢忱。相关著作权人看到本教材后,请与出版社联系,出版社将按照相关法律的规定支付稿酬。

为了提高本教材的质量,热诚希望读者提出宝贵的意见,以便进一步修订和完善。在使用过程中,有不妥之处,恳请批评指正。

编　者
2023 年 6 月

所有意见和建议请发往:dutpgz@163.com
欢迎访问职教数字化服务平台:https://www.dutp.cn/sve/
联系电话:0411-84706581　84706672

目　录

第1章 函数、极限与连续

1.1 函 数

学习目标

1. 理解函数的概念,会求函数的定义域、表达式及函数值,会建立应用问题的函数关系.

2. 掌握函数的有界性、单调性、周期性和奇偶性.

3. 理解分段函数、反函数和复合函数的概念.

4. 掌握函数的四则运算与复合运算.

5. 掌握基本初等函数的性质及其图形,了解初等函数的概念.

6. 理解经济学中的几种常见函数(成本函数、收益函数、利润函数、需求函数和供给函数).

▷ 1.1.1 函数的定义

定义1-1-1 设 X 是给定的一个数集,f 是某一确定的对应关系. 若对于 X 中的每一个 x 依照 f 有唯一确定的实数 y 与之对应,则称变量 y 为变量 x 在 X 上的一元函数,简称函数,记为 $y = f(x)$,$x \in X$. 其中 x 称为自变量,y 称为因变量,x 的变化范围称为函数的定义域,y 的变化范围称为函数的值域.

> 注意

(1)确定函数的两要素是:定义域和对应关系.

(2)常用的函数的表示方法是:表格法、图象法、解析法.

▷ **例1** 函数 $y = 2\ln x$ 与 $y = \ln x^2$ 是否为同一个函数?

解 $y = 2\ln x$ 的定义域为 $\{x \mid x > 0, x \in \mathbf{R}\}$,$y = \ln x^2$ 的定义域为 $\{x \mid x \neq 0, x \in \mathbf{R}\}$.

1

两个函数的定义域不同,故这两个函数为不同的函数.

定义 1-1-2 对定义域的不同部分,对应关系用不同的解析式表示的函数称为分段函数.

几种常见的分段函数:

(1)绝对值函数 $y=|x|=\begin{cases} x, & x\geqslant0 \\ -x, & x<0 \end{cases}$,如图 1-1 所示.

(2)符号函数 $\mathrm{sgn}(x)=\begin{cases} -1, & x<0 \\ 0, & x=0 \\ 1, & x>0 \end{cases}$,如图 1-2 所示.

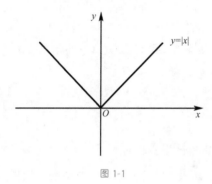

图 1-1

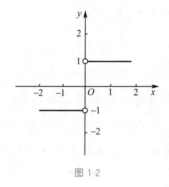

图 1-2

(3)狄利克雷函数 $D(x)=\begin{cases} 1, & x\in\mathbf{Q} \\ 0, & x\in\mathbf{Q}^c \end{cases}$.

(4)取整函数 $y=[x]$.$[x]$ 表示不超过 x 的最大整数,如图 1-3 所示.

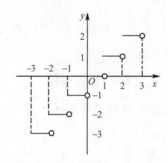

图 1-3

▷ **例 2** 设函数 $f(x)=\begin{cases} |x-2|, & x\leqslant2 \\ 0, & x>2 \end{cases}$,求函数的定义域及 $f[f(3)]$.

解 函数的定义域是 **R**.$f[f(3)]=f(0)=2$.

例 3　若 $f(x)=\begin{cases}1, & |x|<1 \\ 0, & |x|=1, g(x)=\mathrm{e}^x, \text{求 } f[g(\ln 2)] \text{ 及 } g[f(\ln 2)]. \\ -1, & |x|>1\end{cases}$

解　$f[g(\ln 2)]=f(2)=-1, g[f(\ln 2)]=g(1)=\mathrm{e}.$

例 4　函数 $y=\mathrm{sgn}(x)=\begin{cases}-1, & x<0 \\ 0, & x=0 \text{ 的值域是}\underline{\hspace{2cm}}. \\ 1, & x>0\end{cases}$

解　值域是 $\{-1,0,1\}$.

例 5　已知 $f(x)=\dfrac{x}{\sqrt{x^2+1}}$，求 $f[f(x)]$.

解　因为

$$f(x)=\frac{x}{\sqrt{x^2+1}},$$

所以

$$f[f(x)]=\frac{\dfrac{x}{\sqrt{x^2+1}}}{\sqrt{\dfrac{x^2}{x^2+1}+1}}=\frac{x}{\sqrt{2x^2+1}}.$$

1.1.2　函数 $y=f(x), x\in X$ 的几种特性

1. 有界性

定义 1-1-3　对 $\forall x\in X, \exists M>0$，使得 $|f(x)|\leqslant M$，则称 $y=f(x)$ 在 X 上有界.

2. 奇偶性

定义 1-1-4　设 X 关于原点对称，对 $\forall x\in X$，有 $f(-x)=f(x)$，则称 $f(x)$ 在 X 上为偶函数；对 $\forall x\in X$，有 $f(-x)=-f(x)$，则称 $f(x)$ 在 X 上为奇函数.

说明：奇函数的图象关于原点对称，偶函数的图象关于 y 轴对称.

例 6　判断下列函数的奇偶性（图象关于_____对称）.

$(1)f(x)=x\cdot\dfrac{a^x-1}{a^x+1}$; $\qquad(2)f(x)=\dfrac{\mathrm{e}^x-\mathrm{e}^{-x}}{2}$; $\qquad(3)f(x)=\ln(x+\sqrt{x^2+1})$.

解　(1) 函数的定义域是关于原点对称的区间 $(-\infty,+\infty)$，因为

$$f(-x)=-x\cdot\frac{a^{-x}-1}{a^{-x}+1}=-x\cdot\frac{1-a^x}{1+a^x}=x\cdot\frac{a^x-1}{a^x+1}=f(x),$$

所以 $f(x)=x \cdot \dfrac{a^x-1}{a^x+1}$ 是偶函数(图象关于 y 轴对称).

(2)函数的定义域是关于原点对称的区间 $(-\infty,+\infty)$,因为

$$f(-x)=\frac{\mathrm{e}^{-x}-\mathrm{e}^{-(-x)}}{2}=\frac{\mathrm{e}^{-x}-\mathrm{e}^{x}}{2}=-\frac{\mathrm{e}^{x}-\mathrm{e}^{-x}}{2}=-f(x),$$

所以 $f(x)=\dfrac{\mathrm{e}^{x}-\mathrm{e}^{-x}}{2}$ 是奇函数(图象关于原点对称).

(3)函数的定义域是关于原点对称的区间 $(-\infty,+\infty)$,因为

$$f(-x)=\ln(-x+\sqrt{x^2+1})=\ln\left(\frac{1}{x+\sqrt{x^2+1}}\right)$$

$$=-\ln(x+\sqrt{x^2+1})=-f(x),$$

所以 $f(x)=\ln(x+\sqrt{x^2+1})$ 是奇函数(图象关于原点对称).

3. 单调性

定义 1-1-5 设 $I \subset X,\forall x_1,x_2 \in I$,且 $x_1<x_2$,若 $f(x_1)<f(x_2)$(或 $f(x_1)>f(x_2)$)恒成立,则称 $f(x)$ 在区间 I 上是单调增加(或减少)的.

4. 周期性

定义 1-1-6 设常数 $T \neq 0,\forall x \in X,x \pm T \in X$,且 $f(x \pm T)=f(x)$,则称 $f(x)$ 为周期函数.

▷ **例 7** 求函数 $f(x)=\sin\dfrac{x}{2}+\cos\dfrac{x}{3}$ 的周期.

解 根据三角函数 $y=A\sin(\omega x+\varphi)+B,y=A\cos(\omega x+\varphi)+B$ 的周期 $T=\dfrac{2\pi}{|\omega|}$,得 $y=\sin\dfrac{x}{2}$ 的周期是 $4\pi,y=\cos\dfrac{x}{3}$ 的周期是 6π,所以 $f(x)=\sin\dfrac{x}{2}+\cos\dfrac{x}{3}$ 的周期是 12π.

▶ 1.1.3　反函数

定义 1-1-7 设 $y=f(x),x \in X$,其值域为 Y,若对 $\forall y \in Y$,有唯一的 $x \in X$,使得 $y=f(x)$,则得到一个定义在 Y 上以 y 为自变量的函数 $x=\varphi(y),y \in Y$,这个函数称为 $y=f(x)$ 的反函数.记为 $y=f^{-1}(x),x \in Y,y \in X$.

《注意》

（1）并非所有的函数都有反函数.

（2）反函数存在的条件：x,y 是一一对应的.

（3）原函数的定义域恰好是其反函数的值域，而原函数的值域恰好是其反函数的定义域.

（4）$y=f(x)$ 与 $y=f^{-1}(x)$ 互为反函数.

（5）$y=f(x)$ 与 $y=f^{-1}(x)$ 的图象关于直线 $y=x$ 对称.

反正弦函数 $y=\arcsin x$ 是正弦函数 $y=\sin x$ 在 $\left[-\dfrac{\pi}{2},\dfrac{\pi}{2}\right]$ 上的反函数，其定义域是 $[-1,1]$，值域是 $\left[-\dfrac{\pi}{2},\dfrac{\pi}{2}\right]$.

反余弦函数 $y=\arccos x$ 是余弦函数 $y=\cos x$ 在 $[0,\pi]$ 上的反函数，其定义域是 $[-1,1]$，值域是 $[0,\pi]$.

反正切函数 $y=\arctan x$ 是正切函数 $y=\tan x$ 在 $\left(-\dfrac{\pi}{2},\dfrac{\pi}{2}\right)$ 上的反函数，其定义域是 $\mathbf{R}$，值域是 $\left(-\dfrac{\pi}{2},\dfrac{\pi}{2}\right)$.

反余切函数 $y=\operatorname{arccot} x$ 是余切函数 $y=\cot x$ 在 $(0,\pi)$ 上的反函数，其定义域是 $\mathbf{R}$，值域是 $(0,\pi)$.

▷ 例 8　求 $y=2x-1$ 的反函数.

解　由 $y=2x-1\Rightarrow x=\dfrac{y+1}{2}$，知 $y=\dfrac{x+1}{2}(x\in\mathbf{R})$ 是 $y=2x-1$ 的反函数. 函数图象如图 1-4 所示.

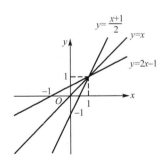

图 1-4

> **例 9** 求 $\arcsin\dfrac{1}{2}$，$\arccos\left(-\dfrac{\sqrt{3}}{2}\right)$，$\arctan 1$ 的值.

解 $\arcsin\dfrac{1}{2}=\dfrac{\pi}{6}$，$\arccos\left(-\dfrac{\sqrt{3}}{2}\right)=\pi-\dfrac{\pi}{6}=\dfrac{5\pi}{6}$，$\arctan 1=\dfrac{\pi}{4}$.

1.1.4 基本初等函数

幂函数、指数函数、对数函数、三角函数、反三角函数统称为基本初等函数.其函数表达式及图形见附录Ⅱ.

邻域：设 $a,\delta\in\mathbf{R}$，$\delta>0$，数集 $\{x\mid|x-a|<\delta\}$ 称为点 a 的 δ 邻域，记为 $N(a,\delta)$，点 a 与数 δ 分别称为这个邻域的中心与半径.数集 $\{x\mid0<|x-a|<\delta\}$ 称为点 a 的 δ 空心邻域，记为 $N(\hat{a},\delta)$.(图 1-5)

图 1-5

显然，$N(a,\delta)=(a-\delta,a+\delta)$，$N(\hat{a},\delta)=(a-\delta,a)\bigcup(a,a+\delta)$.

1.1.5 复合函数与初等函数

1. 复合函数

定义 1-1-8 设函数 $y=f(u)$，$u\in U$；$u=\varphi(x)$，$x\in X$，$D=\{x\in X\mid\varphi(x)\in U\}\neq\varnothing$，则 $y=f[\varphi(x)]$，$x\in D$，称为 $y=f(u)$，$u=\varphi(x)$ 的复合函数，u 称为中间变量.

> **例 10** 设函数 $f(x)=x^3$，$\varphi(x)=\sin\sqrt{x}$，求 $f[\varphi(x)]$，$\varphi[f(x)]$.

解
$$f[\varphi(x)]=[\varphi(x)]^3=\sin^3\sqrt{x},$$
$$\varphi[f(x)]=\sin\sqrt{f(x)}=\sin(x^{\frac{3}{2}}).$$

> **例 11** 分别指出函数 $y=\sin5x$，$y=\mathrm{e}^{\sin\frac{1}{x}}$ 是由哪些简单函数复合而成的.

解 $y=\sin5x$ 是由 $y=\sin u$，$u=5x$ 复合而成的；

$y=\mathrm{e}^{\sin\frac{1}{x}}$ 是由 $y=\mathrm{e}^u$，$u=\sin v$，$v=\dfrac{1}{x}$ 复合而成的.

2. 初等函数

定义 1-1-9 由常数和基本初等函数经过有限次四则运算和有限次函数复合构成的，并用一个式子表示的函数称为初等函数.

例如，$y=2x^2-1$，$y=\sin\dfrac{1}{x}$，$y=|x|=\sqrt{x^2}$ 都是初等函数.

例 12 求函数 $y=\sqrt{1-x^2}-\arccos\dfrac{x+1}{2}$ 的定义域.

解 因为

$$y=\sqrt{1-x^2}-\arccos\dfrac{x+1}{2},$$

所以

$$\begin{cases} 1-x^2\geqslant 0 \\ -1\leqslant\dfrac{x+1}{2}\leqslant 1 \end{cases} \Rightarrow \begin{cases} -1\leqslant x\leqslant 1 \\ -3\leqslant x\leqslant 1 \end{cases} \Rightarrow -1\leqslant x\leqslant 1.$$

因此，函数 $y=\sqrt{1-x^2}-\arccos\dfrac{x+1}{2}$ 的定义域是 $\{x\mid -1\leqslant x\leqslant 1\}$，用区间表示为 $[-1,1]$.

1.1.6 常用经济函数

1. 需求函数

某种商品的市场需求量 Q 与该商品的价格 p 密切相关，通常降低商品价格会使需求量增加，而提高商品价格会使需求量减少. 如果不考虑其他因素的影响，需求量 Q 可以看成价格 p 的一元函数，称为需求函数，记作

$$Q=Q(p).$$

一般来说，需求函数为价格 p 的单调减少函数.

根据市场统计资料，常见的需求函数有以下几种类型：

(1) 线性需求函数 $Q=a-bp$ （$a>0,b>0$）；

(2) 二次需求函数 $Q=a-bp-cp^2$ （$a>0,b>0,c>0$）；

(3) 指数需求函数 $Q=a\mathrm{e}^{-bp}$ （$a>0,b>0$）.

2. 供给函数

某种商品的市场供给量 S 也受商品价格 p 的制约，价格上涨将刺激生产者向市场提供更多的商品，使供给量增加；反之，价格下跌将使供给量减少. 供给量 S 也可以看成价格 p 的一元函数，称为供给函数，记作

$$S=S(p).$$

供给函数为价格 p 的单调增加函数.

常见的供给函数有线性函数、二次函数、幂函数、指数函数等.其中,线性供给函数为

$$S = -c + dp \quad (c > 0, d > 0).$$

使商品的市场需求量与供给量相等的价格 p_0,称为**均衡价格**.

说明:当 $p > p_0$ 时,供大于求;当 $p < p_0$ 时,供不应求.通过市场价格的调节达到平衡.

3. 总成本函数、收入函数和利润函数

在生产和产品的经营活动中,总成本、收入、利润都可以看成产量或销量 q 的函数.总成本函数,记为 $C(q)$;收入函数,记为 $R(q)$;利润函数,记为 $L(q)$.

因此,$C(q) = C_0 + C_1(q)$,其中 C_0 为固定成本,$C_1(q)$ 为可变成本;$R(q) = pq$;$L(q) = R(q) - C(q)$.

例 13 企业生产某种产品,固定成本为 2 万元,可变成本与产量 q(单位:件)成正比,且每多生产一件成本增加 30 元,求总成本函数和平均成本函数.如果产品出厂价格 p 为 80 元/件,且产品都能售出,求总收益函数和总利润函数,试进行盈亏分析并求该企业的盈亏临界点.

解 依题意,生产量为 q 件时的总成本函数为

$$C(q) = C_0 + C_1(q) = 20\,000 + 30q,$$

平均成本函数为

$$\overline{C(q)} = \frac{C(q)}{q} = \frac{20\,000}{q} + 30,$$

总收益函数为

$$R(q) = pq = 80q,$$

总利润函数为

$$L(q) = R(q) - C(q) = 80q - (20\,000 + 30q) = 50(q - 400).$$

当 $q < q_0 = 400$ 时,$L(q) < 0$,企业经营亏损;当 $q > q_0 = 400$ 时,$L(q) > 0$,企业经营盈利.因此,该企业的盈亏临界点为 $q_0 = 400$ 件.

课前练习

1.解下列方程或方程组.

(1) $x^2 + 7x - 8 = 0$;

(2) $2x^2 - 10x + 12 = 0$;

(3) $x^2 + 6x + 9 = 0$;

(4) $x^2 - 4x + 7 = 0$;

(5) $\begin{cases} x + 2y = 3 \\ y^2 = x \end{cases}$;

(6) $\begin{cases} 3x - x^2 - 2xy = 0 \\ 3y - 2xy - y^2 = 0 \end{cases}$.

2.写出以 -2 和 4 为两个根的一元二次方程.

3.解下列不等式.

(1) $\dfrac{x}{3}-1\geqslant 0$；

(2) $1-2x>3$；

(3) $|x|-2<0$；

(4) $|3-x|\geqslant 1$；

(5) $4-x^2\geqslant 0$；

(6) $x^2-2x-3>0$；

(7) $x^2\leqslant 7x-6$；

(8) $\dfrac{2-x}{1+x}\leqslant 0$.

4.求过点 $(2,-1)$ 且斜率为 $-\dfrac{1}{2}$ 的直线方程.

5.求角的大小.（单位：弧度）

(1)设 $\cos\theta=\dfrac{1}{\sqrt{2}}$，且 $\theta\in[0,\pi]$，求 θ；

(2)设 $\cos\theta=-\dfrac{1}{2}$，且 $\theta\in[0,\pi]$，求 θ；

(3)求出两条直线 $y=\dfrac{\sqrt{3}}{3}x$ 和 $y=-\sqrt{3}\,x$ 的倾斜角.

习题答案：函数图形

6.画出下列直线或曲线.

(1) $y=x$；

(2) $y=4x$；

(3) $y=\dfrac{x}{2}$；

(4) $y=-x$；

(5) $y=-2x+4$；

(6) $x+y=1$；

(7) $x=3+2y$；

(8) $y=\sqrt{x^2}$；

(9) $y=|2-x|$；

(10) $xy=1$；

(11) $y=\dfrac{2}{x}$；

(12) $y=-\dfrac{1}{x}$；

(13) $y=x^2$；

(14) $y=4-x^2$；

(15) $y^2=x$；

(16) $y=\sqrt{x}$；

(17) $y=-\sqrt{x}$；

(18) $y=\sqrt{-2x}$；

(19) $x=\sqrt{y}$；

(20) $x=-\sqrt{4-y}$；

(21) $x^2+y^2=2$；

(22) $x^2+y^2-2x+4y-4=0$；

(23) $y=\sqrt{16-x^2}$；

(24) $y=\sqrt{2x-x^2}$；

(25) $y=1-\sqrt{1-x^2}$；

(26) $x=-\sqrt{2y-y^2}$.

1.求下列函数的定义域.

$(1) y = \dfrac{1}{\sqrt{2-x}}$;

$(2) y = \sqrt{|x|-1}$;

$(3) y = \sqrt{\dfrac{1}{x} - 3}$;

$(4) y = \ln(3+x)$;

$(5) y = \sqrt{2-x} + \dfrac{1}{\ln(3+x)}$;

$(6) y = \sin(3x+1)$;

$(7) y = \cos\sqrt{4-x^2}$;

$(8) y = \arcsin(x+1)$;

$(9) y = \arccos\dfrac{1}{x}$;

$(10) y = \dfrac{1}{\sqrt{x^2-3x-4}} + \arcsin\dfrac{2-x}{3}$.

2.求下列函数值或函数表达式.

(1) 设 $f(x) = \dfrac{1}{1-x}$,求 $f\left[f\left(-\dfrac{1}{2} \right) \right]$;

(2) 设 $f(x) = \arcsin x$,$g(x) = \dfrac{1}{2}e^x - 1$,求 $f[g(0)]$;

(3) 设 $f(x) = \ln(x^2-1)$,$g(x) = \begin{cases} x, & x \geqslant 1 \\ 0, & x < 1 \end{cases}$,求 $g[f(2)]$;

(4) 设 $f(x) = x^3 - 3x + 2$,$g(x) = \cot x$,求 $f\left[g\left(-\dfrac{\pi}{4} \right) \right]$;

(5) 设 $f(x) = \begin{cases} |1-x|, & x \leqslant 3 \\ 2, & x > 3 \end{cases}$,求 $f[f(4)]$;

(6) 设 $f(x) = \begin{cases} \dfrac{1}{x}, & |x| > 1 \\ 0, & |x| \leqslant 1 \end{cases}$,求 $f[f(-2\,022)]$;

(7) 设 $f(1-2x) = -x$,求 $f(0)$ 和 $f(x)$;

(8) 设 $f(x) = \dfrac{1+x}{1-x}$,且 $x \neq 0$,$x \neq 1$,求 $f\left(\dfrac{1}{x} \right)$ 和 $f[f(x)]$.

3.判断下列函数的奇偶性.

$(1) y = \dfrac{1}{x}$;

$(2) y = -2\sin x$;

$(3) y = \tan x$;

$(4) y = \arcsin x$;

$(5) y = -|x|$;

$(6) y = \cos x$;

$(7) y = x \arctan x$;

$(8) y = e^x + e^{-x}$;

$(9) y = 1 - \sqrt[3]{x^2}$;

$(10) y = (\sqrt{x})^2$;

$(11) y = e^{x^3}$;

$(12) y = \dfrac{e^x + 1}{e^x - 1}$;

$(13) y = \dfrac{1}{2^x + 1} - \dfrac{1}{2}$;

$(14) y = x \ln(\sqrt{1 + x^2} - x)$;

$(15) y = \dfrac{1}{(x+1)^2}$.

4. 画出 $y = \sin x$ 和 $y = \cos x$ 在 $[0, 2\pi]$ 上的图象,并求其单调增减区间.

5. 假设某企业生产的一种产品的市场需求量 Q(单位:件)与其价格 p(单位:元)的关系为 $Q(p) = 120 - 8p$,其总成本函数为 $C(Q) = 100 + 5Q$,求总利润函数.

1.2 三 极 限

动画:极限

学习目标

1. 理解数列极限和函数极限(包括左极限与右极限)的概念,理解函数极限存在与左极限、右极限存在之间的关系.

2. 了解数列极限和函数极限的性质.了解数列极限和函数极限存在的两个准则(夹逼准则与单调有界准则),熟练掌握数列极限和函数极限的四则运算法则.

3. 熟练掌握利用两个重要极限 $\lim\limits_{x \to 0} \dfrac{\sin x}{x} = 1, \lim\limits_{x \to \infty}\left(1 + \dfrac{1}{x}\right)^x = e$ 求极限的方法.

4. 理解无穷小量、无穷大量的概念,掌握无穷小量的性质、无穷小量与无穷大量的关系,会比较无穷小量的阶(高阶、低阶、同阶和等价),会运用等价无穷小量替换求极限.

▶ **1.2.1 数列的极限**

定义 1-2-1 对于数列 $\{x_n\}$:$n \to \infty$ 时,$x_n \to a$(固定常数),则 a 是数列 $\{x_n\}$ 的极限.

记为 $\lim\limits_{n \to \infty} x_n = a$,或 $x_n \to a (n \to \infty)$,并称数列 $\{x_n\}$ 是收敛的.若数列 $\{x_n\}$ 无极限,则称数列 $\{x_n\}$ 是发散的.

也可以表述为 $n \to \infty$,$|x_n - a| \to 0$;或 $\forall \varepsilon > 0$,$\exists N$,当 $n > N$ 时,$|x_n - a| < \varepsilon$.

数列极限也可记为 $\lim\limits_{n \to \infty} f(n) = A$.

例如，数列 $\{x_n\}$：$1, \dfrac{1}{2}, \dfrac{1}{4}, \dfrac{1}{8}, \dfrac{1}{16}, \cdots, \dfrac{1}{2^{n-1}}, \cdots$ 如图 1-6 所示，可记为 $\lim\limits_{n \to \infty} \dfrac{1}{2^{n-1}} = 0$.

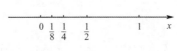

图 1-6

例 1 利用数列极限的定义，讨论下列数列的极限.

(1) $2, \dfrac{1}{2}, \dfrac{4}{3}, \dfrac{3}{4}, \cdots, 1 + (-1)^{n-1} \dfrac{1}{n}, \cdots$；

(2) $2, \dfrac{1}{2}, 2, \dfrac{1}{4}, \cdots, 2, \dfrac{1}{2n}, \cdots$.

解 (1) 由图 1-7 观察知，$\lim\limits_{n \to \infty} \left[1 + (-1)^{n-1} \dfrac{1}{n}\right] = 1$.

(2) 由图 1-8 观察知，数列发散.

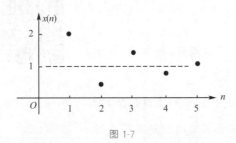

图 1-7

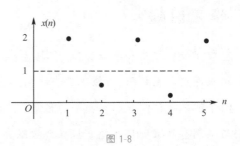

图 1-8

例 2 讨论下列数列的极限.

(1) $x_n = \dfrac{n + (-1)^{n+1}}{n}$；   (2) $x_n = \dfrac{1 + (-1)^n}{2}$.

解 (1) 因为

$$x_n = \frac{n + (-1)^{n+1}}{n} = 1 + (-1)^{n+1} \frac{1}{n} \to 1,$$

所以

$$\lim_{n \to \infty} x_n = 1.$$

(2) 因为 $x_n = \dfrac{1 + (-1)^n}{2}$ 为 $0, 1, 0, 1, \cdots$，其数值在 0 与 1 之间来回摆动，不是无限趋

近于一个固定的常数，所以 $\lim\limits_{n \to \infty} x_n$ 不存在，此数列是发散的.

▶ 1.2.2　数列极限的性质

性质 1（唯一性）　若数列 $\{x_n\}$ 收敛，则其极限是唯一的.

性质 2（有界性）　若数列 $\{x_n\}$ 收敛，则数列 $\{x_n\}$ 有界.

性质 3（保号性）　若 $\lim\limits_{n\to\infty}x_n=a>0(a<0)$，则存在正整数 N，当 $n>N$ 时，有 $x_n>0(x_n<0)$.

性质 4　设 $\lim\limits_{n\to\infty}x_n=a$ 和 $\lim\limits_{n\to\infty}y_n=b$，若存在正整数 N，当 $n>N$ 时，有 $x_n\leqslant y_n$，则 $a\leqslant b$.

▶ 1.2.3　极限存在的准则

准则 1（两边夹法则）　如果数列满足

$$a_n\leqslant b_n\leqslant c_n,$$

而 $\lim\limits_{n\to\infty}a_n=\lim\limits_{n\to\infty}c_n=A$，则 $\lim\limits_{n\to\infty}b_n=A$.

准则 2（单调有界收敛准则）　单调有界数列必有极限.

▶ **例 3**　求极限 $\lim\limits_{n\to\infty}(\sqrt{1+2+\cdots+n}-\sqrt{1+2+\cdots+(n-1)})$.

解
$$\lim_{n\to\infty}(\sqrt{1+2+\cdots+n}-\sqrt{1+2+\cdots+(n-1)})$$
$$=\lim_{n\to\infty}\frac{n}{\sqrt{1+2+\cdots+n}+\sqrt{1+2+\cdots+(n-1)}}$$
$$=\lim_{n\to\infty}\frac{n}{\sqrt{\dfrac{n(n+1)}{2}}+\sqrt{\dfrac{n(n-1)}{2}}}=\frac{\sqrt{2}}{2}.$$

▶ **例 4**　$\lim\limits_{n\to\infty}\left(\dfrac{1}{\sqrt{n^2+1}}+\dfrac{1}{\sqrt{n^2+2}}+\cdots+\dfrac{1}{\sqrt{n^2+n}}\right)$.

解　因为

$$\frac{n}{\sqrt{n^2+n}}<\frac{1}{\sqrt{n^2+1}}+\frac{1}{\sqrt{n^2+2}}+\cdots+\frac{1}{\sqrt{n^2+n}}<\frac{n}{\sqrt{n^2+1}},$$

而

$$\lim_{n \to \infty} \frac{n}{\sqrt{n^2+1}} = 1, \lim_{n \to \infty} \frac{n}{\sqrt{n^2+n}} = 1,$$

所以

$$\lim_{n \to \infty} \left(\frac{1}{\sqrt{n^2+1}} + \frac{1}{\sqrt{n^2+2}} + \cdots + \frac{1}{\sqrt{n^2+n}} \right) = 1.$$

▶ 1.2.4 函数的极限

1. $x \to \infty$ 时函数的极限

定义 1-2-2 有常数 $M > 0$，当 $|x| > M$ 时，函数 $f(x)$ 有定义，且当 $|x| \to \infty$ 时，$f(x) \to A$（常数），则 A 为 $x \to \infty$ 时 $f(x)$ 的极限.

记为 $\lim\limits_{x \to \infty} f(x) = A$ 或 $f(x) \to A (x \to \infty)$.

定义 1-2-2′（等价定义） 有常数 $M > 0$，当 $x > M$（或 $x < -M$）时，函数 $f(x)$ 有定义，且当 $x \to +\infty$（或 $x \to -\infty$）时，$f(x) \to A$（常数），则 A 叫作 $x \to +\infty$（或 $x \to -\infty$）时 $f(x)$ 的极限.

记为 $\lim\limits_{x \to +\infty} f(x) = A$ 或 $f(x) \to A (x \to +\infty)$ [或 $\lim\limits_{x \to -\infty} f(x) = A$ 或 $f(x) \to A (x \to -\infty)$].

例如，反比例函数 $y = \dfrac{1}{x}$，如图 1-9 所示，当 $x \to +\infty$ 时，$y \to 0$；当 $x \to -\infty$ 时，$y \to 0$.

所以，当 $x \to \infty$ 时，$y \to 0$. 记为 $\lim\limits_{x \to \infty} y = 0$，即 $\lim\limits_{x \to \infty} \dfrac{1}{x} = 0$.

▶ 例5 讨论 $\lim\limits_{x \to \infty} \dfrac{2x+1}{x}$.

解 因为 $\dfrac{2x+1}{x} = 2 + \dfrac{1}{x}$，当 $x \to \infty$ 时，$2 + \dfrac{1}{x} \to 2$，所以 $\lim\limits_{x \to \infty} \dfrac{2x+1}{x} = 2$.

定理 1-2-1 $\lim\limits_{x \to \infty} f(x) = A \Leftrightarrow \lim\limits_{x \to +\infty} f(x) = \lim\limits_{x \to -\infty} f(x) = A$.

2. $x \to x_0$ 时函数的极限

定义 1-2-3 设 $f(x)$ 在 $N(\hat{x}_0, \delta)$ 中有定义，当在 $N(\hat{x}_0, \delta)$ 内 $x \to x_0$ 时，$f(x) \to A$，则 A 为 $x \to x_0$ 时，函数 $f(x)$ 的极限. 记为 $\lim\limits_{x \to x_0} f(x) = A$ 或 $f(x) \to A (x \to x_0)$.

例如，函数 $y = \dfrac{x^2-4}{x-2} = x + 2 (x \neq 2)$，图形如图 1-10 所示，$\lim\limits_{x \to 2} \dfrac{x^2-4}{x-2} = 4$.

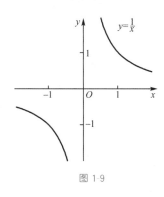

图 1-9

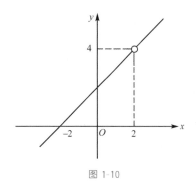

图 1-10

注意

(1) $f(x)$ 在 x_0 处有无极限与 $f(x)$ 在 x_0 处有无定义无关.

(2) 等价定义：$\forall \varepsilon > 0, \exists \delta > 0$, 当 $0 < |x - x_0| < \delta$ 时, $|f(x) - A| < \varepsilon$.

定义 1-2-4 设在 x_0 的某个右半邻域 $(x_0, x_0 + \delta)$ [左半邻域 $(x_0 - \delta, x_0)$] 内, 函数 $f(x)$ 有定义, 当自变量在此半邻域内无限趋近于 x_0 时, 相应的函数值 $f(x)$ 无限逼近常数 A, 则称 A 为函数 $f(x)$ 在点 x_0 处的右(左)极限.

记作 $\lim\limits_{x \to x_0^+} f(x) = A$ 或 $f(x_0^+) = A \left[\lim\limits_{x \to x_0^-} f(x) = A \right.$ 或 $\left. f(x_0^-) = A \right]$.

定理 1-2-2 $\lim\limits_{x \to x_0} f(x) = A \Leftrightarrow \lim\limits_{x \to x_0^+} f(x) = \lim\limits_{x \to x_0^-} f(x) = A$.

例如, 函数 $f(x) = \begin{cases} 1 - x, & 0 < x < 1 \\ 0, & x = 0 \\ -1 - x, & -1 \leq x < 0 \end{cases}$.

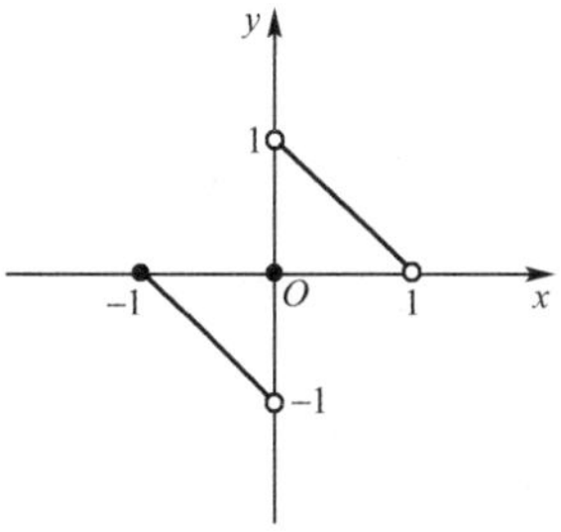

如图 1-11 所示, 当 $x \to 0^+$ 时, $f(x) \to 1$; 当 $x \to 0^-$ 时, $f(x) \to -1$.

图 1-11

所以, $\lim\limits_{x \to 0^+} f(x) = 1, \lim\limits_{x \to 0^-} f(x) = -1, \lim\limits_{x \to 0} f(x)$ 不存在.

1.2.5 函数极限的性质

性质 1 (极限的唯一性) 若函数极限存在, 则其极限是唯一的.

性质 2 (极限的局部有界性) 若 $\lim\limits_{x \to x_0} f(x) = A$, 则 $f(x)$ 在 x_0 的某个去心邻域 $N(\hat{x}_0, \delta)$ 内有界.

性质 3 （极限的局部保号性） 若 $\lim\limits_{x \to x_0} f(x) = A > 0 (A < 0)$，则 $\exists \delta > 0$，当 $0 < |x - x_0| < \delta$ 时，$f(x) > 0 [f(x) < 0]$.

性质 4 若 $\lim\limits_{x \to x_0} f(x) = A$，$\lim\limits_{x \to x_0} g(x) = B$，在 x_0 的某个去心邻域内有 $f(x) \leqslant g(x)$，则 $A \leqslant B$.

▶ 1.2.6 无穷小与无穷大

1. 无穷小量

定义 1-2-5 极限为零的变量称为无穷小量，简称无穷小.

注意

(1) 无穷小量的定义对数列也适用；

(2) 无穷小量是变量；

(3) 无穷小量是相对于某个变量而言的，不能说某个函数是无穷小量；

(4) 0 是唯一一个是无穷小量的常数.

定理 1-2-3 $\lim f(x) = A \Leftrightarrow f(x) = A + \alpha$，其中 $\lim \alpha = 0$.

2. 无穷大量

定义 1-2-6 在自变量 x 的某个变化过程中，相应的函数值的绝对值 $|f(x)|$ 无限增大，则称函数 $f(x)$ 为该自变量变化过程中的无穷大量，简称无穷大.

注意

(1) 无穷大量的定义对数列也适用；

(2) 无穷大量是变量，无论多大的数都不能作为无穷大量；

(3) 函数在变化过程中绝对值越来越大且可以无限增大时，才能称为无穷大量；

(4) 说无穷大量时，必须同时指出它的极限过程；

(5) 非零无穷小量和无穷大量存在倒数关系.

3. 无穷小量的性质

性质 1 有限个无穷小量的代数和仍为无穷小量.

性质 2 有界变量乘无穷小量仍为无穷小量.

性质 3　常数乘无穷小量仍是无穷小量.

性质 4　无穷小量乘无穷小量仍是无穷小量.

例如, $\lim\limits_{n\to\infty}\left(\dfrac{1}{n^2}+\dfrac{2}{n^2}+\cdots+\dfrac{n}{n^2}\right)=\dfrac{1}{2}$.

▶ 1.2.7　极限的运算法则

定理 1-2-4　令 $\lim u(x)=A$,$\lim v(x)=B$,则

$$\lim[u(x)\pm v(x)]=A\pm B\,;$$

$$\lim[u(x)\cdot v(x)]=A\cdot B\,;$$

$$\lim\frac{u(x)}{v(x)}=\frac{A}{B}\quad(\lim v(x)\neq 0).$$

推论　$\lim[c\cdot u(x)]=c\lim u(x)\,;\lim[u(x)]^n=[\lim u(x)]^n.$

▶ **例 6**　求 $\lim\limits_{x\to 2}(2x^3-x^2+1)$.

解　$\lim\limits_{x\to 2}(2x^3-x^2+1)=16-4+1=13.$

▶ **例 7**　求 $\lim\limits_{x\to 2}\dfrac{x^2-3x-8}{2x^3-x^2+1}$.

解　$\lim\limits_{x\to 2}\dfrac{x^2-3x-8}{2x^3-x^2+1}=\dfrac{\lim\limits_{x\to 2}(x^2-3x-8)}{\lim\limits_{x\to 2}(2x^3-x^2+1)}=-\dfrac{10}{13}.$

▶ **例 8**　求 $\lim\limits_{x\to 1}\dfrac{x^2+x}{x^2-1}$.

解　因为

$$\lim\limits_{x\to 1}\frac{x^2-1}{x^2+x}=0,$$

所以

$$\lim\limits_{x\to 1}\frac{x^2+x}{x^2-1}=\infty.$$

▶ **例 9**　求 $\lim\limits_{x\to 1}\dfrac{x^2+x-2}{x^2-1}$.

解　$\lim\limits_{x\to 1}\dfrac{x^2+x-2}{x^2-1}=\lim\limits_{x\to 1}\dfrac{(x+2)(x-1)}{(x+1)(x-1)}=\lim\limits_{x\to 1}\dfrac{x+2}{x+1}=\dfrac{3}{2}.$

> **例 10** 求 $\lim\limits_{x \to \infty} \dfrac{x^4+1}{2x^4+x^2-2}$.

解 $\lim\limits_{x \to \infty} \dfrac{x^4+1}{2x^4+x^2-2} = \lim\limits_{x \to \infty} \dfrac{1+\dfrac{1}{x^4}}{2+\dfrac{1}{x^2}-\dfrac{2}{x^4}} = \dfrac{1}{2}$.

> **例 11** 求 $\lim\limits_{x \to 1}\left(\dfrac{x}{x-1} - \dfrac{2}{x^2-1}\right)$.

解 $\lim\limits_{x \to 1}\left(\dfrac{x}{x-1} - \dfrac{2}{x^2-1}\right) = \lim\limits_{x \to 1} \dfrac{x^2+x-2}{x^2-1} = \lim\limits_{x \to 1} \dfrac{(x+2)(x-1)}{(x+1)(x-1)} = \dfrac{3}{2}$.

> **注意** $\lim\limits_{x \to \infty} \dfrac{a_0 x^n + a_1 x^{n-1} + \cdots + a_{n-1}x + a_n}{b_0 x^m + b_1 x^{m-1} + \cdots + b_{m-1}x + b_m} = \begin{cases} \dfrac{a_0}{b_0}, & m=n \\ 0, & m>n \\ \infty, & m<n \end{cases}$.

▷ 1.2.8 极限存在准则和两个重要极限

1. 极限存在准则

准则 1 若 $f(x),g(x),h(x)$ 在同一变化过程中满足 $g(x) \leqslant f(x) \leqslant h(x)$，且 $\lim g(x) = \lim h(x) = A$，则 $\lim f(x) = A$.

准则 2 若函数 $f(x)$ 在 x_0 的某个左邻域内单调且有界，则 $\lim\limits_{x \to x_0^-} f(x)$ 必存在. 另当 $x \to x_0^+, x \to -\infty, x \to +\infty$ 时，极限同样存在.

2. 两个重要极限

(1) $\lim\limits_{x \to 0} \dfrac{\sin x}{x} = 1$.

它在形式上有以下特点:

(1) "$\dfrac{0}{0}$" 型; (2) 公式形式可写为 $\lim\limits_{\square \to 0} \dfrac{\sin \square}{\square} = 1$.

> **例 12** 求 $\lim\limits_{x \to 0} \dfrac{\sin 5x}{\sin 3x}$.

解 $\lim\limits_{x \to 0} \dfrac{\sin 5x}{\sin 3x} = \lim\limits_{x \to 0}\left(\dfrac{\sin 5x}{5x} \cdot \dfrac{3x}{\sin 3x} \cdot \dfrac{5}{3}\right) = \dfrac{5}{3}$.

> **例 13** 求 $\lim\limits_{x \to 0} \dfrac{\arcsin x}{x}$.

解 令 $\arcsin x = t$，则 $x = \sin t$. 所以 $\lim\limits_{x \to 0} \dfrac{\arcsin x}{x} = \lim\limits_{t \to 0} \dfrac{t}{\sin t} = 1$.

例 14 求 $\lim\limits_{x\to\pi}\dfrac{\sin x}{x-\pi}$.

解 $\lim\limits_{x\to\pi}\dfrac{\sin x}{x-\pi}=\lim\limits_{x-\pi\to 0}\dfrac{-\sin(x-\pi)}{x-\pi}=-1.$

例 15 求 $\lim\limits_{x\to 0}\dfrac{1-\cos 3x}{3x^2}$.

解 $\lim\limits_{x\to 0}\dfrac{1-\cos 3x}{3x^2}=\lim\limits_{x\to 0}\dfrac{2\sin^2\dfrac{3x}{2}}{3x^2}=\dfrac{3}{2}\lim\limits_{\frac{3x}{2}\to 0}\left(\dfrac{\sin\dfrac{3x}{2}}{\dfrac{3x}{2}}\right)^2=\dfrac{3}{2}.$

例 16 求 $\lim\limits_{x\to 0}\dfrac{\tan x-\sin x}{x^3}$.

解 $\lim\limits_{x\to 0}\dfrac{\tan x-\sin x}{x^3}=\lim\limits_{x\to 0}\dfrac{\tan x(1-\cos x)}{x^3}=\lim\limits_{x\to 0}\dfrac{\sin x\cdot 2\sin^2\dfrac{x}{2}}{x^3\cos x}=\dfrac{1}{2}.$

例 17 求 $\lim\limits_{x\to 0}\left(\dfrac{1}{x}\sin x+x\sin\dfrac{1}{x}\right)$.

解 因为 $\lim\limits_{x\to 0}\dfrac{\sin x}{x}=1,\lim\limits_{x\to 0}x\sin\dfrac{1}{x}=0$,所以 $\lim\limits_{x\to 0}\left(\dfrac{1}{x}\sin x+x\sin\dfrac{1}{x}\right)=1.$

$(2)\lim\limits_{x\to\infty}\left(1+\dfrac{1}{x}\right)^x=\mathrm{e}.$

特点:(1)底的极限为1、指数为无穷大的变量的极限,记为"1^∞";

(2)公式形式可写为 $\lim\limits_{\square\to\infty}\left(1+\dfrac{1}{\square}\right)^\square=\mathrm{e}$ 或 $\lim\limits_{\square\to 0}(1+\square)^{\frac{1}{\square}}=\mathrm{e}.$

例 18 求 $\lim\limits_{x\to\infty}\left(\dfrac{x+2}{x}\right)^{-3x}$.

解 $\lim\limits_{x\to\infty}\left(\dfrac{x+2}{x}\right)^{-3x}=\lim\limits_{x\to\infty}\left(1+\dfrac{2}{x}\right)^{-3x}=\lim\limits_{x\to\infty}\left(1+\dfrac{2}{x}\right)^{\frac{x}{2}\cdot(-6)}=\mathrm{e}^{-6}.$

例 19 求 $\lim\limits_{x\to\infty}\left(\dfrac{3-x}{2-x}\right)^x$.

解法 1 令 $u=x-2$,则

$$\lim\limits_{x\to\infty}\left(\dfrac{3-x}{2-x}\right)^x=\lim\limits_{x\to\infty}\left(\dfrac{x-3}{x-2}\right)^x=\lim\limits_{u\to\infty}\left(1-\dfrac{1}{u}\right)^u\cdot\lim\limits_{u\to\infty}\left(1-\dfrac{1}{u}\right)^2=\mathrm{e}^{-1}.$$

解法 2 $\lim\limits_{x\to\infty}\left(\dfrac{3-x}{2-x}\right)^x=\lim\limits_{x\to\infty}\left(\dfrac{x-3}{x-2}\right)^x=\lim\limits_{x\to\infty}\dfrac{\left(1-\dfrac{3}{x}\right)^x}{\left(1-\dfrac{2}{x}\right)^x}$

$$=\frac{\lim\limits_{x\to\infty}\left(1-\dfrac{3}{x}\right)^{-\frac{x}{3}\cdot(-3)}}{\lim\limits_{x\to\infty}\left(1-\dfrac{2}{x}\right)^{-\frac{x}{2}\cdot(-2)}}=\frac{\mathrm{e}^{-3}}{\mathrm{e}^{-2}}=\mathrm{e}^{-1}.$$

解法 3　$\lim\limits_{x\to\infty}\left(\dfrac{3-x}{2-x}\right)^{x}=\lim\limits_{x\to\infty}\left(\dfrac{2-x+1}{2-x}\right)^{x}=\lim\limits_{x\to\infty}\left(1+\dfrac{1}{2-x}\right)^{-(2-x)+2}=\mathrm{e}^{-1}.$

▶ 例 20　证明：$\lim\limits_{x\to0}\dfrac{\ln(1+x)}{x}=1.$

证明　由对数函数的连续性,知

$$\lim\limits_{x\to0}\frac{\ln(1+x)}{x}=\lim\limits_{x\to0}\ln(1+x)^{\frac{1}{x}}=\ln\lim\limits_{x\to0}(1+x)^{\frac{1}{x}}=\ln\mathrm{e}=1.$$

▶ 例 21　证明：$\lim\limits_{x\to0}\dfrac{\mathrm{e}^{x}-1}{x}=1.$

证明　令 $\mathrm{e}^{x}-1=u$,则 $x=\ln(1+u)$ 且 $x\to0$ 时,$u\to0$. 于是

$$\lim\limits_{x\to0}\frac{\mathrm{e}^{x}-1}{x}=\lim\limits_{u\to0}\frac{u}{\ln(1+u)}=1.$$

▶ 1.2.9　无穷小的比较

令 $\lim\alpha=0,\lim\beta=0.$

定义 1-2-7　设 $\lim\dfrac{\beta}{\alpha}=c.$

(1)若 $c=0$,则称 β 是 α 的高阶无穷小,记作 $\beta=o(\alpha)$;

(2)若 $c=\infty$;则称 β 是 α 的低阶无穷小;

(3)若 $c\neq0$ 且是常数,则称 β 是 α 的同阶无穷小;特别地,若 $c=1$,则称 β 是 α 的等价无穷小,记作 $\alpha\sim\beta.$

常用的等价无穷小:

$$\sin x\sim x,\tan x\sim x,\arcsin x\sim x,\arctan x\sim x,$$

$$\ln(1+x)\sim x,\mathrm{e}^{x}-1\sim x,1-\cos x\sim\frac{x^{2}}{2},\sqrt[n]{1+x}-1\sim\frac{x}{n}.$$

定理 1-2-5　设在自变量的同一变化过程中,$\alpha\sim\alpha',\beta\sim\beta';\lim\dfrac{\beta'}{\alpha'}=A$,则 $\lim\dfrac{\beta}{\alpha}=\lim\dfrac{\beta'}{\alpha'}=A.$

证明　$\lim\dfrac{\beta}{\alpha}=\lim\left(\dfrac{\alpha'}{\alpha}\cdot\dfrac{\beta'}{\alpha'}\cdot\dfrac{\beta}{\beta'}\right)=\left(\lim\dfrac{\alpha'}{\alpha}\right)\left(\lim\dfrac{\beta'}{\alpha'}\right)\left(\lim\dfrac{\beta}{\beta'}\right)=\lim\dfrac{\beta'}{\alpha'}=A.$

定理 1-2-6 设在自变量的同一变化过程中，$\alpha \sim \beta$，若 $\lim \alpha \gamma = a$，则 $\lim \beta \gamma = a$.

定义 1-2-8 若 $x \to 0$ 时，无穷小 α 与 x^k（k 为常数）是同阶的，则称 α 为 x 的 k 阶无穷小.

▶ **例 22** 求 $\lim\limits_{x \to 0} \dfrac{\sin 2x}{\tan 3x}$.

解 因为当 $x \to 0$ 时，$\sin 2x \sim 2x$，$\tan 3x \sim 3x$，所以

$$\lim_{x \to 0} \frac{\sin 2x}{\tan 3x} = \lim_{x \to 0} \frac{2x}{3x} = \frac{2}{3}.$$

▶ **例 23** 求 $\lim\limits_{x \to 0} \dfrac{\ln(1+x^2) \cdot (e^x - 1)}{(1 - \cos x)(\sin 2x)}$.

解 $\lim\limits_{x \to 0} \dfrac{\ln(1+x^2) \cdot (e^x - 1)}{(1 - \cos x)(\sin 2x)} = \lim\limits_{x \to 0} \dfrac{x^2 \cdot x}{\dfrac{x^2}{2} \cdot 2x} = 1.$

▶ **例 24** 求 $\lim\limits_{x \to 0} \dfrac{\tan x - \sin x}{x^3}$.

解 $\lim\limits_{x \to 0} \dfrac{\tan x - \sin x}{x^3} = \lim\limits_{x \to 0} \dfrac{\tan x(1 - \cos x)}{x^3} = \lim\limits_{x \to 0} \dfrac{x \cdot \dfrac{x^2}{2}}{x^3} = \dfrac{1}{2}.$

注意 在做等价无穷小替换时，不能对分子、分母的加项用等价无穷小替换，只能替换乘积因子.

━━━━━━━━ **习题 1-2** ━━━━━━━━

1. 求下列极限.

(1) $\lim\limits_{x \to \infty} \dfrac{2x(x+1) - 3}{(1-x)(1+4x)}$；

(2) $\lim\limits_{x \to \infty} \dfrac{x \sin x}{x^2 + 1}$；

(3) $\lim\limits_{x \to 1} \dfrac{1-x}{x^2 - 3x + 2}$；

(4) $\lim\limits_{x \to 2} \dfrac{x-2}{\sqrt{2x-3} - 1}$；

(5) $\lim\limits_{x \to 0} \dfrac{e^x + x - 1}{x}$；

(6) $\lim\limits_{x \to 0} \dfrac{1 - \cos 3x}{3x^2}$；

(7) $\lim\limits_{x \to 0} \dfrac{e^{2x} - 1}{\sin 3x}$；

(8) $\lim\limits_{x \to 0} \dfrac{4 \arctan x}{\ln(1 - 3x)}$；

(9) $\lim\limits_{x \to 0^+} \dfrac{1 - \cos \sqrt{x}}{x}$；

(10) $\lim\limits_{x \to 0} \dfrac{a \sin x + b \ln(1-x)}{x}$.

2. 求下列极限.

(1) $\lim\limits_{x\to\infty}\left(\dfrac{x^2+2}{x-1}-x\right)$;

(2) $\lim\limits_{x\to\infty}\left(2x-\dfrac{2x^2+1}{x+1}\right)$;

(3) $\lim\limits_{x\to+\infty}(\sqrt{x^2+2x}-\sqrt{x^2-x})$;

(4) $\lim\limits_{x\to1}\left(\dfrac{1}{x-1}-\dfrac{3}{x^3-1}\right)$;

(5) $\lim\limits_{x\to2}\left(\dfrac{1}{x^2-3x+2}-\dfrac{1}{x-2}\right)$;

(6) $\lim\limits_{x\to0}\left(\dfrac{x^2+2}{x^2+2x}-\dfrac{1}{x}\right)$.

3. 求下列极限.

(1) $\lim\limits_{x\to\infty}\left(1+\dfrac{1}{4x}\right)^{-2x}$;

(2) $\lim\limits_{x\to\infty}\left(\dfrac{x}{x+2}\right)^{\frac{x}{3}}$;

(3) $\lim\limits_{x\to\infty}\left(\dfrac{2x+3}{2x-1}\right)^{x}$;

(4) $\lim\limits_{x\to0}(1-2x)^{\frac{1}{x}}$.

4. 已知 $\lim\limits_{n\to\infty}a_n=1$, $\lim\limits_{n\to\infty}b_n=2$, 求 $\lim\limits_{n\to\infty}(a_n^2-2b_n)$.

5. 求下列极限.

(1) $\lim\limits_{n\to\infty}\left(1+\dfrac{1}{2}+\dfrac{1}{4}+\cdots+\dfrac{1}{2^n}\right)$;

(2) $\lim\limits_{n\to\infty}\left[\dfrac{1}{1\times2}+\dfrac{1}{2\times3}+\cdots+\dfrac{1}{n(n+1)}\right]$;

(3) $\lim\limits_{n\to\infty}\dfrac{3^n+2^n}{3^n-2^n}$;

(4) $\lim\limits_{n\to\infty}n\sin\dfrac{1}{2n}$;

(5) $\lim\limits_{n\to\infty}n[\ln(n+2)-\ln n]$;

(6) $\lim\limits_{n\to\infty}n\left[\sin\dfrac{1}{n}-a\ln\left(1-\dfrac{1}{n}\right)\right]$.

6. 求下列极限中所含的未知参数.

(1) 设 $\lim\limits_{x\to0}\dfrac{\sin2x}{x^2-ax}=1$, 求常数 a 的值;

(2) 设 $\lim\limits_{x\to\infty}\left(1+\dfrac{1}{3x}\right)^{kx}=\mathrm{e}^2$, 求常数 k 的值;

(3) 设 $\lim\limits_{x\to\infty}\left(\dfrac{x}{x+a}\right)^{x}=5$, 求常数 a 的值;

(4) 设 $\lim\limits_{x\to\infty}\left(\dfrac{2x+c}{2x-c}\right)^{x}=\dfrac{1}{\sqrt{\mathrm{e}}}$, 求常数 c 的值.

7. 设函数 $f(x)=\begin{cases}\dfrac{a\ln x}{x^2-1}, & x>1\\[2mm]\dfrac{\mathrm{e}^x-\mathrm{e}}{x-1}, & x<1\end{cases}$, 知 $\lim\limits_{x\to1}f(x)$ 存在, 求 a 的值.

8. 设 $\lim\limits_{x\to0}\left(1+x+\dfrac{f(x)}{x}\right)^{\frac{1}{x}}=\mathrm{e}^2$, 求 $\lim\limits_{x\to0}\dfrac{f(x)}{x^2}$.

9. 当 $x\to0$ 时, 以下函数是否为无穷小量? 在无穷小量中, 哪些是 x 的等价无穷小量?

$$\arcsin x , 2(1-\sqrt{1-x}) , 1-e^{-x} , \ln(1-3x) , \cos x -1 , \tan x - \sin x ,$$

$$\operatorname{arccot} \frac{1}{x^2} , x \sin \frac{1}{x} , e^{-\frac{1}{x^2}} , \frac{1}{\ln|x|}.$$

学习目标

1. 理解函数连续(含左连续与右连续)的概念,掌握函数连续与左连续、右连续之间的关系.会求函数的间断点并会判断其类型.

2. 掌握连续函数的四则运算和复合运算,理解初等函数在其定义区间内的连续性,并会利用连续性求极限.

3. 掌握闭区间上连续函数的性质(有界性定理、最大值和最小值定理、介值定理、零点定理),并会利用这些性质解决相关问题.

4. 会求函数的水平渐近线和垂直渐近线.

▶ 1.3.1　连续的定义、性质

1. 函数的连续性

> **定义 1-3-1**　令 $y=f(x), x \in D$,若 $x_0 \in D$,给定 x_0 一个小改变量 Δx,相应 y 的改变量 $\Delta y = f(x_0 + \Delta x) - f(x_0)$.当 $\lim\limits_{\Delta x \to 0} \Delta y = \lim\limits_{\Delta x \to 0} \left[f(x_0 + \Delta x) - f(x_0) \right] = 0$ 时,则 $y = f(x)$ 在 x_0 处连续.

> **定义 1-3-1′**　$\lim\limits_{x \to x_0} f(x) = \lim\limits_{\Delta x \to 0} f(x_0 + \Delta x) = f(x_0).$

> **注意**　函数 $y = f(x)$ 在点 x_0 处连续包含三个要点:(1)函数 $f(x)$ 在 x_0 处有定义;(2)$\lim\limits_{x \to x_0} f(x)$ 存在;(3)该极限值等于函数在 x_0 处的函数值.

> **定义 1-3-2**　若函数 $f(x)$ 在 x_0 处有 $f(x_0^+) = f(x_0)$[或 $f(x_0^-) = f(x_0)$],则称函数 $f(x)$ 在 x_0 处右连续(或左连续).

> **定理 1-3-1**　$\lim\limits_{x \to x_0} f(x) = f(x_0) \Leftrightarrow f(x_0^+) = f(x_0^-) = f(x_0).$

定义 1-3-3 函数 $f(x)$ 在区间 (a,b) 内每一点都连续，则称 $f(x)$ 在 (a,b) 内连续，记作 $f(x) \in C(a,b)$.

定义 1-3-4 函数 $f(x)$ 在区间 (a,b) 内连续，且在 a 点处右连续，则称 $f(x)$ 在 $[a,b)$ 上连续.

定义 1-3-5 函数 $f(x)$ 在区间 (a,b) 内连续，且在 b 点处左连续，则称 $f(x)$ 在 $(a,b]$ 上连续.

定义 1-3-6 函数 $f(x)$ 在区间 (a,b) 内连续，且在 a 点处右连续，在 b 点处左连续，则称 $f(x)$ 在 $[a,b]$ 上连续.

定义 1-3-7 函数 $f(x)$ 在它的定义域内每一点都连续，则称 $f(x)$ 为连续函数.

▶ **例 1** 讨论函数

$$f(x) = \begin{cases} x \sin \dfrac{1}{x}, & x \neq 0 \\[2mm] 0, & x = 0 \end{cases}$$

在 $x = 0$ 处的连续性.

解 因为 $\lim\limits_{x \to 0} f(x) = \lim\limits_{x \to 0} \left(x \sin \dfrac{1}{x} \right) = 0 = f(0)$，所以函数 $f(x)$ 在 $x = 0$ 处连续.

▶ **例 2** 讨论函数

$$g(x) = \begin{cases} 1 + \cos x, & x < \dfrac{\pi}{2} \\[2mm] \sin x, & x \geqslant \dfrac{\pi}{2} \end{cases}$$

在 $x = \dfrac{\pi}{2}$ 处的连续性.

解 因为

$$\lim_{x \to \frac{\pi}{2}^+} g(x) = \lim_{x \to \frac{\pi}{2}^+} \sin x = \sin \frac{\pi}{2} = 1 = g\left(\frac{\pi}{2} \right),$$

$$\lim_{x \to \frac{\pi}{2}^-} g(x) = \lim_{x \to \frac{\pi}{2}^-} (1 + \cos x) = 1 = g\left(\frac{\pi}{2} \right),$$

所以 $g(x)$ 在 $x = \dfrac{\pi}{2}$ 处连续.

〖注意〗 (1) $f(x)$ 在点 x_0 处连续 $\Rightarrow f(x)$ 在点 x_0 处有极限；反之，不然.

(2) $\lim\limits_{x \to x_0} f(x) = f(x_0) = f(\lim\limits_{x \to x_0} x)$.

> 例 3　已知函数 $f(x) = \begin{cases} x^2 + a, & x < 0 \\ 1, & x = 0 \\ b - \cos x, & x > 0 \end{cases}$ 在 $x = 0$ 处连续，求 a, b 的值.

解　因为函数 $f(x)$ 在 $x = 0$ 处连续，所以

$$\lim\limits_{x \to 0^-} f(x) = f(0), \quad \lim\limits_{x \to 0^+} f(x) = f(0).$$

又因为 $f(0) = 1$, $\lim\limits_{x \to 0^-} f(x) = a$, $\lim\limits_{x \to 0^+} f(x) = b - 1$, 所以 $a = 1, b = 2$.

2. 连续函数的运算

(1) 连续函数的和、差、积、商运算

定理 1-3-2　若 $f(x), g(x)$ 都在 x_0 处连续，则函数 $f(x) \pm g(x)$ 及 $f(x)g(x)$ 在 x_0 处也连续.

定理 1-3-3　若 $f(x), g(x)$ 都在 x_0 处连续, $g(x_0) \neq 0$, 则函数 $\dfrac{f(x)}{g(x)}$ 在 x_0 处也连续.

(2) 反函数与复合函数的连续性

定理 1-3-4　如果函数 $y = f(x)$ 在某区间上单调增加（或减少）且连续，则它的反函数 $x = f^{-1}(y)$ 在相应的区间上单调增加（或减少）且连续.

定理 1-3-5　设函数 $u = \varphi(x)$ 在 x_0 处连续且 $u_0 = \varphi(x_0)$, 函数 $y = f(u)$ 在 u_0 处连续，则复合函数 $y = f[\varphi(x)]$ 在 x_0 处连续.

定理 1-3-6　设 $\lim\limits_{x \to x_0} \varphi(x) = u_0$, $\lim\limits_{u \to u_0} f(u) = A$, 则

$$\lim\limits_{x \to x_0} f[\varphi(x)] = \lim\limits_{u \to u_0} f(u) = A.$$

推论　$\lim \varphi(x) = u_0$, 函数 $y = f(u)$ 在 u_0 连续，则

$$\lim f[\varphi(x)] = f[\lim \varphi(x)].$$

说明: 极限符号"$\lim$"与连续的函数符号"f"可交换次序.

> 例 4　求 $\lim\limits_{x \to 1} \sin\left(\pi x - \dfrac{\pi}{2}\right)$.

解　因为 $\lim\limits_{x \to 1}\left(\pi x - \dfrac{\pi}{2}\right) = \dfrac{\pi}{2}$, $y = \sin u$ 在 $u = \dfrac{\pi}{2}$ 处连续，所以

$$\lim\limits_{x \to 1} \sin\left(\pi x - \dfrac{\pi}{2}\right) = \sin\left[\lim\limits_{x \to 1}\left(\pi x - \dfrac{\pi}{2}\right)\right] = \sin\dfrac{\pi}{2} = 1.$$

例5 求 $\lim\limits_{x\to\infty}\cos\dfrac{(x^2-1)\pi}{x^2+1}$.

解 因为 $\lim\limits_{x\to\infty}\dfrac{(x^2-1)\pi}{x^2+1}=\lim\limits_{x\to\infty}\left[\dfrac{1-\left(\dfrac{1}{x}\right)^2}{1+\left(\dfrac{1}{x}\right)^2}\cdot\pi\right]=\pi,y=\cos u$ 在 $u=\pi$ 处连续,所以

$$\lim_{x\to\infty}\cos\dfrac{(x^2-1)\pi}{x^2+1}=\cos\left[\lim_{x\to\infty}\dfrac{(x^2-1)\pi}{x^2+1}\right]=\cos\pi=-1.$$

3. 初等函数的连续性

定理 1-3-7 基本初等函数在其定义域内都是连续的.

定理 1-3-8 一切初等函数在其定义区间内都是连续的.

例6 求 $\lim\limits_{x\to0}\dfrac{\sqrt{1+x^2}-1}{x^2}$.

解 $\lim\limits_{x\to0}\dfrac{\sqrt{1+x^2}-1}{x^2}=\lim\limits_{x\to0}\dfrac{1}{\sqrt{1+x^2}+1}=\dfrac{1}{2}.$

例7 求 $\lim\limits_{x\to0}\dfrac{\ln(1+2x)}{x}$.

解 $\lim\limits_{x\to0}\dfrac{\ln(1+2x)}{x}=\lim\limits_{x\to0}\dfrac{1}{x}\ln(1+2x)=\lim\limits_{x\to0}\ln(1+2x)^{\frac{1}{x}}$

$$=\ln\lim_{x\to0}(1+2x)^{\frac{1}{x}}=\ln e^2=2.$$

1.3.2 函数的间断点

定义 1-3-8 设函数 $f(x)$ 在 x_0 的某一个空心邻域内有定义,且函数 $f(x)$ 在 x_0 处不连续,则称 x_0 为函数 $f(x)$ 的间断点.

不连续有三种情况:(1)在 x_0 处无定义;(2)在 x_0 处极限不存在;(3)在 x_0 处有定义且极限存在,但 $\lim\limits_{x\to x_0}f(x)\neq f(x_0)$.

间断点的分类:第一类间断点(左右极限都存在的点)和第二类间断点(左右极限至少有一个不存在的点).

在第一类间断点中,左右极限相等的点称为函数的可去间断点;左右极限不相等的点称为函数的跳跃间断点.在第二类间断点中,左右极限至少有一个是无穷大的点称为函数的无穷间断点.

$$\text{间断点} \begin{cases} \text{第一类间断点(左右极限都存在)} \begin{cases} \text{可去间断点(左右极限相等)(图 1-12)} \\ \text{跳跃间断点(左右极限不相等)(图 1-13)} \end{cases} \\ \text{第二类间断点(左右极限至少有一个不存在)} \begin{cases} \text{无穷间断点(图 1-14)} \\ \text{振荡间断点(图 1-15)} \end{cases} \end{cases}$$

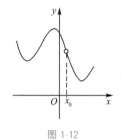

图 1-12　　　　　　　　　　图 1-13

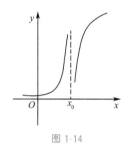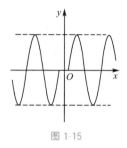

图 1-14　　　　　　　　　　图 1-15

> **例 8**　讨论函数

$$f(x) = \begin{cases} \dfrac{x^2 - 1}{x - 1}, & x \neq 1 \\ 1, & x = 1 \end{cases}$$

的连续性并求它的间断点.

解　函数的连续区间为 $(-\infty, 1) \bigcup (1, +\infty)$, $x = 1$ 是它的间断点(可去间断点).

若令 $f(1) = 2$, 则函数连续.

> **例 9**　讨论函数 $f(x) = \dfrac{\sqrt{1 + x^2} - 1}{x^2}$ 的连续性, 并求它的间断点.

解　函数的连续区间为 $(-\infty, 0) \bigcup (0, +\infty)$, $x = 0$ 是它的间断点(可去间断点).

若令 $f(0) = \dfrac{1}{2}$, 则函数连续.

> **例 10** 讨论函数

$$g(x)=\begin{cases} x-2, & x<1 \\ 0, & x=1 \\ x, & x>1 \end{cases}$$

的连续性并求它的间断点.

解 因为 $x>1$ 时，$g(x)=x$ 是连续的；$x<1$ 时，$g(x)=x-2$ 也是连续的，而

$$\lim_{x \to 1^-} g(x)=\lim_{x \to 1^-}(x-2)=-1; \lim_{x \to 1^+} g(x)=\lim_{x \to 1^+} x=1.$$

所以，函数的连续区间是 $(-\infty,1) \bigcup (1,+\infty)$，$x=1$ 是它的间断点（跳跃间断点）.

1.3.3 闭区间上连续函数的性质

定理 1-3-9 （最值定理） 闭区间上的连续函数一定有最大值和最小值.（图 1-16）

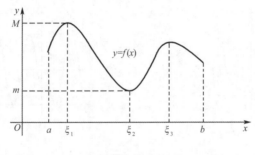

图 1-16

> **注意** 定理 1-3-9 中的"闭区间"和"连续"是必不可少的.

例如，函数 $f(x)=\begin{cases} 1-x, & 0<x \leqslant 1 \\ 0, & x=0 \\ -1-x, & -1 \leqslant x<0 \end{cases}$.

如图 1-17 所示，$f(x)$ 在闭区间 $[-1,1]$ 上有定义，除 $x=0$ 外的点都连续，但函数 $f(x)$ 既无最大值又无最小值.

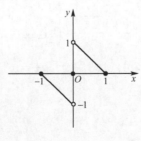

图 1-17

推论（有界定理） 闭区间上的连续函数一定有界.

定理 1-3-10（介值定理） 闭区间上的连续函数必取得介于最大值和最小值间的一切值. 如图 1-18 所示.

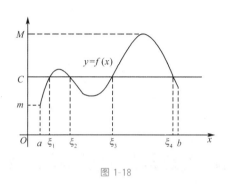

图 1-18

推论（零值定理） 若函数 $f(x)$ 在闭区间 $[a,b]$ 上连续且 $f(a)$ 和 $f(b)$ 异号,则函数 $f(x)$ 在 (a,b) 内至少有一个零值点.

▶ **例 11** 证明方程 $x^5-3x+1=0$ 在区间 $(0,1)$ 内至少有一个实根.

证明 令 $f(x)=x^5-3x+1$,则 $f(x)$ 在 $[0,1]$ 上连续,又 $f(0)=1>0,f(1)=-1<0$,由零值定理得,存在 $\xi\in(0,1)$,使得 $f(\xi)=0$,即方程 $x^5-3x+1=0$ 在 $(0,1)$ 内至少有一个实根 ξ.

▷ 1.3.4 函数的渐近线

定义 1-3-9（渐近线） 当曲线 C 上的一点 P 沿着曲线 C 无限远移时,若点 P 到某直线 l 的距离趋于零,那么直线 l 就称为曲线 C 的渐近线.

如图 1-19 所示,正切曲线的两条渐近线是 $x=\pm\dfrac{\pi}{2}$. $y=y_0$ 是 $y=f(x)$ 的水平渐近线 $\Leftrightarrow \lim\limits_{x\to+\infty}f(x)=y_0$ 或 $\lim\limits_{x\to-\infty}f(x)=y_0$. $x=x_0$ 是 $y=f(x)$ 的垂直渐近线 $\Leftrightarrow \lim\limits_{x\to x_0^-}f(x)=\infty$ 或 $\lim\limits_{x\to x_0^+}f(x)=\infty$.

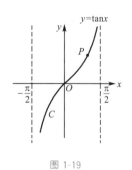

图 1-19

▶ **例 12** 求 $f(x)=\dfrac{2x+1}{3x+2}$ 的水平、垂直渐近线.

解 因为

$$\lim_{x\to\infty}\frac{2x+1}{3x+2}=\frac{2}{3},$$

所以 $f(x)$ 的水平渐近线是 $y = \dfrac{2}{3}$.

又因为 $\lim\limits_{x \to -\frac{2}{3}} \dfrac{2x+1}{3x+2} = \infty$，所以 $f(x)$ 的垂直渐近线是 $x = -\dfrac{2}{3}$.

> **例 13** 求函数 $y = \dfrac{\sin x}{x(x-1)}$ 的垂直渐近线.

解 因为

$$\lim_{x \to 0} \frac{\sin x}{x(x-1)} = -1, \lim_{x \to 1} \frac{\sin x}{x(x-1)} = \infty,$$

所以 $y = \dfrac{\sin x}{x(x-1)}$ 的垂直渐近线是 $x = 1$.

习题 1-3

1.求出下列函数的间断点并分类.

(1) $y = \dfrac{x^2-1}{x-1}$；

(2) $y = \dfrac{x^2-1}{x^2-3x+2}$；

(3) $y = \dfrac{\sqrt[3]{x}-1}{x-1}$；

(4) $y = \sin\dfrac{1}{x}$；

(5) $y = e^{\frac{1}{x+1}}$；

(6) $y = \arctan\dfrac{1}{x}$；

(7) $y = \dfrac{\sin x}{x^2+2x}$；

(8) $y = \dfrac{|x-1|(x+1)}{x^3-x}$.

2.设函数 $f(x) = \begin{cases} \dfrac{a\sin^2 x}{x^2}, & x < 0 \\ 2x^2+3, & x \geqslant 0 \end{cases}$ 在 $x=0$ 处连续，求 a 的值.

3.设函数 $f(x) = \begin{cases} x^2+a, & x < 0 \\ -1, & x = 0 \\ \cos x - b, & x > 0 \end{cases}$ 在 $x=0$ 处连续，求 a 和 b 的值.

4.设函数 $f(x) = \begin{cases} \dfrac{ax}{\sqrt{1+x}-1}, & x > 0 \\ 2b+1, & x = 0 \\ b+2\ln(e-x), & x < 0 \end{cases}$ 在 $x=0$ 处连续，求 a 和 b 的值.

5.求下列函数的水平和垂直渐近线.

(1) $y = \dfrac{1-x^2}{x^2+2x-3}$；

(2) $y = e^{\frac{1}{x}}$；

(3) $y = x \sin \dfrac{2}{x}$;　　　　　　　　　　(4) $y = \arctan \dfrac{x-3}{x+1}$;

(5) $y = \ln\left(e + \dfrac{1}{x}\right)$.

6. 证明方程 $x^3 - 4x^2 + 1 = 0$ 在 $(0,1)$ 内至少有一个实根.

7. 设函数 $f(x)$ 在 $[0,1]$ 上连续,且 $f(0) \neq 0, 0 < f(1) < 1$,证明存在 $x_0 \in (0,1)$,使得 $f^2(x_0) = x_0$ 成立.

8. 设函数 $f(x)$ 在 $[0,1]$ 上连续,且 $f(1) = 1$,证明对于任意 $\lambda \in (0,1)$,存在 $\xi \in (0,1)$,使得 $f(\xi) = \dfrac{\lambda}{\xi^2}$ 成立.

复习题一

一、单项选择题

1. 函数 $y = \dfrac{x}{\sqrt{3-x}}$ 的定义域是(　　).

A. $(3, +\infty)$　　　　B. $[3, +\infty)$　　　　C. $(-\infty, 3)$　　　　D. $(-\infty, 3]$

2. 函数 $f(x) = x \cos x$ 是(　　).

A. 有界函数　　　　B. 周期函数　　　　C. 单调增函数　　　　D. 奇函数

3. 极限 $\lim\limits_{n \to \infty} \dfrac{1 + 2 + 3 + \cdots + (n-1)}{n^2} = ($　　$)$.

A. 0　　　　B. $\dfrac{1}{2}$　　　　C. 1　　　　D. 2

4. 当 $x \to 0$ 时, $2x - x^2$ 是 $e^x - 1$ 的(　　)无穷小量.

A. 高阶　　　　B. 低阶　　　　C. 同阶非等价　　　　D. 等价

5. 函数 $f(x)$ 在点 x_0 处有定义是 $\lim\limits_{x \to x_0} f(x)$ 存在的(　　).

A. 无关条件　　　　B. 充分条件　　　　C. 必要条件　　　　D. 充要条件

二、填空题

6. 设 $f(x) = \arctan x$, $g(x) = 1 + \ln(x^2 + 2x + 2)$,则 $f[g(-1)] = $ _____.

7. 极限 $\lim\limits_{x \to 0^-} e^{\frac{1}{x}} = $ _____.

8. 极限 $\lim\limits_{x \to \infty} \dfrac{x - \sin x}{x + \sin x} = $ _____.

9. 设 $\lim\limits_{x \to 1} \dfrac{x^2 - ax - 3}{x - 1} = 4$,则常数 $a = $ _____.

10. 函数 $y=\ln(x^2-1)$ 的连续区间是_____.

三、解答题

11. 设 $f\left(x-\dfrac{1}{x}\right)=\dfrac{x^2}{x^4+1}$，求 $f(x)$.

12. 求极限 $\lim\limits_{x\to-1}\left(\dfrac{1}{x^2+4x+3}-\dfrac{1}{x^2-1}\right)$.

13. 求极限 $\lim\limits_{n\to\infty}(\sqrt{n^2+n}-n)$.

14. 求极限 $\lim\limits_{n\to\infty}\left[1-\dfrac{1}{2}+\dfrac{1}{4}-\dfrac{1}{8}+\cdots+(-1)^n\dfrac{1}{2^n}\right]$.

15. 求极限 $\lim\limits_{x\to0}\dfrac{\mathrm{e}^x+x-1}{\sin 2x}$.

16. 求极限 $\lim\limits_{x\to1}\dfrac{\sqrt{x+3}-2}{\ln(2-x)}$.

17. 求极限 $\lim\limits_{x\to0}(\cos x)^{\frac{1}{x^2}}$.

18. 设 $\lim\limits_{x\to\infty}\left(\dfrac{2x+c}{2x-c}\right)^x=4$，求常数 c.

19. 已知函数 $f(x)=\begin{cases}x^2-b, & x>0\\ 1, & x=0\\ a\mathrm{e}^x+b, & x<0\end{cases}$ 在点 $x=0$ 处连续，求常数 a,b 的值.

20. 求函数 $f(x)=\dfrac{|x|(x-2)}{x(x^2-4)}$ 的间断点，并对其分类.

四、证明题

21. 证明方程 $x^3-3x=1$ 至少有一个介于 1 和 2 之间的实根.

22. 设函数 $f(x)$ 在 $[0,1]$ 上连续，且 $f(1)=1$，证明存在 $\xi\in(0,1)$，使得 $3f(\xi)=\dfrac{2}{\xi^2}$.

一元函数微分学

2.1 导数与微分

学习目标

1.理解导数的概念及几何意义,会用定义求函数在一点处的导数(包括左导数和右导数),会求平面曲线的切线方程和法线方程,理解函数的可导性与连续性之间的关系.

2.熟练掌握导数的四则运算法则和复合函数的求导法则,熟练掌握基本初等函数的导数公式.

3.掌握隐函数的求导法、对数求导法以及由参数方程所确定的函数的求导方法,会求分段函数的导数.

4.理解高阶导数的概念,会求简单函数的高阶导数.

5.理解微分的概念,理解微分与导数的关系,掌握微分运算法则,会求函数的一阶微分.

2.1.1 导数的定义、几何意义、可导与连续的关系

引例 (1)变速直线运动的瞬时速度

已知物体于时刻 t 在直线上的位置为 $s = s(t)$,求物体在时刻 t_0 的瞬时速度 $v(t_0)$.

$$v(t_0) = \lim_{\Delta t \to 0} \frac{\Delta s}{\Delta t} = \lim_{\Delta t \to 0} \frac{s(t) - s(t_0)}{t - t_0}.$$

(2)产品成本的变化率

$$C'(q_0) = \lim_{\Delta q \to 0} \frac{\Delta C}{\Delta q} = \lim_{\Delta q \to 0} \frac{C(q_0 + \Delta q) - C(q_0)}{\Delta q}.$$

(3)切线的斜率(图 2-1)

$$k = \tan\alpha = \lim_{\Delta x \to 0} \frac{\Delta y}{\Delta x} = \lim_{\Delta x \to 0} \frac{f(x_0 + \Delta x) - f(x_0)}{\Delta x}.$$

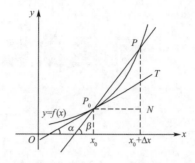

动画：切线

图 2-1

1. 导数的定义

定义 2-1-1 设 $y = f(x), x \in N(x_0, \delta)$，给定点 x_0 的改变量 Δx，则

$$\Delta y = f(x_0 + \Delta x) - f(x_0).$$

若 $\lim\limits_{\Delta x \to 0} \dfrac{\Delta y}{\Delta x}$ 存在，则称 $y = f(x)$ 在 x_0 处可导，并称该极限值为 $y = f(x)$ 在 x_0 处的导数值.

记作：$y'\big|_{x=x_0}$，$f'(x_0)$，$\dfrac{\mathrm{d}y}{\mathrm{d}x}\Big|_{x=x_0}$，$\dfrac{\mathrm{d}f}{\mathrm{d}x}\Big|_{x=x_0}$.

所以

$$f'(x_0) = \lim_{\Delta x \to 0} \frac{\Delta y}{\Delta x} = \lim_{\Delta x \to 0} \frac{f(x_0 + \Delta x) - f(x_0)}{\Delta x}.$$

注意 （1）并非函数 $y = f(x)$ 在任一点 x_0 处均可导；

（2）如果可导，$f'(x_0) = \lim\limits_{\Delta x \to 0} \dfrac{\Delta y}{\Delta x}$ 是一个数值；

（3）上述数值还可记为

$$f'(x_0) = \lim_{x \to x_0} \frac{f(x) - f(x_0)}{x - x_0} \text{ 或 } f'(x_0) = \lim_{h \to 0} \frac{f(x_0 + h) - f(x_0)}{h}.$$

例 1 已知 $f(x)$ 可导，且 $\lim\limits_{x \to 0} \dfrac{f(1+x) - f(1-x)}{x} = 1$，则 $f'(1) = \underline{\qquad}$.

解 由定义 2-1-1 知，

$$\lim_{x \to 0} \frac{f(1+x) - f(1-x)}{x}$$

$$= 2 \lim_{x \to 0} \frac{f(1+x) - f(1-x)}{2x}$$

$$= 2f'(1)$$

$$= 1,$$

所以

$$f'(1) = \frac{1}{2}.$$

定义 2-1-2 如果 $\lim\limits_{\Delta x \to 0^+} \dfrac{\Delta y}{\Delta x} = \lim\limits_{\Delta x \to 0^+} \dfrac{f(x_0 + \Delta x) - f(x_0)}{\Delta x}$ 存在,则称此极限为函数 $y = f(x)$ 在 x_0 处的右导数,记作 $f'_+(x_0)$.

即右导数:$f'_+(x_0) = \lim\limits_{\Delta x \to 0^+} \dfrac{\Delta y}{\Delta x}$;同理,左导数:$f'_-(x_0) = \lim\limits_{\Delta x \to 0^-} \dfrac{\Delta y}{\Delta x}$.

定理 2-1-1 $f(x)$ 在 x_0 处可导 $\Leftrightarrow$ 左导数、右导数都存在且相等.

定义 2-1-3 若函数 $y = f(x)$ 在 (a, b) 内每一点都可导,则称函数 $y = f(x)$ 在 (a, b) 内可导,记作 $f(x) \in D(a, b)$. 若函数 $y = f(x)$ 在 (a, b) 内可导,又在点 a 处有右导数 $f'_+(a)$,在点 b 处有左导数 $f'_-(b)$,则称函数 $y = f(x)$ 在 $[a, b]$ 上可导,记作 $f(x) \in D[a, b]$.

若函数 $y = f(x)$ 在某个区间 I 内可导,对 $\forall x \in I$,$\exists f(x)$ 的导数值与之对应,得到 I 内的一个函数,称为 $f(x)$ 的导函数(简称导数),记作 $f'(x)$,或 y',$\dfrac{\mathrm{d}y}{\mathrm{d}x}$,$\dfrac{\mathrm{d}f}{\mathrm{d}x}$. 所以

$$f'(x) = \lim_{\Delta x \to 0} \frac{\Delta y}{\Delta x} = \lim_{\Delta x \to 0} \frac{f(x + \Delta x) - f(x)}{\Delta x}.$$

▶ **例 2** 求 $f(x) = x^2$ 的导函数 $f'(x)$ 和在 $x = 1$ 处的导数.

解 因为 $f(x) = x^2$,$x \in \mathbf{R}$,所以

$$f'(x) = \lim_{\Delta x \to 0} \frac{f(x + \Delta x) - f(x)}{\Delta x}$$

$$= \lim_{\Delta x \to 0} \frac{(x + \Delta x)^2 - x^2}{\Delta x}$$

$$= \lim_{\Delta x \to 0} \frac{2x \Delta x + (\Delta x)^2}{\Delta x} = 2x.$$

则 $f'(1) = 2x \Big|_{x=1} = 2.$

一般来说，$(x^n)' = nx^{n-1}$.

> **例 3** 求函数 $y = \sin x$ 的导数.

解 $x \in \mathbf{R}$,

$$(\sin x)' = \lim_{\Delta x \to 0} \frac{\sin(x + \Delta x) - \sin x}{\Delta x}$$

$$= \lim_{\Delta x \to 0} \left[\frac{\sin \dfrac{\Delta x}{2}}{\dfrac{\Delta x}{2}} \cos\left(x + \frac{\Delta x}{2}\right) \right] = \cos x.$$

即

$$(\sin x)' = \cos x, \quad x \in \mathbf{R}.$$

类似地，$(\cos x)' = -\sin x, x \in \mathbf{R}$.

> **例 4** 求函数 $y = \ln x$ 的导数.

解 $x \in (0, +\infty)$,

$$(\ln x)' = \lim_{\Delta x \to 0} \frac{\ln(x + \Delta x) - \ln x}{\Delta x} = \lim_{\Delta x \to 0} \frac{\ln\left(1 + \dfrac{\Delta x}{x}\right)}{\Delta x}$$

$$= \lim_{\Delta x \to 0} \frac{\dfrac{\Delta x}{x}}{\Delta x} = \frac{1}{x}.$$

即当 $x > 0$ 时，$(\ln x)' = \dfrac{1}{x}$.

2. 导数的几何意义

函数 $y = f(x)$ 在 x_0 处的导数 $f'(x_0)$ 等于曲线 $y = f(x)$ 在相应点 $(x_0, f(x_0))$ 处的切线斜率，即 $k = f'(x_0)$.

切线方程：$y - y_0 = k(x - x_0)$. 法线方程：$y - y_0 = -\dfrac{1}{k}(x - x_0)$.

> **例 5** 求曲线 $y = \sin x$ 在点 $\left(\dfrac{\pi}{6}, \dfrac{1}{2}\right)$ 处的切线方程和法线方程.

解 $$(\sin x)'\Big|_{x = \frac{\pi}{6}} = \cos \frac{\pi}{6} = \frac{\sqrt{3}}{2}.$$

切线方程为 $y - \dfrac{1}{2} = \dfrac{\sqrt{3}}{2}\left(x - \dfrac{\pi}{6}\right)$，即

$$\sqrt{3}\, x - 2y + 1 - \frac{\sqrt{3}}{6}\pi = 0.$$

法线方程为 $y-\dfrac{1}{2}=-\dfrac{2\sqrt{3}}{3}\left(x-\dfrac{\pi}{6}\right)$，即

$$2\sqrt{3}\,x+3y-\frac{3}{2}-\frac{\sqrt{3}}{3}\pi=0.$$

例 6 求曲线 $y=\ln x$ 平行于直线 $y=2x$ 的切线方程.

解 设切点为 (x_0,y_0)，则 $y'(x_0)=\dfrac{1}{x_0}$.

由条件 $\dfrac{1}{x_0}=2\Rightarrow x_0=\dfrac{1}{2}$，$y_0=\ln\dfrac{1}{2}$.

所以，切线方程为 $y+\ln 2=2\left(x-\dfrac{1}{2}\right)$，即

$$2x-y-1-\ln 2=0.$$

例 7 讨论函数 $f(x)=|x|$ 在 $x=0$ 处的可导性.

解 由于 $f'_{+}(0)=\lim\limits_{\Delta x\to 0^{+}}\dfrac{|0+\Delta x|-|0|}{\Delta x}=1$，$f'_{-}(0)=\lim\limits_{\Delta x\to 0^{-}}\dfrac{|0-\Delta x|-|0|}{\Delta x}=-1$，$f'_{+}(0)\neq f'_{-}(0)$，所以函数 $f(x)=|x|$ 在 $x=0$ 处不可导.

如图 2-2 所示，$y=|x|$ 在 $x=0$ 处不可导，无切线；如图 2-3 所示，$y=x^{\frac{1}{3}}$ 在 $x=0$ 处不可导，但切线是 y 轴.

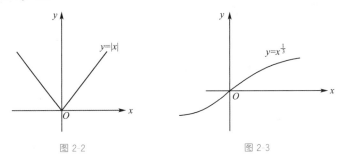

图 2-2   图 2-3

说明：$y=f(x)$ 在点 x_0 处不可导时，曲线 $y=f(x)$ 在点 $M_0(x_0,f(x_0))$ 处或者没有切线，或者有垂直于 x 轴的切线.

3. 可导与连续的关系

定理 2-1-2 若函数 $y=f(x)$ 在点 x_0 处可导，则函数 $f(x)$ 在点 x_0 处必连续.

证明 由于 $\lim\limits_{\Delta x\to 0}\dfrac{\Delta y}{\Delta x}=f'(x_0)$，所以

$$\lim_{\Delta x\to 0}\Delta y=\lim_{\Delta x\to 0}\left(\frac{\Delta y}{\Delta x}\cdot\Delta x\right)=\left(\lim_{\Delta x\to 0}\frac{\Delta y}{\Delta x}\right)\cdot\left(\lim_{\Delta x\to 0}\Delta x\right)=0.$$

从而，函数 $f(x)$ 在点 x_0 处连续.

> 例 8　设函数 $f(x)=\begin{cases} x^2, & x\geqslant 0 \\ x+1, & x<0 \end{cases}$，讨论函数在 $x=0$ 处的连续性与可导性.

解　因为 $f(0^-)=\lim\limits_{x\to 0^-}(x+1)=1\neq f(0)$，所以函数 $f(x)$ 在 $x=0$ 处不连续，也不可导.

> 例 9　设函数 $f(x)=\begin{cases} x\sin\dfrac{1}{x}, & x\neq 0 \\ 0, & x=0 \end{cases}$，讨论函数在 $x=0$ 处的连续性与可导性.

解　因为

$$\lim_{x\to 0}f(x)=\lim_{x\to 0}x\sin\frac{1}{x}=0=f(0),$$

所以函数 $f(x)$ 在 $x=0$ 处连续.

又因为 $\lim\limits_{\Delta x\to 0}\dfrac{f(0+\Delta x)-f(0)}{\Delta x}=\lim\limits_{\Delta x\to 0}\dfrac{(\Delta x)\sin\dfrac{1}{\Delta x}-0}{\Delta x}=\lim\limits_{\Delta x\to 0}\sin\dfrac{1}{\Delta x}$ 不存在，所以函数 $f(x)$ 在 $x=0$ 处不可导.

2.1.2　导数的四则运算法则和复合函数的求导法则

1. 常数和基本初等函数的导数公式

(1) $c'=0$　（c 为常数）；

(2) $(x^\mu)'=\mu x^{\mu-1}$　（$\mu\in\mathbf{R}$）；

(3) $(\mathrm{e}^x)'=\mathrm{e}^x$；

(4) $(a^x)'=a^x\ln a$　（$a>0,a\neq 1$）；

(5) $(\ln x)'=\dfrac{1}{x}$；

(6) $(\log_a x)'=\dfrac{1}{x\ln a}$　（$a>0,a\neq 1$）；

(7) $(\sin x)'=\cos x$；

(8) $(\cos x)'=-\sin x$；

(9) $(\tan x)'=\sec^2 x$；

(10) $(\cot x)'=-\csc^2 x$；

(11) $(\sec x)'=\sec x\tan x$；

(12) $(\csc x)'=-\csc x\cot x$；

(13) $(\arcsin x)'=\dfrac{1}{\sqrt{1-x^2}}$；

(14) $(\arccos x)'=-\dfrac{1}{\sqrt{1-x^2}}$；

(15) $(\arctan x)'=\dfrac{1}{1+x^2}$；

(16) $(\operatorname{arccot}x)'=-\dfrac{1}{1+x^2}$.

说明：记住公式 $(\sqrt{x})'=\dfrac{1}{2\sqrt{x}}$，$\left(\dfrac{1}{x}\right)'=-\dfrac{1}{x^2}$，能快速、灵活地进行求导运算.

2.函数的和、差、积、商的导数

求导法则 I 设函数 $u=u(x),v=v(x)$ 都在 x 处可导,则 $u\pm v$ 在 x 处也可导.且

$$(u\pm v)'=u'\pm v'.$$

推论 $(u+v+w)'=u'+v'+w'.$

求导法则 II 设函数 $u=u(x),v=v(x)$ 都在 x 处可导,则 uv 在 x 处也可导.且

$$(uv)'=u'v+uv'.$$

推论 1 $(cu)'=cu'.$

推论 2 $(uvw)'=u'vw+uv'w+uvw'.$

求导法则 III 设函数 $u=u(x),v=v(x)$ 都在 x 处可导,且 $v(x)\neq 0$,则 $\dfrac{u}{v}$ 在 x 处也可导,且

$$\left(\frac{u}{v}\right)'=\frac{u'v-uv'}{v^2}.$$

▶ **例 10** 设 $f(x)=2x^2-3x+\sin\dfrac{\pi}{7}+\ln 2$,求 $f'(x),f'(1)$.

解 因为

$$f(x)=2x^2-3x+\sin\frac{\pi}{7}+\ln 2,$$

所以

$$f'(x)=4x-3,\ f'(1)=1.$$

▶ **例 11** 设 $y=(\sin x-2\cos x)\ln x$,求 y'.

解 $y'=(\cos x+2\sin x)\ln x+(\sin x-2\cos x)\cdot\dfrac{1}{x}.$

▶ **例 12** 证明 $(\tan x)'=\sec^2 x$.

证明 $(\tan x)'=\left(\dfrac{\sin x}{\cos x}\right)'=\dfrac{\cos^2 x+\sin^2 x}{\cos^2 x}=\sec^2 x.$

▶ **例 13** 设 $f(x)=\dfrac{\arctan x}{1+\sin x}$,求 $f'(x)$.

解
$$f'(x)=\frac{\dfrac{1}{1+x^2}\cdot(1+\sin x)-\arctan x\cdot\cos x}{(1+\sin x)^2}$$

$$=\frac{1+\sin x-(1+x^2)\arctan x\cos x}{(1+x^2)(1+\sin x)^2}.$$

例 14 设 $y = 2^x \arccos x$，求 y'.

解 $y' = 2^x \ln 2 \arccos x - \dfrac{2^x}{\sqrt{1-x^2}}$.

例 15 求曲线 $y = x^3 - 2x$ 垂直于直线 $x + y = 0$ 的切线方程.

解 设切点为 (x_0, y_0)，因为 $y' = 3x^2 - 2$，直线 $x + y = 0$ 的斜率为 -1，所以 $3x_0^2 - 2 = 1$，$x_0 = \pm 1$.

当 $x_0 = 1$ 时，$y_0 = -1$；$x_0 = -1$ 时，$y_0 = 1$.

所以，所求切线方程为 $y = x \pm 2$.

▷ 2.1.3 复合函数的导数

求导法则 Ⅳ 设函数 $u = \varphi(x)$ 在 x 处可导，函数 $y = f(u)$ 在相应的点 u 处可导，则复合函数 $y = f[\varphi(x)]$ 在 x 处可导. 且

$$\{f[\varphi(x)]\}' = f'(u)\varphi'(x)$$

或

$$\frac{\mathrm{d}y}{\mathrm{d}x} = \frac{\mathrm{d}y}{\mathrm{d}u} \cdot \frac{\mathrm{d}u}{\mathrm{d}x}$$

或

$$y'_x = y'_u \cdot u'_x.$$

设 $y = f(u)$，$u = g(v)$，$v = \varphi(x)$，则

$$\frac{\mathrm{d}y}{\mathrm{d}x} = \frac{\mathrm{d}y}{\mathrm{d}u} \cdot \frac{\mathrm{d}u}{\mathrm{d}v} \cdot \frac{\mathrm{d}v}{\mathrm{d}x}$$

或

$$y'_x = y'_u \cdot u'_v \cdot v'_x.$$

例 16 函数 $y = \sin 5x$，求 y'.

解 令 $5x = u$，则 $y = \sin 5x$ 由 $y = \sin u$，$u = 5x$ 复合而成. 所以，

$$y' = (\sin 5x)' = (\sin u)' \cdot (5x)' = 5\cos u = 5\cos 5x.$$

例 17 函数 $y = (2x - \tan x)^2$，求 y'.

解 $y' = 2(2x - \tan x)(2 - \sec^2 x)$.

例 18 函数 $y = \mathrm{e}^{\sin\frac{1}{x}}$，求 y'.

解 $y' = \mathrm{e}^{\sin\frac{1}{x}} \cdot \cos\dfrac{1}{x} \cdot \left(-\dfrac{1}{x^2}\right) = -\dfrac{1}{x^2}\cos\dfrac{1}{x}\mathrm{e}^{\sin\frac{1}{x}}$.

例 19 设 $f(u),g(v)$ 都是可导函数,$y=f(\sin^2 x)+g(\cos^2 x)$,求 y'.

解 $y'=f'(\sin^2 x)\cdot 2\sin x\cos x+g'(\cos^2 x)\cdot 2\cos x\cdot(-\sin x)$

$=\sin 2x[f'(\sin^2 x)-g'(\cos^2 x)]$.

2.1.4 高阶导数

一般地,函数 $y=f(x)$ 的导数仍是 x 的可导函数时,则称 $y'=f'(x)$ 的导数 $(y')'$ 为函数 $y=f(x)$ 的二阶导数,记作 y'' 或 $\dfrac{\mathrm{d}^2 y}{\mathrm{d}x^2}$.

类似地,有 $y''',\cdots,y^{(n)}$;或 $f'''(x),\cdots,f^{(n)}(x)$;或 $\dfrac{\mathrm{d}^3 y}{\mathrm{d}x^3},\cdots,\dfrac{\mathrm{d}^n y}{\mathrm{d}x^n}$.

例 20 求下列函数的二阶导数.

(1)$y=2x^3-3x^2+5$; (2)$y=x\cos x$; (3)$y=2x+\dfrac{1}{x+1}$.

解 (1)$y'=6x^2-6x$;$y''=12x-6$;

(2)$y'=\cos x-x\sin x$;$y''=-\sin x-(\sin x+x\cos x)=-2\sin x-x\cos x$;

(3)$y'=2-\dfrac{1}{(x+1)^2}$;$y''=\dfrac{2(x+1)}{(x+1)^4}=\dfrac{2}{(x+1)^3}$.

例 21 设 $f(x)=x^2\ln x$,求 $f'''(2)$.

解 $f'(x)=2x\ln x+x$,$f''(x)=2\ln x+3$,$f'''(x)=\dfrac{2}{x}$,$f'''(2)=1$.

例 22 求下列函数的 n 阶导数.

(1)$y=5^x$; (2)$y=e^{-2x}$.

解 (1)$y^{(n)}=5^x(\ln 5)^n$;

(2)$y^{(n)}=(-1)^n 2^n e^{-2x}$.

2.1.5 隐函数的导数及参数式函数的导数

1.隐函数的导数

定义 2-1-4 如果在方程 $F(x,y)=0$ 中,当 x 取某区间内的任意一个值时,相应的总有满足这个方程的唯一的 y 值存在,那么就说方程 $F(x,y)=0$ 在该区间内确定了一个隐函数.

把一个隐函数化成显函数,叫作隐函数的显化,隐函数的显化一般来说是困难的.

> 例 23   求由方程 $e^{x+2y}=xy+1$ 确定的隐函数的导数 $y'\Big|_{(0,0)}$.

解   方程两边分别对 x 求导,得

$$e^{x+2y} \cdot (1+2y')=y+xy',$$

解得

$$y'=\frac{y-e^{x+2y}}{2e^{x+2y}-x},$$

所以

$$y'\Big|_{(0,0)}=\frac{-1}{2}=-\frac{1}{2}.$$

> 例 24   求曲线 $4x^2-xy+y^2=6$ 在点 $(1,-1)$ 处的切线方程.

解   因为

$$4x^2-xy+y^2=6,$$

所以两边分别对 x 求导得 $8x-(y+xy')+2yy'=0$,则

$$y'=\frac{8x-y}{x-2y}.$$

因此,在 $(1,-1)$ 处切线的斜率为

$$k=y'\Big|_{(1,-1)}=3,$$

从而,所求切线方程为

$$y+1=3(x-1),\text{即 } 3x-y-4=0.$$

> 例 25   求 $y=\sqrt[3]{\dfrac{x(3x-1)}{(5x+3)(2-x)}}\left(\dfrac{1}{3}<x<2\right)$ 的导数.

解   两边取对数,得

$$\ln y=\frac{1}{3}\big[\ln x+\ln(3x-1)-\ln(5x+3)-\ln(2-x)\big],$$

两边对 x 求导数,得

$$\frac{1}{y}y'=\frac{1}{3}\left(\frac{1}{x}+\frac{3}{3x-1}-\frac{5}{5x+3}+\frac{1}{2-x}\right),$$

即

$$y'=\frac{1}{3}\sqrt[3]{\frac{x(3x-1)}{(5x+3)(2-x)}}\left(\frac{1}{x}+\frac{3}{3x-1}-\frac{5}{5x+3}+\frac{1}{2-x}\right).$$

例 26 求 $y = x^{\sin x} (x > 0)$ 的导数.

解法 1 两边取对数,得

$$\ln y = \sin x \ln x,$$

两边对 x 求导数,得

$$\frac{1}{y} y' = (\sin x)' \ln x + \sin x (\ln x)',$$

即

$$y' = x^{\sin x} \left(\cos x \ln x + \frac{1}{x} \sin x \right).$$

解法 2 因为

$$y = x^{\sin x} = e^{\ln x^{\sin x}} = e^{\sin x \ln x},$$

所以

$$y' = e^{\sin x \ln x} \left(\cos x \ln x + \frac{1}{x} \sin x \right) = x^{\sin x} \left(\cos x \ln x + \frac{1}{x} \sin x \right).$$

2. 参数式函数的导数

求导法则 V 设由参数方程 $\begin{cases} x = \varphi(t) \\ y = \psi(t) \end{cases} (t \in (\alpha, \beta))$ 确定的函数为 $y = f(x)$,其中函数 $\varphi(t), \psi(t)$ 均可导且 $\varphi'(t) \neq 0$,则函数 $y = f(x)$ 可导且

$$\frac{dy}{dx} = \frac{\psi'(t)}{\varphi'(t)} \text{ 或 } \frac{dy}{dx} = \frac{\dfrac{dy}{dt}}{\dfrac{dx}{dt}} \quad (t \in (\alpha, \beta)),$$

二阶导数

$$\frac{d^2 y}{dx^2} = \frac{d}{dx}\left(\frac{dy}{dx}\right) = \frac{\dfrac{d\left(\dfrac{dy}{dx}\right)}{dt}}{\dfrac{dx}{dt}}.$$

例 27 求摆线 $\begin{cases} x = a(t - \sin t) \\ y = a(1 - \cos t) \end{cases}$ (a 为常数)在 $t = \dfrac{\pi}{2}$ 时的切线方程.

解 摆线上 $t = \dfrac{\pi}{2}$ 的点为 $\left(\dfrac{(\pi - 2)a}{2}, a \right)$,又

$$\frac{dy}{dx} = \frac{\sin t}{1 - \cos t} = \cot \frac{t}{2},$$

所以,所求切线斜率 $k = \cot \dfrac{\pi}{4} = 1$,从而所求切线方程为

$$y - a = x - \frac{(\pi-2)a}{2},$$

即

$$x - y + \frac{(4-\pi)a}{2} = 0.$$

▶ 例 28 求函数 $\begin{cases} x = a(t-\sin t) \\ y = a(1-\cos t) \end{cases}$ $(t \neq 2n\pi, n \in \mathbf{Z})$ 的二阶导数 $\dfrac{\mathrm{d}^2 y}{\mathrm{d}x^2}$.

解 $y' = \dfrac{\mathrm{d}y}{\mathrm{d}x} = \dfrac{y'(t)}{x'(t)} = \dfrac{a\sin t}{a(1-\cos t)} = \cot \dfrac{t}{2}$ $(t \neq 2n\pi, n \in \mathbf{Z})$,

已知

$$\begin{cases} x = a(t-\sin t) \\ y' = \cot \dfrac{t}{2} \end{cases}$$

则

$$\frac{\mathrm{d}^2 y}{\mathrm{d}x^2} = \frac{\left(\cot \dfrac{t}{2}\right)'}{[a(t-\sin t)]'} = -\frac{1}{a(1-\cos t)^2} \quad (t \neq 2n\pi, n \in \mathbf{Z}).$$

▶ 2.1.6 函数的微分及其计算

▶ 引例 如图 2-4 所示,正方形边长由 x_0 变为 $x_0 +$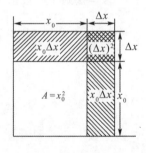
Δx,相应面积改变了

$$\Delta A = (x_0 + \Delta x)^2 - x_0^2$$
$$= 2x_0 \Delta x + (\Delta x)^2.$$

图 2-4

1. 微分的定义

定义 2-1-5 设函数 $y = f(x)$ 在 x_0 的某个邻域 $N(x_0, \delta)$
内有定义,对 $\forall x_0 + \Delta x \in N(x_0, \delta)$,相应的函数增量 $\Delta y = A\Delta x + o(\Delta x)$,其中 A 与 Δx 无关,则称函数 $y = f(x)$ 在 x_0 处可微,且称 $A\Delta x$ 是 $f(x)$ 在 x_0 处的微分,记为 $\mathrm{d}y$,即 $\mathrm{d}y = A\Delta x$.

所以,$\Delta x \to 0$,$\Delta y \approx \mathrm{d}y$.

定理 2-1-3 函数 $y = f(x)$ 在 x_0 处可微的充要条件是 $y = f(x)$ 在 x_0 处可导且 $A = f'(x_0)$.

▶ 例 29 求函数 $y = x^2$ 在 $x = 1$ 处 Δx 分别为 0.1 和 0.01 时的增量与微分.

解 $\Delta x = 0.1$ 时,$\Delta y = 1.1^2 - 1^2 = 0.21$;$\mathrm{d}y = y'(1)\Delta x = 0.2$.

$\Delta x = 0.01$ 时,$\Delta y = 1.01^2 - 1^2 = 0.020\,1$;$\mathrm{d}y = y'(1)\Delta x = 0.02$.

> 例 30　求函数 $y = x\ln x$ 的微分.

解　$\mathrm{d}y = y'\mathrm{d}x = (x\ln x)'\mathrm{d}x = (1 + \ln x)\mathrm{d}x.$

说明：微分 $\mathrm{d}y$ 是曲线在点 M_0 的纵坐标相应于 Δx 的增量.（图 2-5）

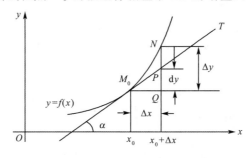

图 2-5

2. 微分的运算

> 例 31　求下列函数的微分.

$(1)\, y = x^3 \mathrm{e}^{2x}$；　$(2)\, y = \arctan\dfrac{1}{x}$；　$(3)\, y = \mathrm{e}^{2x} + \cos(x+1).$

解　$(1)\, \mathrm{d}y = (3x^2\mathrm{e}^{2x} + 2x^3\mathrm{e}^{2x})\mathrm{d}x = x^2\mathrm{e}^{2x}(3+2x)\mathrm{d}x.$

$(2)\, \mathrm{d}y = \dfrac{1}{1+\dfrac{1}{x^2}}\left(-\dfrac{1}{x^2}\right)\mathrm{d}x = -\dfrac{1}{1+x^2}\mathrm{d}x.$

$(3)\, \mathrm{d}y = [2\mathrm{e}^{2x} - \sin(x+1)]\mathrm{d}x.$

> 例 32　若函数 $y = f(u)$ 可导，$u = x^3$，求 $\dfrac{\mathrm{d}y}{\mathrm{d}x}$.

解　$\dfrac{\mathrm{d}y}{\mathrm{d}x} = f'(u) \cdot (x^3)' = 3x^2 f'(u).$

3. 微分形式的不变性

$$y = f(u), \mathrm{d}y = f'(u)\mathrm{d}u.$$

4. 微分的应用

由 $\Delta y \approx \mathrm{d}y$，知

$$f(x_0 + \Delta x) - f(x_0) \approx f'(x_0)\Delta x$$

或

$$f(x_0 + \Delta x) \approx f(x_0) + f'(x_0)\Delta x.$$

记 $x_0 + \Delta x = x$，则 $f(x) \approx f(x_0) + f'(x_0)(x - x_0).$

令 $x_0 = 0$，则 $f(x) \approx f(0) + f'(0)x.$

当 $|x|$ 很小时，$\sqrt[n]{1+x} \approx 1+\dfrac{x}{n}$，$\sin x \approx x$，$\arcsin x \approx x$，$\mathrm{e}^x-1 \approx x$，$\tan x \approx x$，$\arctan x \approx$

x，$1-\cos x \approx \dfrac{x^2}{2}$，$\ln(1+x) \approx x$．

习题 2-1

1.利用导数的定义解答．

(1)设 $f'(x_0)=a$，求 $\lim\limits_{h \to 0} \dfrac{f(x_0+h)-f(x_0-h)}{h}$；

(2)设函数 $f(x)$ 在 $x=1$ 处连续，且 $\lim\limits_{x \to 1} \dfrac{f(x)}{x^2-1}=2$，求 $f'(1)$；

(3)设函数 $f(x)=\begin{cases} \dfrac{1}{2}x^2+x, & x \leqslant 0 \\ \sin x, & x > 0 \end{cases}$，求 $f'(0)$；

(4)设 $f(x)=\begin{cases} \dfrac{g(x)}{x}, & x \neq 0 \\ 0, & x=0 \end{cases}$，且 $\lim\limits_{x \to 0} \dfrac{g(x)}{1-\cos x}=3$，求 $f'(0)$；

(5)讨论函数 $f(x)=\begin{cases} \ln(1-x), & x \leqslant 0 \\ 2x-\sin x, & x > 0 \end{cases}$ 在点 $x=0$ 处的可导性．

2.求下列函数的导数．

(1) $y=\sin^4 x \cdot \cos 4x$；

(2) $y=(\ln\ln x)^4$；

(3) $y=\ln\sin(x^2+1)$；

(4) $y=\ln(x+\sqrt{x^2+1})$；

(5) $y=\dfrac{\mathrm{e}^{-x}+x}{\tan 3x}$；

(6) $y=\dfrac{\sin 2x}{1-\cos 2x}$．

3.求由下列方程所确定函数 $y=y(x)$ 的导数 $\dfrac{\mathrm{d}y}{\mathrm{d}x}$．

(1) $\mathrm{e}^y=x(2+y^2)+\mathrm{e}$；

(2) $xy^2-\mathrm{e}^{xy}+2=0$；

(3) $x\cos y=\sin(x+y)$；

(4) $x^2-y^2=\sin xy$；

(5) $y=\arctan(x^2+y)$；

(6) $\arctan\dfrac{y}{x}=\ln\sqrt{x^2+y^2}$．

4.求由下列参数方程所确定函数的导数 $\dfrac{\mathrm{d}y}{\mathrm{d}x}$．

(1) $\begin{cases} x=\sqrt{t^2+1} \\ y=3-t^2 \end{cases}$；

(2) $\begin{cases} x=\ln(1+t^2) \\ y=t-\arctan t \end{cases}$；

(3) $\begin{cases} x = \mathrm{e}^t \sin t \\ y = \mathrm{e}^t \cos t \end{cases}$;

(4) $\begin{cases} x = t\,\mathrm{e}^t \\ \mathrm{e}^t + \mathrm{e}^y = 2\mathrm{e} \end{cases}$.

5. 求下列函数的导数.

(1) $y = \dfrac{(x-1)(x+2)^3}{\sqrt{x+3}\,(x-4)^2}$;

(2) $y = (1+x) \cdot \sin x \cdot \arctan x$;

(3) $y = \sqrt{x \sin x \sqrt{1-\mathrm{e}^x}}$;

(4) $y = \left(\dfrac{x}{1+x}\right)^x$;

(5) $y^x = x^y$.

6. 求下列函数的二阶导数.

(1) $y = 3^x + x^3$;

(2) $y = \mathrm{e}^x \sin x$;

(3) $y = \dfrac{\ln 3x}{x}$;

(4) $y = x \arctan x$.

7. 求下列函数的微分 $\mathrm{d}y$.

(1) $y = \sin(\ln x)$;

(2) $y = \ln[\cos(\mathrm{e}^x)]$;

(3) $y = 5^{\ln \tan x}$;

(4) $y = x + \ln y$;

(5) $\arcsin x + \arcsin y = 1$;

(6) $y^2 + \ln y = x^4$.

8. 求切线和法线方程.

(1) 求曲线 $y = \dfrac{2}{x} + \ln x$ 过点 $(1,2)$ 处的切线和法线方程;

(2) 求曲线 $y^2 = 2xy + \ln(3+x)$ 过点 $(-2,0)$ 处的切线和法线方程.

2.2　中值定理及导数的应用

学习目标

1. 理解罗尔中值定理与拉格朗日中值定理, 了解柯西中值定理和泰勒中值定理. 会用罗尔定理证明方程根的存在性, 会用拉格朗日中值定理证明简单的不等式.

2. 熟练掌握洛必达法则, 会用洛必达法则求 "$\dfrac{0}{0}$" "$\dfrac{\infty}{\infty}$" "$\infty \pm \infty$" "$0 \cdot \infty$" "1^∞" "0^0" "∞^0" 型未定式的极限.

3. 理解函数极值的概念, 掌握用导数判断函数单调性和求函数极值的方法, 会利用函数的单调性证明不等式, 掌握函数最大值和最小值的求法及其应用.

4.会用导数判断函数图形的凹凸性,会求函数图形的拐点.

5.理解边际函数、弹性函数的概念及其实际意义,会求简单的应用问题.

2.2.1 微分中值定理

1.费尔马定理(图 2-6)

若 $f(x)$ 在点 x_0 处可导,在 x_0 的某小邻域内有定义,且恒有 $f(x) \leqslant f(x_0)$ [或 $f(x) \geqslant f(x_0)$]成立,则 $f'(x_0) = 0$.

2.罗尔定理(图 2-7)

若函数 $f(x)$ 满足:

(1)在闭区间 $[a,b]$ 上连续;

(2)在开区间 (a,b) 内可导;

(3) $f(a) = f(b)$,则至少有一点 $\xi \in (a,b)$,使得 $f'(\xi) = 0$.

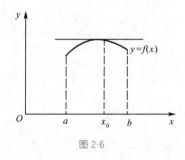

图 2-6

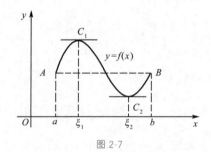

图 2-7

3.拉格朗日中值定理(图 2-8)

若函数 $f(x)$ 满足:

(1)在闭区间 $[a,b]$ 上连续;

(2)在开区间 (a,b) 内可导,则至少有一点 $\xi \in (a,b)$,使得

$$f'(\xi) = \frac{f(b) - f(a)}{b - a} \text{ 或 } f(b) - f(a) = f'(\xi)(b - a).$$

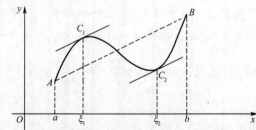

图 2-8

推论1 在区间 (a,b) 内有 $f'(x) \equiv 0$，则 $f(x) \equiv C, x \in (a,b)$，$C$ 为常数.

推论2 在区间 (a,b) 内有 $f'(x) = g'(x)$，则 $f(x) = g(x) + C, x \in (a,b)$，$C$ 为常数.

定理的几何意义：如果连续曲线 $y = f(x)$ 的弧 AB 上除端点外处处具有不垂直于 x 轴的切线，那么弧上至少有一点 C，在该点处的切线平行于弦 AB.

说明：(1)此定理是微积分学的重要定理，它准确地表达了函数在一个闭区间上的平均变化率和函数在该区间内某点的导数间的关系，它是用函数的局部性来研究函数的整体性的重要工具.

(2)此定理是充分而不必要的.

▶ **例1** 对函数 $y = x^3 - 3x + 1$ 在 $[-\sqrt{3}, \sqrt{3}]$ 上验证罗尔定理.

解 由题意，知 $y \in C[-\sqrt{3}, \sqrt{3}] \bigcap D(-\sqrt{3}, \sqrt{3})$，又 $y(-\sqrt{3}) = y(\sqrt{3})$ 所以满足罗尔定理的条件，由 $y'(\xi) = 3\xi^2 - 3 = 0$，得 $\xi = \pm 1$. 显然，$\pm 1 \in (-\sqrt{3}, \sqrt{3})$，罗尔定理得到验证.

▶ **例2** 证明方程 $x^5 + x - 1 = 0$ 在 $(0,1)$ 内有且仅有一个实根.

证明 设 $f(x) = x^5 + x - 1$，则 $f(x) \in C[0,1] \bigcap D(0,1)$，$f(0)f(1) = -1 < 0$，由零值定理知 $f(x)$ 在区间 $(0,1)$ 内至少有一个实根；又 $f'(x) = 5x^4 + 1 > 0$，由函数的单调性知，方程 $f(x) = 0$ 在 $(0,1)$ 内有且仅有一个实根.

▶ **例3** 证明等式 $\arcsin x + \arccos x = \dfrac{\pi}{2}$.

证明 设 $f(x) = \arcsin x + \arccos x$，则
$$f(x) \in C[-1,1] \bigcap D(-1,1),$$
又
$$f'(x) = \frac{1}{\sqrt{1-x^2}} - \frac{1}{\sqrt{1-x^2}} = 0 (|x| < 1),$$
由推论知 $f(x) = C$（常数）$(|x| < 1)$，
当 $x = 0$ 时，
$$f(0) = \arcsin 0 + \arccos 0 = \frac{\pi}{2},$$
当 $x = -1$ 时，
$$f(-1) = \arcsin(-1) + \arccos(-1) = -\frac{\pi}{2} + \pi = \frac{\pi}{2},$$

当 $x=1$ 时,

$$f(1) = \arcsin 1 + \arccos 1 = \frac{\pi}{2},$$

所以

$$\arcsin x + \arccos x = \frac{\pi}{2}(|x| \leqslant 1).$$

> **例 4** 设 $0 < a \leqslant b$, 证明不等式 $\dfrac{b-a}{b} \leqslant \ln \dfrac{b}{a} \leqslant \dfrac{b-a}{a}$.

解 令 $f(x) = \ln x$, 则 $f(x) \in C[a,b] \bigcap D(a,b)$, 满足拉格朗日中值定理的条件, 所以, 至少存在一点 $\xi \in (a,b)$, 使得

$$f'(\xi) = \frac{f(b) - f(a)}{b-a},$$

即

$$\frac{1}{\xi} = \frac{\ln b - \ln a}{b-a},$$

由于 $a < \xi < b$, 所以,

$$\frac{1}{b} \leqslant \frac{\ln b - \ln a}{b-a} \leqslant \frac{1}{a},$$

即

$$\frac{b-a}{b} \leqslant \ln \frac{b}{a} \leqslant \frac{b-a}{a}$$

成立.

▶ 2.2.2 洛必达法则

1. $\left(\dfrac{0}{0}\right)$ **型未定式**

设(1)当 $x \to x_0$ 时, 函数 $f(x)$ 及 $\varphi(x)$ 都趋于零;

(2)在点 x_0 的某邻域内(点 x_0 本身可以除外), $f'(x)$ 及 $\varphi'(x)$ 都存在且 $\varphi'(x) \neq 0$;

(3) $\lim\limits_{x \to x_0} \dfrac{f'(x)}{\varphi'(x)}$ 存在(或为无穷大), 则

$$\lim_{x \to x_0} \frac{f(x)}{\varphi(x)} = \lim_{x \to x_0} \frac{f'(x)}{\varphi'(x)}.$$

2. $\left(\dfrac{\infty}{\infty}\right)$ **型未定式**

设 $f(x)$、$\varphi(x)$ 在点 x_0 的某个去心邻域内有定义, 若

(1) $\lim\limits_{x \to x_0} f(x) = \lim\limits_{x \to x_0} \varphi(x) = \infty$;

(2) $f(x)$、$\varphi(x)$ 在点 x_0 的某个去心邻域内可导,且 $\varphi'(x) \neq 0$;

(3) $\lim\limits_{x \to x_0} \dfrac{f'(x)}{\varphi'(x)}$ 存在(或为无穷大),则

$$\lim_{x \to x_0} \frac{f(x)}{\varphi(x)} = \lim_{x \to x_0} \frac{f'(x)}{\varphi'(x)}.$$

注意

(1)洛必达法则适用于 $\left(\dfrac{0}{0}\right)$ 和 $\left(\dfrac{\infty}{\infty}\right)$ 型未定式(当 $x \to \infty$ 时同样适用);

(2)洛必达法则可重复使用;

(3)洛必达法则的条件是充分而不必要的条件,若 $\lim \dfrac{f'(x)}{\varphi'(x)}$ 不存在时,不能断定

$\lim \dfrac{f(x)}{\varphi(x)}$ 不存在,这时应使用其他方法求解.

▶ **例 5** 计算 $\lim\limits_{x \to \pi} \dfrac{\sin 5x}{\sin 3x}$.

解 $\lim\limits_{x \to \pi} \dfrac{\sin 5x}{\sin 3x} = \lim\limits_{x \to \pi} \dfrac{5\cos 5x}{3\cos 3x} = \dfrac{5}{3}$.

▶ **例 6** 计算 $\lim\limits_{x \to 0} \dfrac{x - \sin x}{x^3}$.

解 $\lim\limits_{x \to 0} \dfrac{x - \sin x}{x^3} = \lim\limits_{x \to 0} \dfrac{1 - \cos x}{3x^2} = \lim\limits_{x \to 0} \dfrac{\sin x}{6x} = \dfrac{1}{6}$.

▶ **例 7** 计算 $\lim\limits_{x \to 0^+} \dfrac{\ln\tan 3x}{\ln\tan 2x}$.

解 $\lim\limits_{x \to 0^+} \dfrac{\ln\tan 3x}{\ln\tan 2x} = \lim\limits_{x \to 0^+} \dfrac{\tan 2x \cdot 3\sec^2 3x}{\tan 3x \cdot 2\sec^2 2x} = \dfrac{3}{2} \lim\limits_{x \to 0^+} \dfrac{\tan 2x}{\tan 3x} = \dfrac{3}{2} \lim\limits_{x \to 0^+} \dfrac{2x}{3x} = 1$.

▶ **例 8** 计算 $\lim\limits_{x \to +\infty} \dfrac{\ln x}{x^\alpha}$(其中 $\alpha > 0$).

解 因为 $\alpha > 0$,所以 $\lim\limits_{x \to +\infty} \dfrac{\ln x}{x^\alpha} = \lim\limits_{x \to +\infty} \dfrac{1}{\alpha x^\alpha} = 0$.

▶ **例 9** 计算 $\lim\limits_{x \to \infty} \dfrac{x + \cos x}{x}$,并说明为什么不能用洛必达法则求此极限.

解 $\lim\limits_{x \to \infty} \dfrac{x + \cos x}{x} = \lim\limits_{x \to \infty} \left(1 + \dfrac{1}{x}\cos x\right) = 1 + 0 = 1$.

因为 $\lim\limits_{x\to\infty}\dfrac{(x+\cos x)'}{x'}=\lim\limits_{x\to\infty}(1-\sin x)$ 不存在，不满足洛必达法则的条件，所以，不能用洛必达法则求极限.

2.2.3 函数的单调性与曲线的凹凸性

1. 函数单调性的判定法

定理 2-2-1 设函数 $f(x)$ 在 $[a,b]$ 上连续，在 (a,b) 内可导，

(1)若在 (a,b) 内 $f'(x)>0$，则 $f(x)$ 在 $[a,b]$ 上单调增加；

(2)若在 (a,b) 内 $f'(x)<0$，则 $f(x)$ 在 $[a,b]$ 上单调减少.

例 10 求函数 $y=\dfrac{(x-2)^3}{x}$ 的单调区间.

解 由题意知 $x\neq 0$.

因为 $y'=\dfrac{2(x-2)^2(x+1)}{x^2}$，由 $y'=0\Rightarrow x=2$ 或 $x=-1$.

列表 2-1.

表 2-1

x	$(-\infty,-1)$	-1	$(-1,0)$	$(0,2)$	2	$(2,+\infty)$
y'	$-$	0	$+$	$+$	0	$+$
y	↘		↗	↗		↗

由上表知:函数在单调区间 $(-\infty,-1]$ 上是递减的;在 $[-1,0)\bigcup(0,+\infty)$ 上是递增的.

例 11 证明:当 $x>0$ 时,$\ln(1+x)<x$.

证明 令 $f(x)=x-\ln(1+x)$.

因为 $f'(x)=1-\dfrac{1}{1+x}=\dfrac{x}{1+x}>0(x>0)$，则 $f(x)$ 在 $[0,+\infty)$ 上递增,所以,$f(x)>f(0)=0$. 从而 $x>\ln(1+x)$.

2. 曲线的凹凸性与拐点

定义 2-2-1 若在某区间内,曲线 $y=f(x)$ 位于其上每点的切线的上(下)方,则称此曲线在该区间内是向上凹(凸)的,简称上凹(凸)的.该区间称为曲线的上凹(凸)区间.(图 2-10、图 2-11)

连续曲线上不同凹向(凹与凸)的分界点称为该曲线的拐点.(图 2-9)

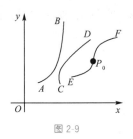
图 2-9

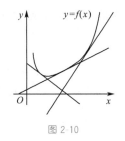
图 2-10

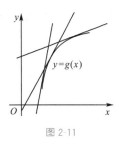
图 2-11

定理 2-2-2 设函数 $y=f(x)$ 在 $[a,b]$ 上连续,在 (a,b) 内具有二阶导数,

(1)若在 (a,b) 内 $f''(x)>0$,则曲线弧 $f(x)$ 在 $[a,b]$ 上是向上凹的;

(2)若在 (a,b) 内 $f''(x)<0$,则曲线弧 $f(x)$ 在 $[a,b]$ 上是向上凸的.

例 12 求曲线 $y=x^3$ 的凹凸区间及拐点.

解 函数定义域为 **R**.

因为 $y'=3x^2$,$y''=6x$. 当 $x<0$ 时,$y''=6x<0$,所以曲线在 $(-\infty,0]$ 上是向上凸的;当 $x>0$ 时,$y''=6x>0$,所以曲线在 $[0,+\infty)$ 上是向上凹的.拐点是 $(0,0)$.

例 13 判定曲线 $y=x+36x^2-2x^3-x^4$ 的凹凸性,并求拐点.

解 函数定义域为 **R**.

因为

$$y'=1+72x-6x^2-4x^3,$$
$$y''=72-12x-12x^2=-12(x^2+x-6)$$
$$=-12(x-2)(x+3).$$

由 $y''=0 \Rightarrow x=-3$ 或 $x=2$.

列表 2-2.

表 2-2

x	$(-\infty,-3)$	-3	$(-3,2)$	2	$(2,+\infty)$
y''	$-$	0	$+$	0	$-$
y	上凸	拐点	上凹	拐点	上凸

所以曲线在 $(-\infty,-3]$ 和 $[2,+\infty)$ 上是向上凸的,在 $[-3,2]$ 上是向上凹的.

拐点是 $(-3,294)$ 和 $(2,114)$.

2.2.4 函数的极值与最值

1.函数的极值及其求法

定义 2-2-2 设函数 $f(x)$ 在 x_0 的某邻域 $N(x_0,\delta)$ 内有定义,即 $x \in N(x_0,\delta)$ 时,有 $f(x)<f(x_0)(f(x)>f(x_0))$,则称 $f(x_0)$ 为函数 $f(x)$ 的一个极大(小)值.函数

的极大值与极小值统称为函数的极值.使函数取得极值的点称为函数的极值点.(图 2-12)

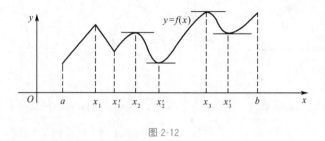

图 2-12

一阶导数为零的点称为函数的驻点.

定理 2-2-3（极值存在的必要条件） 若函数 $y=f(x)$ 在点 x_0 处取得极值且在点 x_0 处可导,则 $f'(x_0)=0$.(费马定理)

> **注意** 函数的极值点是它的驻点或导数不存在的点;但函数的驻点和导数不存在的点未必是它的极值点.例如,$y=x^3$ 在 $x=0$ 处是驻点,但不是极值点.

定理 2-2-4（第一充分条件） 设函数 $f(x)$ 在 x_0 连续且在 x_0 的某个空心邻域内可导,则

(1)在空心邻域内,如果 $x<x_0$ 时,有 $f'(x)>0(f'(x)<0)$;而 $x>x_0$ 时,有 $f'(x)<0(f'(x)>0)$;那么 x_0 为 $f(x)$ 的极大(小)值点,$f(x_0)$ 为极大(小)值.

(2)若 $f'(x)$ 在 x_0 的左右同号,则 x_0 不是 $f(x)$ 的极值点.

例 14 求函数 $f(x)=x^3-3x+2$ 的极值.

解 函数定义域是 **R**.$f'(x)=3x^2-3=3(x-1)(x+1)$.

由 $f'(x)=0 \Rightarrow x=1$ 或 $x=-1$.

列表 2-3.

表 2-3

x	$(-\infty,-1)$	-1	$(-1,1)$	1	$(1,+\infty)$
$f'(x)$	$+$	0	$-$	0	$+$
$f(x)$	↗	极大值 4	↘	极小值 0	↗

所以,函数极大值 $f(-1)=4$,极小值 $f(1)=0$.

定理 2-2-5（第二充分条件） 设 x_0 是函数 $f(x)$ 的驻点且 $f''(x_0)\neq0$,如果 $f''(x_0)>0(<0)$ 则 x_0 是 $f(x)$ 的极小(大)值点,$f(x_0)$ 为极小(大)值.

> 例 15 求函数 $y = 2x^3 - 3x^2 - 12x + 25$ 的极值.

解 函数定义域是 **R**.

因为 $y' = 6x^2 - 6x - 12 = 6(x+1)(x-2)$，$y'' = 12x - 6 = 6(2x-1)$，由 $y' = 0 \Rightarrow$ $x = -1$ 或 $x = 2$，又因为 $y''(-1) = -18 < 0$，$y''(2) = 18 > 0$，所以，函数 y 的极大值是 $y(-1) = 32$，极小值是 $y(2) = 5$.

2. 函数的最值及其求法

一般地，求函数的最值方法如下：

(1)求出所有驻点和导数不存在的点，并计算函数值；

(2)求出端点处的函数值；

(3)比较以上各值，得最大值与最小值.

说明：(1)函数 $f(x)$ 在 $[a, b]$ 上连续且至多存在有限个可能极值点.

(2)函数 $f(x)$ 在一般区间（包括无穷区间）上连续，且有唯一的可能极值点 x_0，若 x_0 是函数 $f(x)$ 的极大(小)值点，则也是 $f(x)$ 的最大(小)值点.

> 例 16 求函数 $f(x) = x^3 - 3x^2 - 9x - 2$ 在 $[-2, 2]$ 上的最大值与最小值.

解 由 $f'(x) = 3x^2 - 6x - 9 = 3(x+1)(x-3) = 0$，得 $x = -1$，$x = 3$(舍去)，因为
$$f(-2) = -4, \quad f(-1) = 3, \quad f(2) = -24,$$
所以 $f_{\max}(-1) = 3$，$f_{\min}(2) = -24$.

> 例 17 对某厂上午班(8:00~12:00)工人的工作效率的研究表明，一个中等技术水平的工人早上 8 点开始工作，t 小时后共生产 $Q(t) = -t^3 + 6t^2 + 45t$ 个产品，问在早上几点钟这个工人工作效率最高？

解 因为工作效率 $R(t) = Q'(t) = -3t^2 + 12t + 45$，$t \in [0, 4]$.

由 $R'(t) = -6t + 12 = 0 \Rightarrow t = 2$，$\max\{R(0), R(4), R(2)\} = \max\{45, 45, 57\} = 57$，所以，当 $t = 2$ 时，即上午 10 点时工人的工作效率最高.

3. 最大值与最小值在经济问题中的应用举例

(1)最大利润问题

> 例 18 某厂生产某种产品，其固定成本为 3 万元，每生产一百件产品，成本增加 2 万元，其收入 R(单位：万元)是产量 q(单位：百件)的函数：
$$R = 5q - \frac{1}{2}q^2,$$
求达到最大利润时的产量.

解 由题意知成本函数为：$C=3+2q$.

于是利润函数 $L=R-C=-3+3q-\dfrac{1}{2}q^2$，$L'=3-q$.

由 $L'=0 \Rightarrow q=3$（百件）.

因为 $L''(3)=-1<0$，所以当 $q=3$ 时函数取得极大值. 因为是唯一的极值点，所以就是最大值点.

即产量为 300 件时取得最大利润.

（2）最小成本问题

例 19 已知某个企业的成本函数为

$$C=q^3-9q^2+30q+25,$$

其中 C 表示成本（单位：千元），q 表示产量（单位：t），求平均可变成本 y（单位：千元）的最小值.

解 平均可变成本

$$y=\frac{C-25}{q}=q^2-9q+30,$$

$$y'=2q-9.$$

由 $y'=0 \Rightarrow q=4.5$，因为 $y''\big|_{q=4.5}=2>0$，所以当 $q=4.5$ 时，y 取得极小值，因为是唯一的极小值，所以就是最小值.

$$y\big|_{q=4.5}=(4.5)^2-9\times4.5+30=9.75\ 千元.$$

即产量为 4.5 t 时，平均可变成本取得最小值 9 750 元.

2.2.5 导数在经济分析中的应用

1.边际分析

（1）边际成本

在经济学中，边际成本定义为产量增加一个单位时所增加的成本.

设某产品产量为 q 单位时所需的成本为 $C=C(q)$，由于

$$C(q+1)-C(q)=\Delta C(q)\approx dC(q)$$
$$=C'(q)\Delta q=C'(q).$$

所以边际成本就是总成本函数关于产量 q 的导数.

（2）边际收入

在经济学中，边际收入定义为多销售一个单位产品所增加的销售收入.

设某产品的销售量为 q 时的收入函数为 $R = R(q)$，则收入函数关于销售量 q 的导数就是该产品的边际收入 $R'(q)$.

（3）边际利润

设产品的销售量为 q 时的利润函数为 $L = L(q)$，当 $L(q)$ 可导时，称 $L'(q)$ 为销售量为 q 时的边际利润. 它近似等于销售量为 q 时再多销售一个单位产品所增加（或减少）的利润.

由于利润函数为收入函数与总成本的差，即关于 $L(q) = R(q) - C(q)$，由导数运算法则可知 $L'(q) = R'(q) - C'(q)$.

即边际利润为边际收入与边际成本之差.

▶ **例 20** 设某产品产量为 q（单位：t）时的总成本（单位：元）函数为

$$C(q) = 1\,000 + 7q + 50\sqrt{q}.$$

求：（1）产量为 100 t 时的总成本；

（2）产量为 100 t 时的平均成本；

（3）产量从 100 t 增加到 225 t 时，总成本的平均变化率；

（4）产量为 100 t 时，总成本的变化率（边际成本）.

解 （1）产量为 100 t 时的总成本

$$C(100) = 1\,000 + 7 \times 100 + 50\sqrt{100} = 2\,200 \text{ 元}.$$

（2）产量为 100 t 时的平均成本

$$\overline{C}(100) = \frac{C(100)}{100} = 22 \text{ 元/t}.$$

（3）产量从 100 t 增加到 225 t 时，总成本的平均变化率

$$\frac{\Delta C}{\Delta q} = \frac{C(225) - C(100)}{225 - 100} = 9 \text{ 元/t}.$$

（4）产量为 100 t 时，总成本的变化率（边际成本）

$$C'(100) = \left(1\,000 + 7q + 50\sqrt{q}\right)' \Big|_{q=100} = \left(7 + \frac{25}{\sqrt{q}}\right) \Big|_{q=100} = 9.5 \text{ 元}.$$

这个结论的经济含义是：当产量为 100 t 时，再多生产 1 t 所增加的成本为 9.5 元.

▶ **例 21** 设某产品的需求函数为 $q = 100 - 5p$，求边际收入函数以及 $q = 20、50、70$ 时的边际收入.

解 收入函数为 $R(q)=pq$,式中销售价格 p 可以从需求函数中反解出来. 即 $p=\frac{1}{5}(100-q)$,于是收入函数为

$$R(q)=\frac{1}{5}(100-q)q.$$

边际收入函数为 $R'(q)=\frac{1}{5}(100-2q)$,$R'(20)=12$,$R'(50)=0$,$R'(70)=-8$.

由结果可知,当销售量即需求量为 20 个单位时,再增加销售可使总收入增加,再多销售一个单位产品,总收入约增加 12 个单位,当销售量为 50 个单位时,再增加销售,总收入不会增加;当销售量为 70 个单位时,再多销售一个单位产品,反而使总收入约减少 8 个单位.

2. 弹性分析

定义 2-2-3 对于函数 $y=f(x)$,如果极限

$$\lim_{\Delta x \to 0} \frac{\frac{\Delta y}{y}}{\frac{\Delta x}{x}}$$

存在,则

$$\lim_{\Delta x \to 0} \frac{\frac{\Delta y}{y}}{\frac{\Delta x}{x}} = \lim_{\Delta x \to 0} \frac{\Delta y}{\Delta x} \cdot \frac{x}{y} = \frac{x}{y} f'(x)$$

称为函数 $f(x)$ 在点 x 处的弹性,记作 E,即

$$E = \frac{x}{y} \frac{\mathrm{d}y}{\mathrm{d}x} = \frac{x}{y} y'.$$

需求弹性:$E_d = \frac{p}{Q} \frac{\mathrm{d}Q}{\mathrm{d}p}$;供给弹性:$E_s = \frac{p}{S} \frac{\mathrm{d}S}{\mathrm{d}p}$.

例 22 设某商品的需求函数为 $Q=3\,000\mathrm{e}^{-0.02p}$,求:

(1)需求弹性函数;

(2)$p=100$ 时的需求弹性,并说明其经济意义.

解 (1)$E_d(p) = \frac{pQ'(p)}{Q} = \frac{-0.02p \times 3\,000\mathrm{e}^{-0.02p}}{3\,000\mathrm{e}^{-0.02p}} = -0.02p$.

(2)$E_d(100) = -2$.

它的经济意义是当价格为 100 时,若价格增加 1%,则需求减少 2%.

说明：$|\eta|<1$ 为低弹性，供给不足；

$|\eta|=1$ 为弹性相同，供需平衡；

$|\eta|>1$ 为高弹性，供过于求，适当降价可使收入增加．

1.求下列极限．

(1)$\lim\limits_{x\to 0}\dfrac{e^x-x-1}{x^2}$；

(2)$\lim\limits_{x\to 0}\dfrac{x-\ln(1+x)}{x^2}$；

(3)$\lim\limits_{x\to 0}\dfrac{x^3+x^4}{x-\sin x}$；

(4)$\lim\limits_{x\to 0}\dfrac{x^3}{\tan x-x}$；

(5)$\lim\limits_{x\to 0}\dfrac{x-\arctan x}{x^3}$；

(6)$\lim\limits_{x\to +\infty}\dfrac{\ln x}{x}$；

(7)$\lim\limits_{x\to +\infty}\dfrac{x}{e^x}$；

(8)$\lim\limits_{x\to +\infty}\dfrac{x+\ln x}{2x+1}$；

(9)$\lim\limits_{x\to +\infty}\dfrac{\sqrt{x+1}}{e^x}$；

(10)$\lim\limits_{x\to 2}\left(\dfrac{1}{x^2-3x+2}-\dfrac{1}{x-2}\right)$；

(11)$\lim\limits_{x\to 0}\left(\dfrac{1}{x}-\dfrac{1}{e^x-1}\right)$；

(12)$\lim\limits_{x\to 0}\left(\dfrac{1}{\ln(1+x)}-\dfrac{1}{x}\right)$；

(13)$\lim\limits_{x\to 0}\left(\dfrac{1}{x^2}-\dfrac{1}{x\sin x}\right)$；

(14)$\lim\limits_{x\to +\infty}x\left(\dfrac{\pi}{2}-\arctan x\right)$；

(15)$\lim\limits_{x\to 0}(\cos x)^{\frac{1}{x^2}}$；

(16)$\lim\limits_{x\to +\infty}x^{\frac{1}{x}}\ (\lim\limits_{n\to\infty}\sqrt[n]{n})$；

(17)$\lim\limits_{x\to 0^+}x^{\sin x}$；

(18)$\lim\limits_{x\to\infty}\dfrac{x+3\sin x}{2x-\cos x}$．

2.确定函数 $y=2x^3-6x^2-18x+1$ 的单调性．

3.求函数 $y=(x-4)\cdot\sqrt[3]{(x+1)^2}$ 的极值．

4.求曲线 $y=3x^4-4x^3+1$ 的凹凸区间和拐点．

5.求满足下列给定条件的未知参数．

(1)已知函数 $y=x^2+2bx+c$ 在 $x=-1$ 处取得极小值 2，求 b,c 的值；

(2)试确定常数 k 的值，使曲线 $y=k(x^2-3)^2$ 在拐点处的法线通过原点；

(3)已知曲线 $y=ax^3+bx^2+cx$ 有一拐点 $(1,2)$，且在该拐点处切线斜率为 -1，求 a,b,c 的值；

(4)试确定曲线 $y=ax^3+bx^2+cx+d$ 中的 a,b,c,d，使得在 $x=-2$ 处曲线有水平切线，$(1,-10)$ 为其拐点，点 $(-2,44)$ 在该曲线上．

第 2 章 一元函数微分学

6. 证明下列不等式.

(1) 当 $x>0$ 时,$e^x>1+x$;

(2) 当 $x>0$ 时,$\dfrac{x}{1+x}<\ln(1+x)<x$;

(3) 当 $a>b>0,n>1$ 时,$nb^{n-1}(a-b)<a^n-b^n<na^{n-1}(a-b)$;

(4) $|\arctan a-\arctan b|\leqslant|a-b|$,其中 a,b 为任意实数;

(5) 当 $x>1$ 时,$e^x>ex$;

(6) 当 $x>1$ 时,$\ln x>\dfrac{2(x-1)}{x+1}$;

(7) $2\sqrt{x}>3-\dfrac{1}{x}\quad(x>1)$;

(8) $\cos x>1-\dfrac{x^2}{2}\quad(x>0)$;

(9) $x+\ln x>4\sqrt{x}-3\quad(x>1)$;

(10) $\sin 2x+4\tan x>6x\quad\left(0<x<\dfrac{\pi}{2}\right)$.

7. 设函数 $f(x)$ 在 $[0,1]$ 上连续,在 $(0,1)$ 内可导,且 $f(0)=0,f(1)=1$,证明存在 $\xi\in(0,1)$,使得 $f'(\xi)=2\xi$ 成立.

8. 设函数 $f(x)$ 在 $[1,2]$ 上连续,在 $(1,2)$ 内可导,且 $f(1)=4f(2)$,证明存在 $\xi\in(1,2)$,使得 $2f(\xi)+\xi f'(\xi)=0$ 成立.

9. 设函数 $f(x)$ 在 $[1,3]$ 上连续,在 $(1,3)$ 内可导,且 $f(1)=f(2)=1,f(3)=0$,证明存在 $\xi\in(1,3)$,使得 $\xi^2 f'(\xi)+1=0$ 成立.

10. 设函数 $f(x)$ 在 $[0,1]$ 上连续,在 $(0,1)$ 内可导,且 $f(0)=0,f(1)=1$,证明存在 $\xi_1\in\left(0,\dfrac{1}{2}\right),\xi_2\in\left(\dfrac{1}{2},1\right)$ 使得 $f'(\xi_1)+f'(\xi_2)=2(\xi_1+\xi_2)$ 成立.

11. 要做一个容积为 V 的有盖的圆柱形容器,问如何设计才能使用料最省?

12. 设某产品的需求函数为 $Q=50-2p$,求:

(1) 需求量 $Q=20$ 时的边际收益;

(2) 价格 $p=15$ 时的边际收益.

13. 生产某设备的固定成本为 1 000 万元,每生产一台设备成本增加 20 万元,已知需求价格函数为 $p=200-Q$,问销量 Q 为多少时,利润达到最大? 并求出最大利润.

14. 求下列函数的弹性函数.

(1) $y=ax^b$;   (2) $y=ae^{-bx}$;   (3) $y=ax^2+bx+c$.

15.已知某商品的需求函数为 $Q=25-3p$,求价格 $p=4$ 和 5 时的弹性.

复习题二

一、单项选择题

1.设函数 $y=e^x(\sin x+\cos x)$,则 $y''=($ $)$.

    A. $2e^x(\sin x-\cos x)$ B. $2e^x(\cos x-\sin x)$

    C. $2e^x\cos x$ D. $2e^x\sin x$

2.已知 $f'(x)=x\sin x$,设 $y=f(x^2)$,则 $\dfrac{dy}{dx}=($ $)$.

    A. $x^2\sin(x^2)$ B. $2x^3\sin(x^2)$ C. $x^2\cos(x^2)$ D. $2x^3\cos(x^2)$

3.在 $(0,1)$ 内单调减少的函数是(   ).

    A. $y=x-\ln x$ B. $y=x^2(4x-3)$

    C. $y=e^x-x$ D. $y=x-\arctan x$

4.函数 $f(x)=2(x-1)e^x-ex^2$ 的全部极值点有(   ).

    A. $x=0$ B. $x=1$

    C. $x=-1$ 和 $x=0$ D. $x=0$ 和 $x=1$

5.以下叙述正确的是(   ).

    A.极大值一定大于极小值

    B.极值点一定是驻点

    C.若 x_0 是 $f(x)$ 的不可导点,则曲线 $y=f(x)$ 在点 $(x_0,f(x_0))$ 处一定无切线

    D.若 x_0 是 $f(x)$ 的间断点,则 x_0 一定是 $f(x)$ 的不可导点

二、填空题

6.设 $f(x)=x(x-1)(x-2)\cdots(x-n)$,则 $f'(0)=$ _____.

7.已知 $y=e^{2x}+\cos(1+x)$,则 $dy=$ _____.

8.曲线 $y=\dfrac{x^2+1}{2}$ 过点 $(-1,1)$ 的法线方程是 _____.

9.设点 $(1,a)$ 是曲线 $f(x)=ax^3-x^2-2x+3$ 的拐点,则 $a=$ _____.

10.已知某产品的总成本函数为 $C=5+6\sqrt{x}$,则 $x=9$ 时的边际成本是 _____.

三、解答题

11.设函数 $f(x)=\begin{cases}1-\sin x, & x\leqslant 0 \\ ax+b, & x>0\end{cases}$,在 $x=0$ 处可导,求 a 和 b 的值.

12.设 $y=x\ln x$,求 $y^{(n+2)}$;

13. 求曲线 $y=x^2$ 过点 $(3,8)$ 的切线方程.

14. 设 $\begin{cases} x=2t^2 \\ y=(1-t)^2 \end{cases}$，求 $\dfrac{d^2y}{dx^2}\Big|_{t=2}$.

15. 求极限 $\lim\limits_{x\to 1}\left(\dfrac{x}{x-1}-\dfrac{1}{\ln x}\right)$.

16. 求函数 $f(x)=\dfrac{(\ln x)^2}{x}$ 的单调区间和极值.

17. 求函数 $f(x)=1-x^{\frac{1}{x}}$ 在 $[2,3]$ 上的最值.

18. 求曲线 $y=\dfrac{4x}{(x-1)^2}+2$ 的凹凸区间和拐点.

四、应用题

19. 设某产品的市场需求量 Q 与销售价格 p 的关系为 $Q=45-3p$，其总成本函数为 $C=20+3Q$，问销售价格 p 为何值时，利润达到最大？并求出最大利润.

20. 求斜边长为 20 的直角三角形的最大面积.

五、证明题

21. 当 $x>0$ 时，$x+\dfrac{x^2}{2}>(1+x)\ln(1+x)$.

22. 设函数 $f(x)$ 在 $[0,1]$ 上连续，在 $(0,1)$ 内可导，且 $f(0)=0$，证明存在 $\xi\in(0,1)$，使得 $f(\xi)=f'(\xi)\tan(1-\xi)$ 成立.

习题讲解：求解
切线方程

第3章 一元函数积分学

3.1 不定积分

学习目标

1. 理解原函数与不定积分的概念,了解原函数存在定理,掌握不定积分的性质.

2. 熟练掌握不定积分的基本公式.

3. 熟练掌握不定积分的第一类、第二类换元法和分部积分法.

▶ 3.1.1 原函数

定义 3-1-1 设函数 $f(x)$ 在区间 I 内有定义,若 $F'(x)=f(x)(x\in I)$,则称 $F(x)$ 是 $f(x)$ 在 I 内的一个原函数.

▶ **例 1** 求函数 $f(x)=\sin x$ 的原函数.

解 因为 $(-\cos x)'=\sin x$,所以,$-\cos x$ 是 $\sin x$ 的一个原函数.

显然,$-\cos x+1$ 也是 $\sin x$ 的一个原函数,$-\cos x+C$ 也是 $\sin x$ 的原函数.

说明:如果 $F(x)$ 是 $f(x)$ 的一个原函数,则 $f(x)$ 的全部原函数是 $F(x)+C(C$ 为任意常数).同一个函数的原函数之间只相差一个常数.

原函数存在定理 如果 $f(x)$ 在区间 I 上连续,那么在区间 I 上存在可导函数 $F(x)$,使对任一 $x\in I$ 都有

$$F'(x)=f(x).$$

所以说,连续函数一定存在原函数.

▶ **例 2** 设函数 $f(x),g(x)$ 均可导,且同为 $F(x)$ 的原函数,且有 $f(0)=5$,$g(0)=2$ 则 $f(x)-g(x)=($ $)$.

解 因为同一个函数的原函数之间相差一个常数,所以,$f(x)-g(x)=3$.

▶ 3.1.2　不定积分的概念

定义 3-1-2　设 $F(x)$ 是 $f(x)$ 在区间 I 上的一个原函数,则 $f(x)$ 的全体原函数 $F(x)+C(C$ 为任意常数)称为 $f(x)$ 的不定积分,记为 $\int f(x)\mathrm{d}x.$ 即

$$\int f(x)\mathrm{d}x = F(x)+C.$$

▶ **例 3**　求函数 e^{-x} 的不定积分.

解　$\int \mathrm{e}^{-x}\mathrm{d}x = -\mathrm{e}^{-x}+C.$

▶ **例 4**　求函数 $f(x)=x^{\alpha}$ 的不定积分,其中 $\alpha \neq -1$ 为常数.

解　$\int x^{\alpha}\mathrm{d}x = \dfrac{1}{\alpha+1}x^{\alpha+1}+C.$

▶ **例 5**　求函数 $f(x)=\dfrac{1}{x}$ 的不定积分.

解　当 $x>0$ 时,$(\ln x)'=\dfrac{1}{x}$,所以

$$\int \frac{1}{x}\mathrm{d}x = \ln x + C \quad (x>0);$$

当 $x<0$ 时,$(\ln(-x))'=\dfrac{1}{-x}\cdot(-1)=\dfrac{1}{x}$,所以

$$\int \frac{1}{x}\mathrm{d}x = \ln(-x) + C \quad (x<0),$$

则

$$\int \frac{1}{x}\mathrm{d}x = \ln|x| + C \quad (x\neq 0).$$

说明:如果被积函数 $f(x)$ 在某区间上连续,则在此区间上 $f(x)$ 一定有原函数,因此初等函数在其定义区间内都有原函数.

▶ 3.1.3　不定积分的几何意义

不定积分 $\int f(x)\mathrm{d}x$ 表示 $f(x)$ 的一族积分曲线.

▶ **例 6**　设曲线过点 $(-1,2)$,并且曲线上任意一点处切线的斜率等于这点横坐标的两倍,求曲线的方程.

解 设所求曲线方程为 $y = f(x)$，则
$$y' = 2x,$$
所以
$$y = \int 2x \, \mathrm{d}x = x^2 + C,$$
又因为曲线过点 $(-1, 2)$，所以 $2 = (-1)^2 + C \Rightarrow C = 1$.
故所求曲线方程为
$$y = x^2 + 1.$$

▶ 3.1.4 不定积分的性质和基本积分公式

1. 不定积分的性质

性质 1   (1) $\dfrac{\mathrm{d}}{\mathrm{d}x} \left[\int f(x) \, \mathrm{d}x \right] = f(x)$ 或 $\mathrm{d} \left[\int f(x) \, \mathrm{d}x \right] = f(x) \, \mathrm{d}x$；

       (2) $\int F'(x) \, \mathrm{d}x = F(x) + C$ 或 $\int \mathrm{d}F(x) = F(x) + C$.

性质 2 $\int k f(x) \, \mathrm{d}x = k \int f(x) \, \mathrm{d}x \quad (k \neq 0)$.

性质 3 $\int [f(x) \pm g(x)] \, \mathrm{d}x = \int f(x) \, \mathrm{d}x \pm \int g(x) \, \mathrm{d}x$.

2. 基本积分表

(1) $\int k \, \mathrm{d}x = kx + C \quad (k \text{ 是常数})$；

(2) $\int x^u \, \mathrm{d}x = \dfrac{x^{u+1}}{u+1} + C \quad (u \neq -1)$；

(3) $\int \dfrac{\mathrm{d}x}{x} = \ln |x| + C$；

(4) $\int a^x \, \mathrm{d}x = \dfrac{a^x}{\ln a} + C$；

(5) $\int \mathrm{e}^x \, \mathrm{d}x = \mathrm{e}^x + C$；

(6) $\int \cos x \, \mathrm{d}x = \sin x + C$；

(7) $\int \sin x \, \mathrm{d}x = -\cos x + C$；

(8) $\int \sec^2 x \, \mathrm{d}x = \tan x + C$；

$(9) \displaystyle\int \csc^2 x \, \mathrm{d}x = -\cot x + C$;

$(10) \displaystyle\int \sec x \tan x \, \mathrm{d}x = \sec x + C$;

$(11) \displaystyle\int \csc x \cot x \, \mathrm{d}x = -\csc x + C$;

$(12) \displaystyle\int \dfrac{\mathrm{d}x}{\sqrt{1-x^2}} = \arcsin x + C = -\arccos x + C$;

$(13) \displaystyle\int \dfrac{\mathrm{d}x}{1+x^2} = \arctan x + C = -\operatorname{arccot} x + C$;

$(14) \displaystyle\int \tan x \, \mathrm{d}x = -\ln|\cos x| + C$;

$(15) \displaystyle\int \cot x \, \mathrm{d}x = \ln|\sin x| + C$;

$(16) \displaystyle\int \sec x \, \mathrm{d}x = \ln|\sec x + \tan x| + C$;

$(17) \displaystyle\int \csc x \, \mathrm{d}x = \ln|\csc x - \cot x| + C$;

$(18) \displaystyle\int \dfrac{\mathrm{d}x}{\sqrt{a^2-x^2}} = \arcsin \dfrac{x}{a} + C \quad (a > 0)$;

$(19) \displaystyle\int \dfrac{\mathrm{d}x}{a^2+x^2} = \dfrac{1}{a}\arctan \dfrac{x}{a} + C$;

$(20) \displaystyle\int \dfrac{\mathrm{d}x}{x^2-a^2} = \dfrac{1}{2a}\ln\left|\dfrac{x-a}{x+a}\right| + C$.

> **例 7**　求 $\displaystyle\int (2\mathrm{e}^x - 3\sin x)\,\mathrm{d}x$.

解　$\displaystyle\int (2\mathrm{e}^x - 3\sin x)\,\mathrm{d}x = 2\int \mathrm{e}^x \,\mathrm{d}x - 3\int \sin x \,\mathrm{d}x = 2\mathrm{e}^x + 3\cos x + C$.

> **例 8**　求 $\displaystyle\int \dfrac{1-x+x^2-x^3}{x^2}\,\mathrm{d}x$.

解　$\displaystyle\int \dfrac{1-x+x^2-x^3}{x^2}\,\mathrm{d}x = \int \left(\dfrac{1}{x^2} - \dfrac{1}{x} + 1 - x\right)\mathrm{d}x$

$$= -\dfrac{1}{x} - \ln|x| + x - \dfrac{x^2}{2} + C.$$

> **例 9**　求 $\displaystyle\int (\sqrt[3]{x} - 1)^2 \,\mathrm{d}x$.

解　$\displaystyle\int (\sqrt[3]{x} - 1)^2 \,\mathrm{d}x = \int (x^{\frac{2}{3}} - 2x^{\frac{1}{3}} + 1) = \dfrac{3}{5}x^{\frac{5}{3}} - \dfrac{3}{2}x^{\frac{4}{3}} + x + C$.

> **例 10** 求 $\displaystyle\int \frac{1-x^2}{1+x^2}\mathrm{d}x$.

解 $\displaystyle\int \frac{1-x^2}{1+x^2}\mathrm{d}x = \int \frac{2-(1+x^2)}{1+x^2}\mathrm{d}x = 2\int \frac{1}{1+x^2}\mathrm{d}x - \int \mathrm{d}x$

$$= 2\arctan x - x + C.$$

> **例 11** 求 $\displaystyle\int \cot^2 x\,\mathrm{d}x$.

解 $\displaystyle\int \cot^2 x\,\mathrm{d}x = \int (\csc^2 x - 1)\mathrm{d}x = -\cot x - x + C.$

> **例 12** 求 $\displaystyle\int \sin^2 \frac{x}{2}\mathrm{d}x$.

解 $\displaystyle\int \sin^2 \frac{x}{2}\mathrm{d}x = \int \frac{1-\cos x}{2}\mathrm{d}x = \frac{x-\sin x}{2} + C.$

> **例 13** 已知 $\displaystyle\int f(x)\mathrm{d}x = x\mathrm{e}^{-2x} + C$，则 $f(x) = ($ $)$.

解 $f(x) = (x\mathrm{e}^{-2x} + C)' = \mathrm{e}^{-2x} + x \cdot \mathrm{e}^{-2x} \cdot (-2) = (1-2x)\mathrm{e}^{-2x}.$

▶ 3.1.5 第一类换元积分法（凑微分法）

设 $\displaystyle\int f(u)\mathrm{d}u = F(u) + C, u = \varphi(x)$ 可导，则

$$\int f[\varphi(x)]\varphi'(x)\mathrm{d}x = \int f[\varphi(x)]\mathrm{d}[\varphi(x)]$$

$$= F[\varphi(x)] + C.$$

注意 使用第一类换元积分法的关键是：从被积函数 $\varphi'(x)f[\varphi(x)]$ 中找到一个函数（即 $\varphi'(x)$）是被积函数中某一部分（即 $\varphi(x)$）的导数，然后做变量代换 $u = \varphi(x)$，从而达到求解不定积分的目的.

> **例 14** 求 $\displaystyle\int \sin 2x\,\mathrm{d}x$.

解法 1 由于 $\displaystyle\int \sin 2x\,\mathrm{d}x = \frac{1}{2}\int \sin 2x\,\mathrm{d}(2x)$，设 $u = 2x$，则

$$\int \sin 2x\,\mathrm{d}x = \frac{1}{2}\int \sin 2x\,\mathrm{d}(2x) = \frac{1}{2}\int \sin u\,\mathrm{d}u$$

$$= -\frac{1}{2}\cos u + C = -\frac{1}{2}\cos 2x + C.$$

或

$$\int \sin 2x \, dx = \frac{1}{2}\int \sin 2x \, d(2x) = -\frac{1}{2}\cos 2x + C.$$

解法 2 $\quad \int \sin 2x \, dx = \int 2\sin x \cos x \, dx = 2\int \sin x \, d(\sin x) = \sin^2 x + C.$

▶ 例 15　求 $\int \dfrac{1}{\sqrt{3-2x}} \, dx.$

解 $\quad \int \dfrac{1}{\sqrt{3-2x}} \, dx = -\dfrac{1}{2}\int \dfrac{1}{\sqrt{3-2x}} \, d(3-2x) = -\sqrt{3-2x} + C.$

▶ 例 16　求 $\int (5x-3)^{11} \, dx.$

解 $\quad \int (5x-3)^{11} \, dx = \dfrac{1}{5}\int (5x-3)^{11} \, d(5x-3) = \dfrac{1}{60}(5x-3)^{12} + C.$

▶ 例 17　求 $\int \dfrac{1}{a^2+x^2} \, dx.$

解 $\quad \int \dfrac{1}{a^2+x^2} \, dx = \dfrac{1}{a^2}\int \dfrac{1}{1+\dfrac{x^2}{a^2}} \, dx = \dfrac{1}{a}\int \dfrac{1}{1+\left(\dfrac{x}{a}\right)^2} \, d\left(\dfrac{x}{a}\right)$

$$= \dfrac{1}{a}\arctan \dfrac{x}{a} + C.$$

▶ 例 18　求 $\int x e^{-x^2} \, dx.$

解 $\quad \int x e^{-x^2} \, dx = -\dfrac{1}{2}\int e^{-x^2} \, d(-x^2) = -\dfrac{1}{2} e^{-x^2} + C.$

▶ 例 19　求 $\int \dfrac{\cos \sqrt{x}}{\sqrt{x}} \, dx.$

解 $\quad \int \dfrac{\cos \sqrt{x}}{\sqrt{x}} \, dx = 2\int \cos \sqrt{x} \, d(\sqrt{x}) = 2\sin \sqrt{x} + C.$

▶ 例 20　求 $\int \tan x \, dx.$

解 $\quad \int \tan x \, dx = \int \dfrac{\sin x}{\cos x} \, dx = -\int \dfrac{1}{\cos x} \, d(\cos x) = -\ln|\cos x| + C.$

类似地: $\int \cot x \, dx = \ln|\sin x| + C.$

▶ 例 21　求 $\int \cos^3 x \sin^5 x \, dx.$

解法 1 $\quad \int \cos^3 x \sin^5 x \, dx = \int \cos^2 x \sin^5 x \, d(\sin x)$

$$= \int (1 - \sin^2 x) \sin^5 x \, d(\sin x)$$

$$= \int (\sin^5 x - \sin^7 x) \, d(\sin x)$$

$$= \frac{1}{6} \sin^6 x - \frac{1}{8} \sin^8 x + C.$$

解法 2 $\quad \displaystyle\int \cos^3 x \sin^5 x \, dx = -\int \cos^3 x \sin^4 x \, d(\cos x)$

$$= -\int \cos^3 x (1 - \cos^2 x)^2 \, d(\cos x)$$

$$= -\int (\cos^3 x - 2\cos^5 x + \cos^7 x) \, d(\cos x)$$

$$= -\frac{1}{4} \cos^4 x + \frac{1}{3} \cos^6 x - \frac{1}{8} \cos^8 x + C.$$

▷ 例 22 　求 $\displaystyle\int \sin 3x \cos 2x \, dx$.

解 $\quad \displaystyle\int \sin 3x \cos 2x \, dx = \frac{1}{2} \int (\sin 5x + \sin x) \, dx$

$$= -\frac{1}{10} \cos 5x - \frac{1}{2} \cos x + C.$$

▷ 例 23 　求 $\displaystyle\int \frac{1}{a^2 - x^2} \, dx$.

解 $\quad \displaystyle\int \frac{1}{a^2 - x^2} \, dx = \frac{1}{2a} \int \left(\frac{1}{a + x} + \frac{1}{a - x} \right) dx$

$$= \frac{1}{2a} \left[\int \frac{1}{a + x} \, d(a + x) - \int \frac{1}{a - x} \, d(a - x) \right]$$

$$= \frac{1}{2a} (\ln |a + x| - \ln |a - x|) + C$$

$$= \frac{1}{2a} \ln \left| \frac{a + x}{a - x} \right| + C.$$

类似地: $\displaystyle\int \frac{1}{x^2 - a^2} \, dx = \frac{1}{2a} \ln \left| \frac{x - a}{x + a} \right| + C.$

▷ 例 24 　求 $\displaystyle\int \sec x \, dx$.

解 $\quad \displaystyle\int \sec x \, dx = \int \frac{1}{\cos x} \, dx = \int \frac{\cos x}{\cos^2 x} \, dx$

$$= \int \frac{1}{\cos^2 x} \, d(\sin x) = \int \frac{1}{1 - \sin^2 x} \, d(\sin x)$$

$$= \frac{1}{2} \ln \left| \frac{1 + \sin x}{1 - \sin x} \right| + C = \frac{1}{2} \ln \left| \frac{(1 + \sin x)^2}{\cos^2 x} \right| + C$$

$$= \ln \left| \frac{1 + \sin x}{\cos x} \right| + C = \ln | \sec x + \tan x | + C.$$

类似地：$\int \csc x \, \mathrm{d}x = \ln | \csc x - \cot x | + C.$

▶ 例 25　设 $f(x) = \mathrm{e}^{-x}$，则 $\int \frac{f'(\ln x)}{x} \mathrm{d}x = ($ 　　 $).$

解　$\int \frac{f'(\ln x)}{x} \mathrm{d}x = \int f'(\ln x) \mathrm{d}(\ln x) = f(\ln x) + C.$

$$= \mathrm{e}^{-\ln x} + C = \frac{1}{x} + C.$$

▶ 3.1.6　第二类换元积分法

函数 $x = \psi(t)$ 有连续的导数且 $\psi'(t) \neq 0$，又函数 $f[\psi(t)]\psi'(t)$ 有原函数，则

$$\int f(x) \mathrm{d}x = \left\{ \int f[\psi(t)]\psi'(t) \mathrm{d}t \right\}_{t = \psi^{-1}(x)} = F[\psi^{-1}(x)] + C.$$

1. 根式代换

▶ 例 26　求 $\int \frac{\sqrt{x - 1}}{x} \mathrm{d}x.$

解　令 $\sqrt{x - 1} = t$，则 $x = t^2 + 1$，$\mathrm{d}x = 2t \, \mathrm{d}t$，所以

$$\int \frac{\sqrt{x - 1}}{x} \mathrm{d}x = \int \frac{2t^2}{t^2 + 1} \mathrm{d}t = 2 \int \frac{(t^2 + 1) - 1}{t^2 + 1} \mathrm{d}t$$

$$= 2 \int \left(1 - \frac{1}{t^2 + 1} \right) \mathrm{d}t = 2(t - \arctan t) + C$$

$$= 2(\sqrt{x - 1} - \arctan \sqrt{x - 1}) + C.$$

▶ 例 27　$\int \frac{1}{1 + \sqrt{3 - x}} \mathrm{d}x.$

解　令 $\sqrt{3 - x} = t$，则 $x = 3 - t^2$，$\mathrm{d}x = -2t \, \mathrm{d}t$，所以

$$\int \frac{\mathrm{d}x}{1 + \sqrt{3 - x}} = -\int \frac{2t}{1 + t} \mathrm{d}t = -2 \int \frac{1 + t - 1}{1 + t} \mathrm{d}t$$

$$= -2 \int \left(1 - \frac{1}{1 + t} \right) \mathrm{d}t$$

$$= -2(t - \ln | 1 + t |) + C$$

$$= -2[\sqrt{3-x} - \ln(1 + \sqrt{3-x})] + C.$$

> **例 28** 求 $\int \dfrac{\mathrm{d}x}{\sqrt{x} + \sqrt[3]{x}}$.

解　令 $\sqrt[6]{x} = t$，则 $x = t^6$，$\mathrm{d}x = 6t^5\,\mathrm{d}t$，所以

$$\text{原式} = \int \frac{6t^5}{t^3 + t^2}\mathrm{d}t = 6\int \frac{t^3}{t+1}\mathrm{d}t = 6\int \frac{(t^3+1)-1}{t+1}\mathrm{d}t$$

$$= 6\int \left(t^2 - t + 1 - \frac{1}{t+1}\right)\mathrm{d}t$$

$$= 2t^3 - 3t^2 + 6t - 6\ln|t+1| + C$$

$$= 2\sqrt{x} - 3\sqrt[3]{x} + 6\sqrt[6]{x} - 6\ln(\sqrt[6]{x} + 1) + C.$$

2. 三角代换

> **例 29** 求 $\int \sqrt{a^2 - x^2}\,\mathrm{d}x\,(a > 0)$.

解　令 $x = a\sin t$，$\left(-\dfrac{\pi}{2} \leqslant t \leqslant \dfrac{\pi}{2}\right)$，如图 3-1 所示，则

$$\sqrt{a^2 - x^2} = \sqrt{a^2 - a^2\sin^2 t} = a\cos t,$$

$$\mathrm{d}x = a\cos t\,\mathrm{d}t,$$

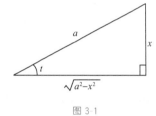

图 3-1

所以

$$\int \sqrt{a^2 - x^2}\,\mathrm{d}x = a^2\int \cos^2 t\,\mathrm{d}t = \frac{a^2}{2}\int (1 + \cos 2t)\,\mathrm{d}t$$

$$= \frac{a^2}{2}\left(t + \frac{\sin 2t}{2}\right) + C$$

$$= \frac{a^2}{2}\arcsin \frac{x}{a} + \frac{x}{2}\sqrt{a^2 - x^2} + C.$$

> **例 30** 求 $\int \dfrac{\mathrm{d}x}{\sqrt{x^2 + a^2}}\,(a > 0)$.

解　令 $x = a\tan t$，$\left(-\dfrac{\pi}{2} < t < \dfrac{\pi}{2}\right)$，如图 3-2 所示，

则

$$\sqrt{x^2 + a^2} = a\sec t,\ \mathrm{d}x = a\sec^2 t\,\mathrm{d}t,$$

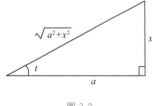

图 3-2

所以

$$\int \frac{\mathrm{d}x}{\sqrt{x^2 + a^2}} = \int \sec t\,\mathrm{d}t = \ln|\sec t + \tan t| + C_1$$

$$=\ln\frac{x+\sqrt{x^2+a^2}}{a}+C_1$$

$$=\ln(x+\sqrt{x^2+a^2})+C.$$

其中 $C=C_1-\ln a$.

▶ 例 31　求 $\int\sqrt{e^x+1}\,dx$.

解　设 $t=\sqrt{e^x+1}$, 则 $e^x=t^2-1$, $x=\ln|t^2-1|$, $dx=\frac{2t}{t^2-1}dt$, 于是

$$\int\sqrt{e^x+1}\,dx=\int t\cdot\frac{2t}{t^2-1}dt=2\int\frac{t^2}{t^2-1}dt$$

$$=2\int\left(1+\frac{1}{t^2-1}\right)dt=2t+\ln\left|\frac{t-1}{t+1}\right|+C$$

$$=2\sqrt{e^x+1}+\ln\left|\frac{\sqrt{e^x+1}-1}{\sqrt{e^x+1}+1}\right|+C$$

$$=2\sqrt{e^x+1}+\ln\left|\sqrt{e^x+1}-1\right|-\ln\left|\sqrt{e^x+1}+1\right|+C.$$

◢ 3.1.7　分部积分法

设 $u=u(x)$, $v=v(x)$ 都在某一区间 I 内可导, 则

$$(uv)'=u'v+uv',\ uv'=(uv)'-u'v,$$

若 u', v' 都在 I 内连续, 则对上式两端积分, 有

$$\int uv'\,dx=uv-\int u'v\,dx,$$

即

$$\int u\,dv=uv-\int v\,du.$$

▶ 例 32　求 $\int x\ln x\,dx$.

解　设 $u=\ln x$, $dv=x\,dx$, 则 $du=\frac{1}{x}dx$, $v=\frac{1}{2}x^2$, 所以,

$$\int x\ln x\,dx=\frac{1}{2}x^2\ln x-\int\frac{1}{2}x^2\cdot\frac{1}{x}dx$$

$$=\frac{1}{2}x^2\ln x-\frac{1}{4}x^2+C.$$

▶ 例 33　求 $\int x\sin x\,dx$.

解　$\int x\sin x\,dx=\int x\,d(-\cos x)=-x\cos x+\int\cos x\,dx$

$$= -x\cos x + \sin x + C.$$

> **例 34**   求 $\int x\arctan x\,\mathrm{d}x$.

解 $\displaystyle\int x\arctan x\,\mathrm{d}x = \int \arctan x\,\mathrm{d}\left(\frac{1}{2}x^2\right)$

$$= \frac{1}{2}x^2\arctan x - \int \frac{1}{2}x^2 \cdot \frac{1}{1+x^2}\mathrm{d}x$$

$$= \frac{1}{2}x^2\arctan x - \frac{1}{2}\int\left(1 - \frac{1}{1+x^2}\right)\mathrm{d}x$$

$$= \frac{1}{2}x^2\arctan x - \frac{1}{2}x + \frac{1}{2}\arctan x + C.$$

> **例 35**   求 $\int x^2\mathrm{e}^x\,\mathrm{d}x$.

解 $\displaystyle\int x^2\mathrm{e}^x\,\mathrm{d}x = \int x^2\mathrm{d}(\mathrm{e}^x) = x^2\mathrm{e}^x - 2\int x\mathrm{e}^x\,\mathrm{d}x = x^2\mathrm{e}^x - 2\int x\mathrm{d}(\mathrm{e}^x)$

$$= x^2\mathrm{e}^x - 2\left(x\mathrm{e}^x - \int \mathrm{e}^x\,\mathrm{d}x\right) = (x^2 - 2x + 2)\mathrm{e}^x + C.$$

> **例 36**   求 $\int \mathrm{e}^x\sin x\,\mathrm{d}x$.

解   由于

$$\int \mathrm{e}^x\sin x\,\mathrm{d}x = \int \sin x\,\mathrm{d}(\mathrm{e}^x)$$

$$= \mathrm{e}^x\sin x - \int \mathrm{e}^x\cos x\,\mathrm{d}x$$

$$= \mathrm{e}^x\sin x - \int \cos x\,\mathrm{d}(\mathrm{e}^x)$$

$$= \mathrm{e}^x\sin x - \mathrm{e}^x\cos x - \int \mathrm{e}^x\sin x\,\mathrm{d}x.$$

所以

$$2\int \mathrm{e}^x\sin x\,\mathrm{d}x = \mathrm{e}^x(\sin x - \cos x) + 2C.$$

$$\int \mathrm{e}^x\sin x\,\mathrm{d}x = \frac{1}{2}\mathrm{e}^x(\sin x - \cos x) + C.$$

> **例 37**   求 $\int (x\cos x + \sec^2 x)\,\mathrm{d}x$.

解 $\displaystyle\int (x\cos x + \sec^2 x)\,\mathrm{d}x = \int x\cos x\,\mathrm{d}x + \tan x = \tan x + \int x\mathrm{d}(\sin x)$

$$= \tan x + x\sin x - \int \sin x\,\mathrm{d}x = x\sin x + \cos x + \tan x + C.$$

> 例 38 　求 $\int \arctan \sqrt{x}\, dx$.

解法 1 　$\int \arctan \sqrt{x}\, dx = x \arctan \sqrt{x} - \int x \cdot \dfrac{1}{1+x} \cdot \dfrac{1}{2\sqrt{x}} dx$

$$= x \arctan \sqrt{x} - \int \frac{x}{1+x} d(\sqrt{x})$$

$$= x \arctan \sqrt{x} - \int \frac{x+1-1}{1+x} d(\sqrt{x})$$

$$= x \arctan \sqrt{x} - \int \left(1 - \frac{1}{1+x}\right) d(\sqrt{x})$$

$$= x \arctan \sqrt{x} - \sqrt{x} + \arctan \sqrt{x} + C.$$

解法 2 　设 $\sqrt{x} = t$，则 $x = t^2$，$dx = 2t\, dt$.

$$\int \arctan \sqrt{x}\, dx = 2 \int t \arctan t\, dt = \int \arctan t\, d(t^2)$$

$$= t^2 \arctan t - \int t^2 \cdot \frac{1}{1+t^2} dt$$

$$= t^2 \arctan t - \int \left(1 - \frac{1}{1+t^2}\right) dt$$

$$= t^2 \arctan t - t + \arctan t + C$$

$$= x \arctan \sqrt{x} - \sqrt{x} + \arctan \sqrt{x} + C.$$

> 例 39 　求 $\int \dfrac{x\, e^x}{\sqrt{e^x - 1}} dx$.

解 　设 $\sqrt{e^x - 1} = t$，则 $e^x = t^2 + 1$，$x = \ln(1 + t^2)$，$dx = \dfrac{2t}{1+t^2} dt$. 因此

$$\int \frac{x\, e^x}{\sqrt{e^x - 1}} dx = \int \frac{\ln(1+t^2) \cdot (1+t^2)}{t} \cdot \frac{2t}{1+t^2} dt$$

$$= 2 \int \ln(1+t^2)\, dt$$

$$= 2 \left[t \ln(1+t^2) - \int \frac{2t^2}{1+t^2} dt \right]$$

$$= 2t \ln(1+t^2) - 4 \int \left(1 - \frac{1}{1+t^2}\right) dt$$

$$= 2t \ln(1+t^2) - 4t + 4\arctan t + C$$

$$= 2x \sqrt{e^x - 1} - 4 \sqrt{e^x - 1} + 4\arctan \sqrt{e^x - 1} + C.$$

1. 求下列不定积分.

(1) $\displaystyle\int x(x^2+2)\,\mathrm{d}x$；

(2) $\displaystyle\int\left(\frac{2}{x}-\frac{x}{3}\right)^2\mathrm{d}x$；

(3) $\displaystyle\int\frac{(1-x)^3}{x^2}\,\mathrm{d}x$；

(4) $\displaystyle\int\frac{x^3+x+1}{x^2+1}\,\mathrm{d}x$；

(5) $\displaystyle\int\frac{1}{x^2(x^2+1)}\,\mathrm{d}x$；

(6) $\displaystyle\int\frac{(x-1)^2}{x(x^2+1)}\,\mathrm{d}x$；

(7) $\displaystyle\int 3^x\mathrm{e}^x\,\mathrm{d}x$；

(8) $\displaystyle\int\frac{\mathrm{e}^{2x}-1}{\mathrm{e}^x+1}\,\mathrm{d}x$；

(9) $\displaystyle\int\tan^2x\,\mathrm{d}x$；

(10) $\displaystyle\int\frac{1}{\sin^2x\cos^2x}\,\mathrm{d}x$；

(11) $\displaystyle\int\cos^2\frac{x}{2}\,\mathrm{d}x$；

(12) $\displaystyle\int\frac{1}{1-\sin x}\,\mathrm{d}x$；

(13) $\displaystyle\int\frac{\sin x}{1+\sin x}\,\mathrm{d}x$；

(14) $\displaystyle\int\frac{2+\cos x}{1-\cos x}\,\mathrm{d}x$；

(15) $\displaystyle\int\sqrt{1-\sin 2x}\,\mathrm{d}x$.

2. 填空题

设 $\displaystyle\int f(x)\,\mathrm{d}x=F(x)+C$，则

(1) $\displaystyle\int f[\varphi(x)]\varphi'(x)\,\mathrm{d}x=$ _____；

(2) $\displaystyle\int f(ax+b)\,\mathrm{d}x=$ _____；

(3) $\displaystyle\int f(x^a)x^{a-1}\,\mathrm{d}x=$ _____；

(4) $\displaystyle\int f(\mathrm{e}^x)\mathrm{e}^x\,\mathrm{d}x=$ _____，

(5) $\displaystyle\int f(a^x)a^x\,\mathrm{d}x=$ _____；

(6) $\displaystyle\int f(\ln x)\frac{1}{x}\,\mathrm{d}x=$ _____；

(7) $\displaystyle\int f(\sin x)\cos x\,\mathrm{d}x=$ _____；

(8) $\displaystyle\int f(\cos x)\sin x\,\mathrm{d}x=$ _____；

(9) $\displaystyle\int f(\tan x)\sec^2x\,\mathrm{d}x=$ _____；

(10) $\displaystyle\int f(\cot x)\csc^2x\,\mathrm{d}x=$ _____；

(11) $\displaystyle\int f(\arcsin x)\frac{1}{\sqrt{1-x^2}}\,\mathrm{d}x=$ _____； (12) $\displaystyle\int f(\arctan x)\frac{1}{1+x^2}\,\mathrm{d}x=$ _____.

3. 求下列不定积分.

(1) $\displaystyle\int\cos(1-3x)\,\mathrm{d}x$；

(2) $\displaystyle\int(2x+1)^5\,\mathrm{d}x$；

$(3) \int \dfrac{1}{2+x^2} \mathrm{d}x$;

$(4) \int \dfrac{1}{\cos^2(1-4x)} \mathrm{d}x$;

$(5) \int x\sqrt{x+1}\, \mathrm{d}x$;

$(6) \int \dfrac{3+x}{\sqrt{4-x^2}} \mathrm{d}x$;

$(7) \int \dfrac{x}{1+x^4} \mathrm{d}x$;

$(8) \int \dfrac{1}{x(1+x^6)} \mathrm{d}x$;

$(9) \int \dfrac{1}{x^2}\cos\dfrac{1}{x} \mathrm{d}x$;

$(10) \int \dfrac{\sin(1+\sqrt{x})}{\sqrt{x}} \mathrm{d}x$;

$(11) \int \dfrac{1}{\sqrt{x}(1+x)} \mathrm{d}x$;

$(12) \int \dfrac{1}{\mathrm{e}^x+\mathrm{e}^{-x}} \mathrm{d}x$;

$(13) \int \dfrac{1}{x\sqrt{1-\ln^2 x}} \mathrm{d}x$;

$(14) \int \dfrac{1}{\sqrt{1-x^2}\cdot \arcsin x} \mathrm{d}x$;

$(15) \int \dfrac{\arctan\sqrt{x}}{\sqrt{x}(1+x)} \mathrm{d}x$.

4.求下列不定积分.

$(1) \int \sin x\cos x\, \mathrm{d}x$;

$(2) \int \sin^2 x\cos^3 x\, \mathrm{d}x$;

$(3) \int \cos^2 x\, \mathrm{d}x$;

$(4) \int \dfrac{\sin x}{1-\cos x} \mathrm{d}x$;

$(5) \int \dfrac{\cos x}{4+\sin x} \mathrm{d}x$;

$(6) \int \dfrac{\sin x}{\sin x-\cos x} \mathrm{d}x$;

$(7) \int \dfrac{3\sin x+4\cos x}{2\sin x+\cos x} \mathrm{d}x$;

$(8) \int \dfrac{1+\tan x}{1-\tan x} \mathrm{d}x$;

$(9) \int \dfrac{1}{1+\tan x} \mathrm{d}x$;

$(10) \int \dfrac{\cos x}{4+\sin^2 x} \mathrm{d}x$;

$(11) \int \dfrac{1+\sin x}{x-\cos x} \mathrm{d}x$;

$(12) \int \dfrac{1}{1+8\cos^2 x} \mathrm{d}x$.

5.求下列不定积分.

$(1) \int \dfrac{1}{x^2-2x+1} \mathrm{d}x$;

$(2) \int \dfrac{x+1}{x^2+2x-3} \mathrm{d}x$;

$(3) \int \dfrac{x}{x^2+4x+4} \mathrm{d}x$;

$(4) \int \dfrac{x-1}{x^2-6x+13} \mathrm{d}x$;

$(5) \int \dfrac{1}{x^2-3x+2} \mathrm{d}x$;

$(6) \int \dfrac{x^2-x+1}{x^2+x-6} \mathrm{d}x$.

6.求下列不定积分.

$(1)\displaystyle\int \frac{x+1}{\sqrt[3]{3x+1}}\mathrm{d}x$；

$(2)\displaystyle\int \frac{1}{\sqrt{x(4-x)}}\mathrm{d}x$；

$(3)\displaystyle\int \sqrt{\frac{x}{1-x}}\mathrm{d}x$；

$(4)\displaystyle\int \frac{1}{\sqrt{1+\mathrm{e}^{2x}}}\mathrm{d}x$；

$(5)\displaystyle\int \frac{1}{(1-x)\sqrt{1-x^2}}\mathrm{d}x$；

$(6)\displaystyle\int \frac{1}{x+\sqrt{a^2-x^2}}\mathrm{d}x$；

$(7)\displaystyle\int \frac{1}{\sqrt{x^2-2x+2}}\mathrm{d}x$；

$(8)\displaystyle\int \frac{1}{x^2\sqrt{1+x^2}}\mathrm{d}x$；

$(9)\displaystyle\int \frac{\sqrt{x^2-a^2}}{x}\mathrm{d}x$；

$(10)\displaystyle\int \frac{x+1}{x^2\cdot\sqrt{x^2-1}}\mathrm{d}x$．

7.求下列不定积分.

$(1)\displaystyle\int x\,\mathrm{e}^{3x}\,\mathrm{d}x$；

$(2)\displaystyle\int \frac{x\,\mathrm{e}^x}{(\mathrm{e}^x+1)^2}\mathrm{d}x$；

$(3)\displaystyle\int x^2\sin x\,\mathrm{d}x$；

$(4)\displaystyle\int x\cot^2 x\,\mathrm{d}x$；

$(5)\displaystyle\int \ln x\,\mathrm{d}x$；

$(6)\displaystyle\int x\ln(1+x)\,\mathrm{d}x$；

$(7)\displaystyle\int \frac{\ln^2 x}{x^2}\mathrm{d}x$；

$(8)\displaystyle\int x\arctan x\,\mathrm{d}x$；

$(9)\displaystyle\int (\arcsin x)^2\,\mathrm{d}x$；

$(10)\displaystyle\int \frac{x^2\arctan x}{1+x^2}\mathrm{d}x$；

$(11)\displaystyle\int \mathrm{e}^{2x}\cos 3x\,\mathrm{d}x$；

$(12)\displaystyle\int \mathrm{e}^x\left(\frac{1}{x}+\ln x\right)\mathrm{d}x$；

$(13)\displaystyle\int \mathrm{e}^{2x}(1+\tan x)^2\,\mathrm{d}x$；

$(14)\displaystyle\int \frac{x+\sin x}{1+\cos x}\mathrm{d}x$；

$(15)\displaystyle\int \sin(\ln x)\,\mathrm{d}x$．

3.2　定积分

学习目标

1.理解定积分的概念与几何意义,了解可积的条件.

2.掌握定积分的基本性质.

3.理解积分上限函数,会求它的导数,掌握牛顿-莱布尼茨公式.

4.熟练掌握定积分的换元积分法与分部积分法.

5.会利用定积分计算平面图形的面积和旋转体的体积,会利用定积分求解经济分析中的简单应用问题.

▶ 3.2.1　定积分的概念

1.引例

（1）曲边梯形的面积

$$A = \lim_{\lambda \to 0} \sum_{i=1}^{n} f(\xi_i) \Delta x_i.$$

（2）变速直线运动的路程

$$s = \lim_{\lambda \to 0} \sum_{i=1}^{n} v(\xi_i) \Delta t_i.$$

2.定积分的定义（图3-3）

设函数 $f(x) \in B[a, b]$，在 (a, b) 内任意插入 $n-1$ 个分点

$$a = x_0 < x_1 < x_2 < \cdots < x_n = b,$$

动画:定积分

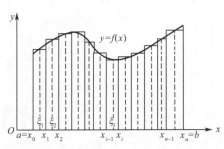

图 3-3

把 $[a, b]$ 分成了 n 个小区间 $[x_{i-1}, x_i]$，其长度 $\Delta x_i = x_i - x_{i-1}(i=1,2,\cdots,n)$；在每个小区间 $[x_{i-1}, x_i]$ 上任取一点 ξ_i，作乘积 $f(\xi_i) \Delta x_i$，再作和式 $\sum_{i=1}^{n} f(\xi_i) \Delta x_i$；

记 $\lambda = \max\{\Delta x_i \mid i=1,2,\cdots,n\}$，若极限 $\lim_{\lambda \to 0} \sum_{i=1}^{n} f(\xi_i) \Delta x_i$ 存在,则称函数 $f(x)$ 在 $[a, b]$ 上可积,并把上述极限值称为函数 $f(x)$ 在 $[a, b]$ 上的定积分 $\int_a^b f(x) dx$，即

$$\int_a^b f(x) dx = \lim_{\lambda \to 0} \sum_{i=1}^{n} f(\xi_i) \Delta x_i.$$

所以,曲边梯形的面积

$$A = \int_a^b f(x)\mathrm{d}x,$$

变速直线运动的路程

$$S = \int_{T_1}^{T_2} f(x)\mathrm{d}x.$$

注意

(1) 定积分 $\int_a^b f(x)\mathrm{d}x$ 是经过"分割、近似替代、求和、取极限"得到的一特定结构的和式极限.

(2) 定积分是一个数,与 $[a,b]$ 和被积函数 $f(x)$ 有关,与积分变量无关:

$$\int_a^b f(x)\mathrm{d}x = \int_a^b f(t)\mathrm{d}t = \int_a^b f(u)\mathrm{d}u.$$

(3) 规定 $\int_a^a f(x)\mathrm{d}x = 0$,$\int_a^b f(x)\mathrm{d}x = -\int_b^a f(x)\mathrm{d}x$.

函数 $f(x)$ 在 $[a,b]$ 上可积的条件是:

充分条件:$f(x) \in C[a,b]$,或 $f(x)$ 在 $[a,b]$ 上除有限个第一类间断点外处处连续.

必要条件:$f(x) \in B[a,b]$.

3. 定积分的几何意义

设 $y = f(x)$ 在 $[a,b]$ 上连续,

(1) 当 $y = f(x) \geqslant 0$ 时,积分 $\int_a^b f(x)\mathrm{d}x$ 等于由直线 $x = a$,$x = b$,x 轴和 $y = f(x)$ 所围成的曲边梯形的面积 A.(图 3-4)

(2) 当 $y = f(x) \leqslant 0$ 时,积分 $\int_a^b f(x)\mathrm{d}x$ 等于由直线 $x = a$,$x = b$,x 轴和 $y = f(x)$ 所围成的曲边梯形面积的相反数 $-A$.(图 3-5)

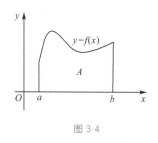

图 3-4

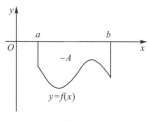

图 3-5

(3) 当函数值 $f(x)$ 有正有负时,积分 $\int_a^b f(x)\mathrm{d}x$ 等于由直线 $x = a$,$x = b$,x 轴和曲线 $y = f(x)$ 所围成的曲边梯形面积的代数和,其中位于 x 轴上方的面积记为正,位于 x 轴

下方的面积记为负.(图 3-6)

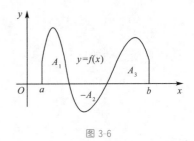

图 3-6

注意　若是如图 3-6 所示情形,有

$$\int_a^b f(x)\mathrm{d}x = A_1 - A_2 + A_3,$$

其中 A_1,A_2 和 A_3 表示对应区域的面积.

▶ 3.2.2　定积分的性质

性质 1　$\int_a^b k\,\mathrm{d}x = k(b-a)$($k$ 为常数).

性质 2　$\int_a^b [f(x) \pm g(x)]\mathrm{d}x = \int_a^b f(x)\mathrm{d}x \pm \int_a^b g(x)\mathrm{d}x.$

性质 3　$\int_a^b kf(x)\mathrm{d}x = k\int_a^b f(x)\mathrm{d}x.$

性质 4　$\int_a^b f(x)\mathrm{d}x = \int_a^c f(x)\mathrm{d}x + \int_c^b f(x)\mathrm{d}x.$

性质 5　在 $[a,b]$ 上,有 $f(x) \leqslant g(x)$,则 $\int_a^b f(x)\mathrm{d}x \leqslant \int_a^b g(x)\mathrm{d}x.$

性质 6　(估值定理)　设 $f(x)$ 在 $[a,b]$ 上有最大值 M、最小值 m,则

$$m(b-a) \leqslant \int_a^b f(x)\mathrm{d}x \leqslant M(b-a).$$

性质 7　(积分中值定理)　设 $f(x) \in C[a,b]$,则 $\exists \xi \in [a,b]$,使

$$\int_a^b f(x)\mathrm{d}x = f(\xi)(b-a).$$

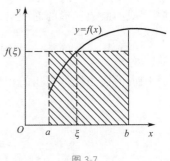

图 3-7

如图 3-7 所示.

▶ 例 1　利用定积分的几何意义,求定积分

$\int_0^2 \sqrt{4-x^2}\,\mathrm{d}x$ 的值.

解　利用定积分的几何意义,定积分 $\int_0^2 \sqrt{4-x^2}\,\mathrm{d}x$ 的

值相当于圆 $x^2 + y^2 = 4$ 的 $\dfrac{1}{4}$ 面积,所以,$\int_0^2 \sqrt{4-x^2}\,\mathrm{d}x = \pi.$

▶ 例 2　根据定积分的性质比较 $\int_0^1 x\,\mathrm{d}x$ 与 $\int_0^1 x^2\,\mathrm{d}x$ 的大小.

解　因为在 $[0,1]$ 上 $x \geqslant x^2$,由性质 5 知 $\int_0^1 x\,\mathrm{d}x \geqslant \int_0^1 x^2\,\mathrm{d}x.$

> **例 3**　估计定积分 $\int_{-1}^{1} e^{-x^2} dx$ 的值.

解　因为 $\int_{-1}^{1} e^{-x^2} dx$ 在 $[-1,1]$ 上的最大值为 1, 最小值为 $\dfrac{1}{e}$, 由性质 6 得,

$$\frac{1}{e}[1-(-1)] \leqslant \int_{-1}^{1} e^{-x^2} dx \leqslant 1 \times [1-(-1)],$$

即

$$\frac{2}{e} \leqslant \int_{-1}^{1} e^{-x^2} dx \leqslant 2.$$

3.2.3　变上限的定积分

> **定义 3-2-1**　设函数 $f(t)$ 在 $[a,b]$ 上可积, $x \in [a,b]$, 则变动上限的积分 $\int_{a}^{x} f(t)dt$ 是 x 的函数, 称为积分上限函数, 记为 $\Phi(x)$. 如图 3-8 所示.

> **注意**　$\int_{a}^{g(x)} f(t)dt$ 可以理解为是函数 $\Phi(u) = \int_{a}^{u} f(t)dt$ 与函数 $u = g(x)$ 的复合函数.

> **定理 3-2-1**　设函数 $f(x) \in C[a,b]$, 则 $\Phi(x) = \int_{a}^{x} f(t)dt \in D[a,b]$, 且

$$\Phi'(x) = \left[\int_{a}^{x} f(t)dt\right]' = f(x).$$

证明　设 $x \in [a,b]$ 且有增量 $\Delta x (x + \Delta x \in [a,b])$, 如图 3-9 所示, 则

$$\Delta\Phi = \Phi(x + \Delta x) - \Phi(x)$$

$$= \int_{a}^{x+\Delta x} f(t)dt - \int_{a}^{x} f(t)dt$$

$$= \int_{x}^{x+\Delta x} f(t)dt,$$

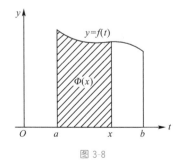

图 3-8

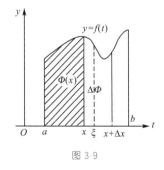

图 3-9

由积分中值定理, 得 $\Delta\Phi = f(\xi)\Delta x$, 因此 $\dfrac{\Delta\Phi}{\Delta x} = f(\xi)$, 令 $\Delta x \to 0$, 则 $\xi \to x$, 由函数 $f(x)$ 在

x 处连续,有

$$\lim_{\Delta x \to 0} \frac{\Delta \Phi}{\Delta x} = \lim_{\xi \to x} f(\xi) = f(x), \text{即}$$

$$\Phi'(x) = f(x).$$

说明:若 $g(x) \in D[a,b], f(x) \in C[a,b]$,则

$$\frac{\mathrm{d}}{\mathrm{d}x}\left[\int_a^{g(x)} f(t)\mathrm{d}t\right] = f[g(x)] \cdot g'(x).$$

推论 区间 I 内的连续函数一定有原函数.

例 4 求 $\dfrac{\mathrm{d}}{\mathrm{d}x}\displaystyle\int_0^x \mathrm{e}^{-t}\sin t\,\mathrm{d}t$.

解 $\dfrac{\mathrm{d}}{\mathrm{d}x}\displaystyle\int_0^x \mathrm{e}^{-t}\sin t\,\mathrm{d}t = \left[\int_0^x \mathrm{e}^{-t}\sin t\,\mathrm{d}t\right]' = \mathrm{e}^{-x}\sin x$.

例 5 求 $\displaystyle\lim_{x \to 0} \frac{1}{x^2}\int_0^x \ln(1+t)\,\mathrm{d}t$.

解 $\displaystyle\lim_{x \to 0} \frac{1}{x^2}\int_0^x \ln(1+t)\,\mathrm{d}t = \lim_{x \to 0} \frac{\displaystyle\int_0^x \ln(1+t)\,\mathrm{d}t}{x^2}$

$$= \lim_{x \to 0} \frac{\ln(1+x)}{2x}$$

$$= \frac{1}{2}\lim_{x \to 0}\ln(1+x)^{\frac{1}{x}} = \frac{1}{2}.$$

例 6 求 $\dfrac{\mathrm{d}}{\mathrm{d}x}\displaystyle\int_0^{x^2} \cos t\,\mathrm{d}t$.

解 $\dfrac{\mathrm{d}}{\mathrm{d}x}\displaystyle\int_0^{x^2} \cos t\,\mathrm{d}t = \cos x^2 \cdot 2x = 2x\cos x^2$.

3.2.4 微积分基本定理

定理 3-2-2 设 $f(x) \in C[a,b]$,$F(x)$ 是 $f(x)$ 在 $[a,b]$ 上的一个原函数,则

$$\int_a^b f(x)\mathrm{d}x = F(x)\Big|_a^b = F(b) - F(a).$$

说明:$F(b) - F(a) = [F(x)]_a^b$.

例 7 求定积分 $\displaystyle\int_1^4 \sqrt{x}\,\mathrm{d}x$.

解 $\displaystyle\int_1^4 \sqrt{x}\,\mathrm{d}x = \frac{2}{3}x^{\frac{3}{2}}\Big|_1^4 = \frac{2}{3}(8-1) = \frac{14}{3}$.

> **例 8**　求定积分 $\int_0^2 (2x-5)\mathrm{d}x$.

解　$\int_0^2 (2x-5)\mathrm{d}x = (x^2-5x)\Big|_0^2 = -6$.

> **例 9**　求定积分 $\int_0^{\frac{\pi}{2}} \left| \frac{1}{2} - \sin x \right| \mathrm{d}x$.

解　$\int_0^{\frac{\pi}{2}} \left| \frac{1}{2} - \sin x \right| \mathrm{d}x = \int_0^{\frac{\pi}{6}} \left(\frac{1}{2} - \sin x \right) \mathrm{d}x + \int_{\frac{\pi}{6}}^{\frac{\pi}{2}} \left(\sin x - \frac{1}{2} \right) \mathrm{d}x$

$$= \sqrt{3} - 1 - \frac{\pi}{12}.$$

> **例 10**　设 $f(x)$ 为连续函数, 且 $f(x) = x + 2\int_0^1 f(t)\mathrm{d}t$, 求 $f(x)$.

解　因为 $f(x)$ 连续, 所以 $f(x)$ 在 $[0,1]$ 上可积, 因此

$$\int_0^1 f(x)\mathrm{d}x = \int_0^1 x\,\mathrm{d}x + \int_0^1 f(t)\mathrm{d}t \cdot \int_0^1 2\mathrm{d}x$$

$$= \frac{1}{2} + 2\int_0^1 f(x)\mathrm{d}x.$$

所以

$$\int_0^1 f(x)\mathrm{d}x = -\frac{1}{2},$$

所以

$$f(x) = x - 1.$$

3.2.5　定积分的计算

1. 定积分的换元积分法

> **定理 3-2-3**　定积分 $\int_a^b f(x)\mathrm{d}x$, $\int_\alpha^\beta f[\varphi(t)]\varphi'(t)\mathrm{d}t$, 满足:

(1) $f(x)$ 在 $[a,b]$ (或 $[b,a]$) 上连续;

(2) $\varphi(t)$ 在 $[\alpha,\beta]$ (或 $[\beta,\alpha]$) 上有连续的导数且不等于零, $\varphi(\alpha)=a$, $\varphi(\beta)=b$;

(3) $f[\varphi(t)]$ 在 $[\alpha,\beta]$ (或 $[\beta,\alpha]$) 上连续, 则

$$\int_a^b f(x)\mathrm{d}x = \int_\alpha^\beta f[\varphi(t)]\varphi'(t)\mathrm{d}t.$$

> **例 11**　计算 $\int_0^{\frac{\pi}{2}} \cos^3 t \sin t\,\mathrm{d}t$.

解法 1　$\int_0^{\frac{\pi}{2}} \cos^3 t \sin t\,\mathrm{d}t = -\int_0^{\frac{\pi}{2}} \cos^3 t\,\mathrm{d}(\cos t) = -\left[\frac{\cos^4 t}{4} \right]_0^{\frac{\pi}{2}} = \frac{1}{4}$.

解法 2 $\int_0^{\frac{\pi}{2}} \cos^3 t \sin t \, \mathrm{d}t \xrightarrow{\text{令} x = \cos t} \int_1^0 -x^3 \, \mathrm{d}x = -\left[\dfrac{x^4}{4}\right]_1^0 = \dfrac{1}{4}.$

> 例 12　计算 $\int_0^{\ln 3} \mathrm{e}^x (1 + \mathrm{e}^x)^2 \, \mathrm{d}x.$

解　$\int_0^{\ln 3} \mathrm{e}^x (1 + \mathrm{e}^x)^2 \, \mathrm{d}x = \int_0^{\ln 3} (1 + \mathrm{e}^x)^2 \, \mathrm{d}(1 + \mathrm{e}^x)$

$$= \dfrac{1}{3} (1 + \mathrm{e}^x)^3 \Big|_0^{\ln 3} = \dfrac{56}{3}.$$

> 例 13　计算 $\int_0^3 \dfrac{x}{\sqrt{x+1}} \, \mathrm{d}x.$

解　$\int_0^3 \dfrac{x}{\sqrt{x+1}} \, \mathrm{d}x \xrightarrow{\text{令} t = \sqrt{x+1}} \int_1^2 \dfrac{t^2 - 1}{t} \cdot 2t \, \mathrm{d}t$

$$= 2\int_1^2 (t^2 - 1) \, \mathrm{d}t = 2\left(\dfrac{t^3}{3} - t\right) \Big|_1^2 = \dfrac{8}{3}.$$

> 例 14　计算 $\int_0^{\ln 5} \dfrac{\mathrm{e}^x}{\mathrm{e}^x + 3} \sqrt{\mathrm{e}^x - 1} \, \mathrm{d}x.$

解　$\int_0^{\ln 5} \dfrac{\mathrm{e}^x}{\mathrm{e}^x + 3} \sqrt{\mathrm{e}^x - 1} \, \mathrm{d}x \xrightarrow{\text{令} t = \sqrt{\mathrm{e}^x - 1}} \int_0^2 \dfrac{1 + t^2}{4 + t^2} \cdot t \cdot \dfrac{2t}{1 + t^2} \, \mathrm{d}t$

$$= 2\int_0^2 \dfrac{t^2}{4 + t^2} \, \mathrm{d}t = 4 - \pi.$$

> 例 15　函数 $f(x)$ 在闭区间 $[-a, a]$ 上连续, 证明:

(1) $f(x)$ 为奇函数时, $\int_{-a}^a f(x) \, \mathrm{d}x = 0$;

(2) $f(x)$ 为偶函数时, $\int_{-a}^a f(x) \, \mathrm{d}x = 2\int_0^a f(x) \, \mathrm{d}x.$

证明　由于函数 $f(x)$ 在闭区间 $[-a, a]$ 上连续, 所以

$$\int_{-a}^a f(x) \, \mathrm{d}x = \int_{-a}^0 f(x) \, \mathrm{d}x + \int_0^a f(x) \, \mathrm{d}x.$$

令 $x = -t$, 则 $\mathrm{d}x = -\mathrm{d}t$, 从而

$$\int_{-a}^0 f(x) \, \mathrm{d}x = \int_a^0 f(-t) \, \mathrm{d}(-t) = -\int_a^0 f(-t) \, \mathrm{d}t$$

$$= \int_0^a f(-t) \, \mathrm{d}t = \int_0^a f(-x) \, \mathrm{d}x.$$

所以

$$\int_{-a}^{a} f(x)\mathrm{d}x = \int_{0}^{a} f(-x)\mathrm{d}x + \int_{0}^{a} f(x)\mathrm{d}x.$$

因此

(1) 若 $f(x)$ 为奇函数,有 $\int_{-a}^{a} f(x)\mathrm{d}x = 0$;

(2) 若 $f(x)$ 为偶函数,有 $\int_{-a}^{a} f(x)\mathrm{d}x = 2\int_{0}^{a} f(x)\mathrm{d}x$.

注意 $\quad \int_{-a}^{a} f(x)\mathrm{d}x = \int_{0}^{a} [f(-x) + f(x)]\mathrm{d}x$.

例 16 计算 $\int_{-1}^{1} x^2 \sin^5 x\,\mathrm{d}x$.

解 因为 $x^2 \sin^5 x$ 为奇函数,所以

$$\int_{-1}^{1} x^2 \sin^5 x\,\mathrm{d}x = 0.$$

例 17 计算 $\int_{-2}^{2} \dfrac{x + |x|}{2 + x^2}\mathrm{d}x$.

解
$$\int_{-2}^{2} \frac{x + |x|}{2 + x^2}\mathrm{d}x = 2\int_{0}^{2} \frac{x}{2 + x^2}\mathrm{d}x$$

$$= \int_{0}^{2} \frac{1}{2 + x^2}\mathrm{d}(2 + x^2)$$

$$= \ln(2 + x^2)\Big|_{0}^{2} = \ln 3.$$

例 18 计算 $\int_{-2}^{2} x^2 \sqrt{4 - x^2}\,\mathrm{d}x$.

解
$$\int_{-2}^{2} x^2 \sqrt{4 - x^2}\,\mathrm{d}x = 2\int_{0}^{2} x^2 \sqrt{4 - x^2}\,\mathrm{d}x$$

$$\x!\xrightarrow{\text{令 } x = 2\sin t} 2\int_{0}^{\frac{\pi}{2}} 16\sin^2 t \cos^2 t\,\mathrm{d}t$$

$$= 8\int_{0}^{\frac{\pi}{2}} \sin^2 2t\,\mathrm{d}t = 2\pi.$$

2. 定积分的分部积分法

定理 3-2-4 若函数 $u(x), v(x)$ 在 $[a, b]$ 上具有连续导数,则

$$\int_{a}^{b} u\,\mathrm{d}v = (uv)\Big|_{a}^{b} - \int_{a}^{b} v\,\mathrm{d}u.$$

或
$$\int_{a}^{b} u\,\mathrm{d}v = [uv]_{a}^{b} - \int_{a}^{b} v\,\mathrm{d}u.$$

例 19 计算 $\int_1^2 x\ln x\,\mathrm{d}x$.

解
$$\int_1^2 x\ln x\,\mathrm{d}x = \int_1^2 \ln x\,\mathrm{d}\left(\frac{x^2}{2}\right) = \frac{1}{2}x^2\ln x\Big|_1^2 - \int_1^2 \frac{x^2}{2}\cdot\frac{1}{x}\,\mathrm{d}x$$
$$= 2\ln 2 - \frac{1}{4}x^2\Big|_1^2 = 2\ln 2 - \frac{3}{4}.$$

例 20 计算 $\int_{-2}^2 (\mid x\mid + x)\mathrm{e}^{-|x|}\,\mathrm{d}x$.

解
$$\int_{-2}^2 (\mid x\mid + x)\mathrm{e}^{-|x|}\,\mathrm{d}x = 2\int_0^2 x\mathrm{e}^{-x}\,\mathrm{d}x$$
$$= -2\int_0^2 x\,\mathrm{d}(\mathrm{e}^x) = -2\left(x\mathrm{e}^{-x}\Big|_0^2 - \int_0^2 \mathrm{e}^{-x}\,\mathrm{d}x\right)$$
$$= 2 - \frac{6}{\mathrm{e}^2}.$$

例 21 计算 $\int_{-1}^1 (\sqrt{x+1} - x)\mathrm{d}x$.

解
$$\int_{-1}^1 (\sqrt{x+1} - x)\mathrm{d}x = \left[\frac{2}{3}(x+1)^{\frac{3}{2}} - \frac{1}{2}x^2\right]\Big|_{-1}^1$$
$$= \left(\frac{2}{3}\cdot 2^{\frac{3}{2}} - \frac{1}{2}\right) - \left(0 - \frac{1}{2}\right) = \frac{4}{3}\sqrt{2}.$$

例 22 计算 $\int_0^{\pi^2} \cos^2\sqrt{x}\,\mathrm{d}x$.

解
$$\int_0^{\pi^2} \cos^2\sqrt{x}\,\mathrm{d}x \xlongequal{\text{令}\,t=\sqrt{x}} \int_0^{\pi} 2t\cos^2 t\,\mathrm{d}t$$
$$= \int_0^{\pi} 2t\cdot\frac{1+\cos 2t}{2}\,\mathrm{d}t$$
$$= \frac{1}{2}\pi^2 + \int_0^{\pi} t\cdot\mathrm{d}\left(\frac{\sin 2t}{2}\right)$$
$$= \frac{1}{2}\pi^2 + \left(t\cdot\frac{\sin 2t}{2}\right)\Big|_0^{\pi} - \int_0^{\pi} \frac{\sin 2t}{2}\,\mathrm{d}t$$
$$= \frac{\pi^2}{2} + \frac{\cos 2t}{4}\Big|_0^{\pi} = \frac{\pi^2}{2}.$$

说明: (1) $I_n = \int_0^{\frac{\pi}{2}} \sin^n x\,\mathrm{d}x\,(n \in \mathbf{N})$, $I_0 = \int_0^{\frac{\pi}{2}}\mathrm{d}x = \frac{\pi}{2}$, $I_1 = \int_0^{\frac{\pi}{2}}\sin x\,\mathrm{d}x = 1$, 当 $n \geqslant 2$ 为正奇数时,

$$I_n = \frac{n-1}{n}\times\frac{n-3}{n-2}\times\cdots\times\frac{4}{5}\times\frac{2}{3}\times 1 = \frac{(n-1)!!}{n!!};$$

当 $n \geqslant 2$ 为正偶数时,

$$I_n = \frac{n-1}{n} \times \frac{n-3}{n-2} \times \cdots \times \frac{3}{4} \times \frac{1}{2} \times \frac{\pi}{2} = \frac{\pi}{2} \cdot \frac{(n-1)!!}{n!!}$$

例如

$$\int_0^{\frac{\pi}{2}} \sin^6 x\,\mathrm{d}x = \frac{5}{6} \times \frac{3}{4} \times \frac{1}{2} \times \frac{\pi}{2} = \frac{5}{32}\pi,$$

$$\int_0^{\frac{\pi}{2}} \sin^7 x\,\mathrm{d}x = \frac{6}{7} \times \frac{4}{5} \times \frac{2}{3} \times 1 = \frac{16}{35}.$$

（2）若 $f(x)$ 在 $[0,1]$ 上连续，则

$$\int_0^{\frac{\pi}{2}} f(\sin x)\,\mathrm{d}x = \int_0^{\frac{\pi}{2}} f(\cos x)\,\mathrm{d}x.$$

3.2.6 定积分的应用

动画：微元法

1. 平面图形的面积（直角坐标情形）

（1）X-型区域

如果平面图形由直线 $x=a$，$x=b$，$y=f(x)$ 和 $y=g(x)$ 围成，其中 $f(x) \geqslant g(x)$，$a \leqslant x \leqslant b$，如图 3-10 所示，用不等式组表示为：

$$\begin{cases} a \leqslant x \leqslant b \\ g(x) \leqslant y \leqslant f(x) \end{cases},$$

那么，平面图形的面积

$$A = \int_a^b [f(x) - g(x)]\,\mathrm{d}x.$$

说明：使用公式的时候注意积分变量是 x，用平面图形上边曲线的函数减去下边曲线的函数，不论函数值的正负，简记："上 y - 下 y"。

（2）Y-型区域

如果平面图形由直线 $y=c$，$y=d$，$x=\psi_1(y)$ 和 $x=\psi_2(y)$ 围成，其中 $\psi_1(y) \leqslant \psi_2(y)$，$c \leqslant y \leqslant d$，如图 3-11 所示.

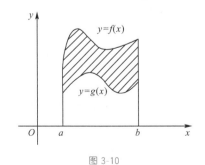

图 3-10

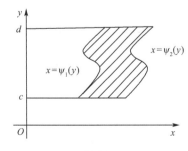

图 3-11

用不等式组表示为:

$$\begin{cases} c \leqslant y \leqslant d \\ \psi_1(y) \leqslant x \leqslant \psi_2(y) \end{cases}.$$

那么,平面图形的面积

$$A = \int_c^d [\psi_2(y) - \psi_1(y)] \mathrm{d}y.$$

说明:使用公式的时候注意积分变量是 y,用平面图形右边曲线的函数减去左边曲线的函数,不论函数值的正负,简记:"右 x — 左 x".

注意 如果平面图形既不是 X-型区域又不是 Y-型区域,那么分割平面图形,使分割后的每一块图形都属于以上两种情况中的某一种.

▶例 23 求由两条抛物线 $y = x^2$,$y^2 = x$,围成的图形的面积.

解 由 $\begin{cases} y = x^2 \\ y^2 = x \end{cases} \Rightarrow \begin{cases} x = 0 \\ y = 0 \end{cases}$ 或 $\begin{cases} x = 1 \\ y = 1 \end{cases}$.如图 3-12 所示,所以,所求面积为

$$A = \int_0^1 (\sqrt{x} - x^2) \mathrm{d}x = \left[\frac{2}{3} x^{\frac{3}{2}} - \frac{1}{3} x^3 \right]_0^1 = \frac{1}{3}.$$

▶例 24 求抛物线 $y^2 = 2x$ 与直线 $y = x - 4$ 围成的图形的面积.

解法 1 由 $\begin{cases} y^2 = 2x \\ y = x - 4 \end{cases} \Rightarrow \begin{cases} x = 2 \\ y = -2 \end{cases}$ 或 $\begin{cases} x = 8 \\ y = 4 \end{cases}$.如图 3-13 所示,所以,所求面积为

$$A = \int_{-2}^4 \left(y + 4 - \frac{y^2}{2} \right) \mathrm{d}y = \left[\frac{y^2}{2} + 4y - \frac{y^3}{6} \right]_{-2}^4 = 18.$$

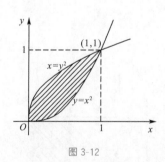

图 3-12

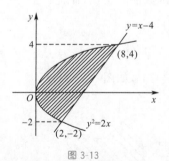

图 3-13

解法 2 由 $\begin{cases} y^2 = 2x \\ y = x - 4 \end{cases} \Rightarrow \begin{cases} x = 2 \\ y = -2 \end{cases}$ 或 $\begin{cases} x = 8 \\ y = 4 \end{cases}$.如图 3-13 所示,所以,所求面积为

$$A = \int_0^2 [\sqrt{2x} - (-\sqrt{2x})] \mathrm{d}x + \int_2^8 [\sqrt{2x} - (x - 4)] \mathrm{d}x$$

$$= \frac{16}{3} + \frac{38}{3} = 18.$$

例 25 求在区间 $[0, \pi]$ 上 $y = \sin x$，$y = \cos x$ 围成的平面图形的面积.

解 如图 3-14 所示，

$$S = \int_0^{\frac{\pi}{4}} (\cos x - \sin x) \mathrm{d}x + \int_{\frac{\pi}{4}}^{\pi} (\sin x - \cos x) \mathrm{d}x = 2\sqrt{2}.$$

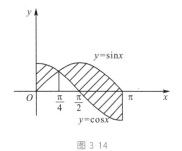

图 3-14

2. 立体的体积

(1) 平行截面面积为已知的立体的体积

设某立体被垂直于 x 轴的平面所截，截面面积 $S = S(x)$，$a \leqslant x \leqslant b$，$S(x)$ 是连续函数. 下面用"微元法"求立体的体积，这个过程共分四步：分割，近似替代，求和，取极限.

① 分割　任取分点 $a = x_0 < x_1 < x_2 < \cdots < x_{n-1} < x_n = b$ 把闭区间 $[a, b]$ 分成 n 个小区间 $[x_{i-1}, x_i]$（$i = 1, 2, \cdots, n$），其中第 i 个小区间的长度记为 $\Delta x_i = x_i - x_{i-1}$.

② 近似替代　在每一个小区间 $[x_{i-1}, x_i]$ 内任取一点 ξ_i，用小圆柱体的体积 $S(\xi_i) \Delta x_i$ 近似代替小立体的体积.

③ 求和　把这 n 个小圆柱体的体积加起来作为立体体积的近似值：

$$S(\xi_1) \Delta x_1 + S(\xi_2) \Delta x_2 + \cdots + S(\xi_n) \Delta x_n = \sum_{i=1}^{n} S(\xi_i) \Delta x_i \approx V.$$

④ 取极限　记这 n 个小区间长度的最大值为 $\lambda = \max_{1 \leqslant i \leqslant n} \{\Delta x_i\}$，那么极限 $\lim_{\lambda \to 0} \sum_{i=1}^{n} S(\xi_i) \Delta x_i$ 就是立体的体积. 所以，平行截面面积为 $S(x)$ 的立体的体积

$$V = \int_a^b S(x) \mathrm{d}x.$$

(1) 用定积分计算立体的体积，关键是找到合适的截面并求出截面面积函数 $S(x)$；

(2) 微元法在具体使用的过程中，可以简化如下（以求平行截面面积为已知的立体的体积为例）：首先分割区间 $[a, b]$，记其中任意一个小区间的长度为 $\mathrm{d}x$，对应的小立体体积的近似值 $\mathrm{d}V = S(x) \mathrm{d}x$，近似值 $\mathrm{d}V$ 称为体积微元，对体积微元 $\mathrm{d}V$ 在区间 $[a, b]$ 上积分，就得到了立体的体积公式 $V = \int_a^b S(x) \mathrm{d}x$.（图 3-15）

所以,平行截面面积为已知的立体的体积微元 $dV = S(x)dx$,体积 $V = \int_a^b S(x)dx$.

例 26 一平面经过半径为 R 的圆柱体的底圆中心,且与底面夹角为 α,截得一楔形立体,求这个楔形立体的体积.

解 取这个平面与圆柱体的底面交线为 x 轴,底面上过圆心且垂直于 x 轴的直线为 y 轴,如图 3-16 所示,则底圆的方程为 $x^2 + y^2 = R^2$. 过 x 轴上的点 x 且垂直于 x 轴的平面截立体所得的截面是直角三角形,其面积为

$$A(x) = \frac{1}{2}y(y\tan\alpha) = \frac{1}{2}(R^2 - x^2)\tan\alpha.$$

所以

$$V = \int_{-R}^{R} \frac{1}{2}(R^2 - x^2)\tan\alpha \, dx = \frac{1}{2}\tan\alpha\left[R^2 x - \frac{x^3}{3}\right]_{-R}^{R} = \frac{2}{3}R^3\tan\alpha.$$

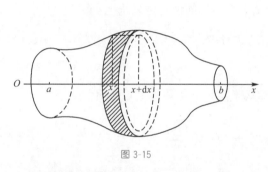

图 3-15

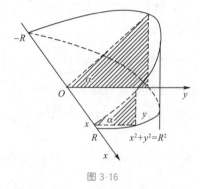

图 3-16

(2) 旋转体的体积

平面图形绕它所在平面内的一条直线旋转一周形成的立体称为旋转体,其中直线称作旋转轴.常见的圆柱、圆锥和球都是旋转体.

① 当函数 $y = f(x)$ 在区间 $[a,b]$ 上非负、连续时,由直线 $x = a$,$x = b$,x 轴和曲线 $y = f(x)$ 所围成的曲边梯形(图 3-17)绕 x 轴旋转一周所得旋转体的体积

$$V_x = \int_a^b \pi \cdot y^2 \, dx = \int_a^b \pi \cdot f^2(x) \, dx.$$

动画:旋转体

② 当函数 $x = \varphi(y)$ 在区间 $[c,d]$ 上非负、连续时,由直线 $y = c$,$y = d$,y 轴和曲线 $x = \varphi(y)$ 所围成的曲边梯形(图 3-18)绕 y 轴旋转一周所得旋转体的体积

$$V_y = \int_c^d \pi \cdot x^2 \, dy = \int_c^d \pi \cdot \varphi^2(y) \, dy.$$

绕 x 轴旋转：

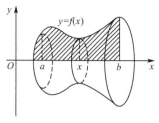

图 3-17

$$A(x) = \pi \mid f(x) \mid^2 = \pi [f(x)]^2$$

$$V_x = \pi \int_a^b [f(x)]^2 \mathrm{d}x$$

绕 y 轴旋转：

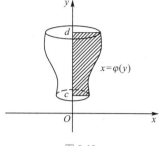

图 3-18

$$A(y) = \pi [\varphi(y)]^2$$

$$V_y = \pi \int_c^d [\varphi(y)]^2 \mathrm{d}y$$

▶ **例 27** 求由椭圆 $\dfrac{x^2}{a^2} + \dfrac{y^2}{b^2} = 1$ 围成的图形绕 y 轴旋转而成的旋转体的体积.

解 如图 3-19 所示，所求旋转体的体积为

$$V_y = \int_{-b}^b \pi \left(\frac{a}{b} \sqrt{b^2 - y^2} \right)^2 \mathrm{d}y$$

$$= 2\pi \cdot \frac{a^2}{b^2} \int_0^b (b^2 - y^2) \mathrm{d}y$$

$$= \frac{4}{3} \pi a^2 b.$$

说明：当 $a = b$ 时，$V = \dfrac{4}{3} \pi a^3$ 为球体的体积.

▶ **例 28** 求由曲线 $x^2 + y^2 = 2, y = x^2$ 围成（包括点 $(0,1)$）的图形绕 x 轴旋转而成的旋转体的体积.

解 如图 3-20 所示，由方程组 $\begin{cases} x^2 + y^2 = 2 \\ y = x^2 \end{cases}$ 得交点 $(1,1)$ 和 $(-1,1)$，所以，所求旋转体的体积为

$$V = V_1 - V_2 = \pi \int_{-1}^1 y_1^2 \mathrm{d}x - \pi \int_{-1}^1 y_2^2 \mathrm{d}x$$

$$= \pi \int_{-1}^1 (2 - x^2) \mathrm{d}x - \pi \int_{-1}^1 x^4 \mathrm{d}x = \frac{44}{15} \pi.$$

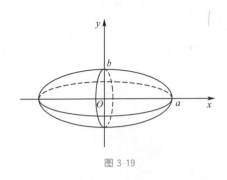

图 3-19

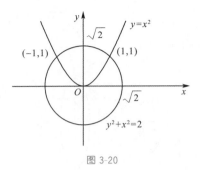

图 3-20

3.2.7 经济应用问题举例

▶ 例 29 设某产品的生产连续进行时,总产量 Q 是时间 t 的函数,如果总产量变化率(单位:吨／日)为

$$Q'(t) = \frac{324}{t^2} e^{-\frac{9}{t}},$$

求投产后从 $t=3$ 到 $t=30$ 的总产量.

解 总产量 $Q(t)$ 是其变化率 $Q'(t)$ 的原函数. 所以从 $t=3$ 到 $t=30$ 的总产量为

$$\int_3^{30} Q'(t) dt = \int_3^{30} \frac{324}{t^2} e^{-\frac{9}{t}} dt = 36 \int_3^{30} e^{-\frac{9}{t}} d\left(-\frac{9}{t}\right)$$

$$= 36 \times e^{-\frac{9}{t}} \Big|_3^{30} = 36(e^{-\frac{3}{10}} - e^{-3}) \approx 24.9(t).$$

故投产后从 $t=3$ 到 $t=30$ 的总产量大约是 24.9 吨.

▶ 例 30 设某种产品的边际收入函数为 $R'(Q) = 10(10-Q)e^{-\frac{Q}{10}}$,其中 Q 为销售量,$R = R(Q)$ 为总收入,求该产品的总收入函数.

解 总收入函数

$$R(Q) = \int_0^Q R'(t) dt = \int_0^Q (100 e^{-\frac{t}{10}} - 10 t e^{-\frac{t}{10}}) dt$$

$$= -1\,000 e^{-\frac{t}{10}} \Big|_0^Q + 100 \int_0^Q t d(e^{-\frac{t}{10}})$$

$$= -1\,000 e^{-\frac{Q}{10}} + 1\,000 + 100\left(t e^{-\frac{t}{10}} \Big|_0^Q - \int_0^Q e^{-\frac{t}{10}} dt\right)$$

$$= -1\,000 e^{-\frac{Q}{10}} + 1\,000 + 100 Q e^{-\frac{Q}{10}} + 1\,000 e^{-\frac{t}{10}} \Big|_0^Q$$

$$= 100 Q e^{-\frac{Q}{10}}.$$

1.计算下列定积分.

$(1) \int_0^\pi \sqrt{\sin x - \sin^3 x}\, dx$;

$(2) \int_0^1 (1-x) \sqrt{x\sqrt{x}}\, dx$;

$(3) \int_0^1 2^x e^x\, dx$;

$(4) \int_0^1 \dfrac{1}{\sqrt{4-x^2}}\, dx$;

$(5) \int_1^4 |x-2|\, dx$;

$(6) \int_0^{2\pi} \sqrt{1+\cos x}\, dx$;

$(7) \int_0^1 \dfrac{1}{(2x+1)^3}\, dx$;

$(8) \int_0^{\frac{\pi}{2}} e^{\sin x} \cos x\, dx$;

$(9) \int_1^e \dfrac{1+\ln^2 x}{x}\, dx$;

$(10) \int_0^1 \dfrac{\arctan x}{1+x^2}\, dx$;

$(11) \int_0^8 \dfrac{1}{1+\sqrt[3]{x}}\, dx$;

$(12) \int_0^1 \dfrac{x}{\sqrt{3x+1}}\, dx$;

$(13) \int_0^1 x^2 \sqrt{1-x^2}\, dx$;

$(14) \int_{\ln 3}^{\ln 8} \sqrt{e^x+1}\, dx$;

$(15) \int_1^e \dfrac{1}{\sqrt{x}} \ln x\, dx$;

$(16) \int_0^{\frac{\pi}{2}} x \cos x\, dx$;

$(17) \int_0^1 \arctan x\, dx$;

$(18) \int_0^{\frac{\pi}{2}} e^{-x} \sin x\, dx$.

2.计算下列定积分.

$(1) \int_0^1 \sqrt{2x-x^2}\, dx$;

$(2) \int_0^\pi \sin^3 x\, dx$;

$(3) \int_0^{\frac{\pi}{2}} \sin^2 x \cos^4 x\, dx$;

$(4) \int_0^{\frac{\pi}{2}} \dfrac{\sin^n x}{\sin^n x + \cos^n x}\, dx$ 　（其中 n 为正整数）;

$(5) \int_{-1}^1 x^2 \ln(x+\sqrt{x^2+1})\, dx$;

$(6) \int_{-a}^a \dfrac{(e^x-1)|x|}{e^x+1}\, dx$;

$(7) \int_{-1}^1 x^2 (e^{x^3} + \arcsin x)\, dx$;

$(8) \int_{-a}^a (x-a) \cdot \sqrt{a^2-x^2}\, dx$.

3.求下列函数的导数 $\dfrac{dQ}{dx}$.

$(1) Q(x) = \int_0^x (e^t - t)\, dt$;

$(2) Q(x) = \int_0^{x^2} \ln(2+t)\, dt$;

$(3) Q(x) = \int_{x^2}^4 \dfrac{\sin\sqrt{t}}{t}\, dt$ 　（其中 $1 \leqslant x \leqslant 2$）;

$(4) Q(x) = \int_{x+1}^{2x} \sin t^3\, dt$;

$(5)Q(x)=\int_0^x \cos^2(x-t)\mathrm{d}t$；$\qquad\qquad$ $(6)Q(x)=\int_0^x \sqrt{x-t}\cdot \mathrm{e}^t\mathrm{d}t$；

$(7)Q(x)=\int_0^x(x^2-t^2)f(t)\mathrm{d}t$ （其中 $f(t)$ 为连续函数）；

$(8)Q(x)=\int_1^2 f(x+t)\mathrm{d}t$ （其中 $f(x)$ 为连续函数）.

4.求下列极限.

$(1)\lim\limits_{x\to 0}\dfrac{\sqrt{4+x^3}-2}{\int_0^x(1-\mathrm{e}^{-t^2})\mathrm{d}t}$；$\qquad\qquad$ $(2)\lim\limits_{x\to 0}\dfrac{\int_0^{x^2}\sin t^2\mathrm{d}t}{x^6}$；

$(3)\lim\limits_{x\to 0}\dfrac{\int_0^x t\ln(1+t\sin t)\mathrm{d}t}{1-\cos x^2}$；$\qquad\qquad$ $(4)\lim\limits_{x\to\infty}\dfrac{\int_0^{x^2}\arctan t\,\mathrm{d}t}{x^2}$.

5.求以下平面图形的面积.

(1) 由直线 $x=1$，$x=3$，$y=0$ 和双曲线 $xy=1$ 所围成的平面图形；

(2) 由直线 $x=4$，$y=0$ 和曲线 $y=\sqrt{x}$ 所围成的平面图形；

(3) 由直线 $y=-2x+4$ 和抛物线 $y=-x^2+4$ 所围成的平面图形；

(4) 由直线 $y=x$，$x=4y$ 和曲线 $xy=1$ 所围成的平面图形在第一象限的部分；

(5) 由 $y=\sin x\left(\dfrac{\pi}{4}\leqslant x\leqslant\pi\right)$ 和 $y=\cos x\left(\dfrac{\pi}{4}\leqslant x\leqslant\dfrac{\pi}{2}\right)$ 及 x 轴所围成的平面图形；

(6) 过点 $(1,2)$ 作抛物线 $y=x^2+1$ 的法线，由该法线和抛物线所围成的平面图形.

6.求以下旋转体的体积.

(1) 由 $x=0$，$x=2$，$y=0$，$y=\mathrm{e}^x$ 所围图形绕 x 轴旋转而成的旋转体；

(2) 由 $y=x$，$y=x^2$ 所围图形绕 y 轴旋转而成的旋转体；

(3) 由 $y=0$，$x+y=2$，$y=x^2$ 所围图形绕 x 轴旋转而成的旋转体；

(4) 由 $x=0$，$x=\dfrac{\pi}{4}$，$y=\sin x$，$y=\cos x$ 所围图形绕 x 轴旋转而成的旋转体；

(5) 由圆 $(x-2a)^2+(y+b)^2=a^2$（其中 $a>0$，b 为任意实数）绕 y 轴旋转而成的旋转体.

////////////////// 复习题三 //////////////////

一、单项选择题

1.设 $\int f(x)\mathrm{d}x=\sin x^2+C$，则 $\int\dfrac{f(\sqrt{x})}{\sqrt{x}}\mathrm{d}x=($ $\qquad$).

A. $\sin x + C$ $\qquad$ B. $2\sin x + C$ $\qquad$ C. $\dfrac{1}{2}\sin x + C$ $\qquad$ D. $x\sin x + C$

2. 设 $f(x)$ 是连续函数,且 $\displaystyle\int_0^{x^3+1} f(x)\mathrm{d}x = x$,则 $f(0) = ($ $\quad$ $)$.

A. $\dfrac{1}{3}$ $\qquad\qquad$ B. $\dfrac{1}{2}$ $\qquad\qquad$ C. 1 $\qquad\qquad$ D. 3

3. $\displaystyle\int_0^2 \sqrt{x^2 - 2x + 1}\,\mathrm{d}x = ($ $\quad$ $)$.

A. $\dfrac{1}{2}$ $\qquad\qquad$ B. 1 $\qquad\qquad$ C. $\dfrac{3}{2}$ $\qquad\qquad$ D. 2

4. 以下定积分最大的是($\quad$).

A. $\displaystyle\int_0^1 \sin^2 x\,\mathrm{d}x$ $\qquad$ B. $\displaystyle\int_0^1 x\,\mathrm{d}x$ $\qquad$ C. $\displaystyle\int_0^1 \tan x\,\mathrm{d}x$ $\qquad$ D. $\displaystyle\int_0^1 \sec x\,\mathrm{d}x$

5. 由曲线 $y = x^3 - 2x^2 - x + 2$ 与 x 轴所围成图形的面积等于($\quad$).

A. $\dfrac{7}{3}$ $\qquad\qquad$ B. $\dfrac{8}{3}$ $\qquad\qquad$ C. $\dfrac{35}{12}$ $\qquad\qquad$ D. $\dfrac{37}{12}$

二、填空题

6. 设 $f(x)$ 的一个原函数为 $\dfrac{\sin x}{x}$,则 $\displaystyle\int f'(x)\mathrm{d}x = $ _____.

7. 设 $\displaystyle\int_0^1 f(ax)\mathrm{d}x = b$（其中 $a \neq 0$）,则 $\displaystyle\int_0^a f(x)\mathrm{d}x = $ _____.

8. $\displaystyle\int_{-\pi}^{\pi} \left(\sin^3 x + \sqrt{\pi^2 - x^2}\right)\mathrm{d}x = $ _____.

9. 设 $f(x)$ 是连续函数,$F(x) = \displaystyle\int_0^x t \cdot f(x - t)\mathrm{d}t$,则

$\dfrac{\mathrm{d}F(x)}{\mathrm{d}x} = $ _____.

习题讲解:变上限
定积分求导

10. 由圆 $x^2 + y^2 = 2y$ 绕 x 轴旋转而成的旋转体的体积是 _____.

三、解答题

11. 求不定积分 $\displaystyle\int x^3 \cdot \sqrt{1 + x^2}\,\mathrm{d}x$.

12. 求不定积分 $\displaystyle\int (\sin x - \sec x)^2\,\mathrm{d}x$.

13. 求不定积分 $\displaystyle\int \sqrt{\dfrac{x - a}{x + a}}\,\mathrm{d}x$.

14. 求不定积分 $\displaystyle\int \frac{x + \ln^3 x}{(x \cdot \ln x)^2} \mathrm{d}x$.

15. 求定积分 $\displaystyle\int_0^{\ln 2} \sqrt{\mathrm{e}^x - 1}\, \mathrm{d}x$.

16. 求定积分 $\displaystyle\int_{-\frac{1}{2}}^{\frac{1}{2}} \frac{x^3 + (\arcsin x)^2}{\sqrt{1 - x^2}}\, \mathrm{d}x$.

17. 求定积分 $\displaystyle\int_{-\frac{\pi}{2}}^{\frac{\pi}{2}} \frac{\cos^3 x}{\mathrm{e}^x + 1}\, \mathrm{d}x$.

18. 求极限 $\displaystyle\lim_{x \to 0} \frac{\displaystyle\int_0^x (\sqrt{1+t} - \sqrt{1 + \sin t})\, \mathrm{d}t}{x \arctan x^3}$.

19. 设 $f(x)$ 在 $[0,1]$ 上二阶连续可导，且 $f(0) = 1, f(1) = 2, f'(1) = 1$，求 $\displaystyle\int_0^1 x f''(x)\, \mathrm{d}x$.

20. 设 $f(x)$ 为连续函数，求 $\displaystyle\int_0^a \frac{f(x)}{f(x) + f(a - x)}\, \mathrm{d}x$.

四、应用题

21. 过点 $(2,0)$ 作曲线 $y = x^2$ 的切线，求由所得切线与曲线 $y = x^2$ 围成图形的面积.

22. 求由 $x = 0, x = 1, y = \mathrm{e}^x$ 和 $y = \cos x$ 所围图形绕 x 轴旋转而成的旋转体的体积.

五、证明题

23. 设 $f(x)$ 是连续的偶函数，证明 $f(x)$ 必存在一个为奇函数的原函数.

24. 设函数 $f(x)$ 在 $[1,3]$ 上连续，在 $(1,3)$ 内可导，且 $f(1) = \displaystyle\int_2^3 \frac{f(x)}{x^2}\, \mathrm{d}x$，证明存在 $\xi \in (1,3)$，使得 $\xi f'(\xi) = 2 f(\xi)$ 成立.

第4章 多元函数微积分学

4.1 多元函数微分学

学习目标

1.了解二元函数概念、几何意义及二元函数的极限与连续概念,会求二元函数的定义域.

2.理解偏导数、全微分概念,了解全微分存在的必要条件和充分条件,掌握二元函数的一、二阶偏导数计算方法,会求二元函数的全微分.

3.掌握复合函数一阶偏导数的计算方法.

4.掌握由方程 $F(x,y,z)=0$ 所确定的隐函数 $z=z(x,y)$ 的一阶偏导数的计算方法.

5.会求二元函数的无条件极值.

4.1.1 多元函数的基本概念

1.平面点集

点 P_0 的邻域:

$$N(P_0,\delta)=\{P \mid \mid PP_0 \mid <\delta\}=\{(x,y) \mid \sqrt{(x-x_0)^2+(y-y_0)^2}<\delta\},$$

如图 4-1 所示.

点 P_0 的 δ 空心邻域:

$$N(\hat{P}_0,\delta)=\{P \mid 0<\mid PP_0 \mid <\delta\}=\{(x,y) \mid 0<\sqrt{(x-x_0)^2+(y-y_0)^2}<\delta\}$$

如图 4-2 所示.

设点 D 是平面上的一个点集,如果对 D 内任意两点,都可用属于 D 的一条折线相连结,称点集 D 是连通的,并称连通的点集为区域. 如图 4-3 所示.

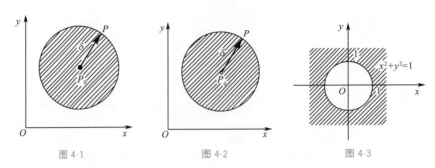

图 4-1   图 4-2   图 4-3

区域 D 的边界点 P：点 P 的任一邻域，既有属于 D 的点又有不属于 D 的点. 如图 4-4 所示.

区域 D 的边界：区域 D 的边界点所成的集合. 如图 4-5 所示.

开区域：不含任何一个边界点的区域. 如图 4-6 所示.

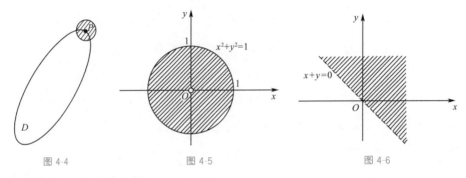

图 4-4   图 4-5   图 4-6

闭区域：包含边界的区域.

有界区域：能包含于某个圆内的区域，如图 4-5 所示. 否则为无界区域. 如图 4-6 所示.

2. 二元函数的概念

定义 4-1-1   设 D 是 xOy 平面上的一个点集，对任意的点 $P(x,y)\in D$，变量 z 按某个对应关系 f 总有唯一确定的数值与之对应，则称 z 是 x,y 的二元函数，记 $z=f(x,y)$. 称 x 和 y 为自变量，z 为因变量，点集 D 称为该函数的定义域，数集

$$\{z\,|\,z=f(x,y),(x,y)\in D\}$$

称为该函数的值域.

函数 $z=f(x,y)$ 在点 (x_0,y_0) 处的函数值，记作 $f(x_0,y_0)$，$z\big|_{\substack{x=x_0\\y=y_0}}$，$z\big|_{(x_0,y_0)}$.

例 1   求函数 $z=\ln(x+y)$ 的定义域.

解   依题意 $x+y>0$，如图 4-6 所示.

> **例 2** 求函数 $z = \arcsin x + \arcsin \dfrac{y}{2}$ 的定义域.

解 依题意 $D = \{(x, y) \mid -1 \leqslant x \leqslant 1, -2 \leqslant y \leqslant 2\}$，如图 4-7 所示.

> **例 3** 求二元函数 $z = \sqrt{R^2 - x^2 - y^2}$ 的定义域.

解 依题意 $x^2 + y^2 \leqslant R^2$，如图 4-8 所示.

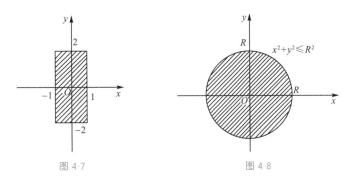

图 4-7　　　　　　　　图 4-8

3. 点函数的概念

> **定义 4-1-2** 设 Ω 是一个点集(直线、平面、空间的部分)，对任意的点 $P \in \Omega$，变量 z 按某一对应关系总有唯一确定的值与之对应，则称 z 是 Ω 上的点函数，记为：$z = f(P)$.

> **注意** 当 Ω 是 x 轴上的点时，点函数 $z = f(P)$ 是一元函数.

当 Ω 是 xOy 面上的函数时，点函数 $z = f(P)$ 是二元函数.

4. 二元函数的极限

> **定义 4-1-3** 设二元函数 $z = f(x, y)$ 的定义域为 D，对点 $P_0(x_0, y_0)$ 的任一邻域 $N(P_0)$，$D \cap N(P_0)$ 都是无限集. 当 D 中的点 $P(x, y)$(异于 P_0)以任何方式与 P_0 无限接近时，相应的函数值 $f(x, y)$ 无限逼近常数 A，则称当 $P(x, y) \to P_0(x_0, y_0)$ 时，函数 $f(x, y)$ 以 A 为极限，记为

$$\lim_{\substack{x \to x_0 \\ y \to y_0}} f(x, y) = A，或 \lim_{\rho \to 0} f(x, y) = A \left(\rho = \sqrt{(x - x_0)^2 + (y - y_0)^2}\right).$$

也可记为：$\lim_{P \to P_0} f(x, y) = A$，或 $f(P) \to A (P \to P_0)$.

> **注意** $P(x, y) \to P_0(x_0, y_0)$ 是指 $P(x, y)$ 沿任何方向、任何途径无限逼近 $P_0(x_0, y_0)$.

> 例 4 求 $\lim\limits_{\substack{x\to 0\\y\to 0}}\dfrac{x^2+y^2}{\sqrt{x^2+y^2+1}-1}$.

解法 1 $\rho=\sqrt{x^2+y^2}$,因此,

$$原式=\lim_{\rho\to 0}\frac{\rho^2}{\sqrt{\rho^2+1}-1}=\lim_{\rho\to 0}(\sqrt{\rho^2+1}+1)=2.$$

解法 2 原式$=\lim\limits_{\substack{x\to 0\\y\to 0}}\dfrac{(x^2+y^2)(\sqrt{x^2+y^2+1}+1)}{x^2+y^2}=2.$

> 例 5 讨论二元函数 $f(x,y)=\begin{cases}\dfrac{xy}{x^2+y^2}, & x^2+y^2\neq 0\\[3mm] 0, & x^2+y^2=0\end{cases}$ 当 $(x,y)\to(0,0)$ 时的极

限.

解 因为

$$\lim_{\substack{x\to 0\\y=0}}f(x,y)=\lim_{x\to 0}f(x,0)=\lim_{x\to 0}\frac{x\cdot 0}{x^2+0^2}=0,$$

$$\lim_{\substack{x\to 0\\y=x}}f(x,y)=\lim_{x\to 0}f(x,x)=\lim_{x\to 0}\frac{x\cdot x}{x^2+x^2}=\frac{1}{2}\neq 0,$$

所以 $\lim\limits_{\substack{x\to 0\\y\to 0}}f(x,y)$ 不存在.

或：$\lim\limits_{\substack{x\to 0\\y=kx}}f(x,y)=\lim\limits_{x\to 0}f(x,kx)=\lim\limits_{x\to 0}\dfrac{x\cdot kx}{x^2+k^2x^2}=\dfrac{k}{1+k^2}\neq 0,\quad (k\neq 0)$

所以 $\lim\limits_{\substack{x\to 0\\y\to 0}}f(x,y)$ 不存在.

定理 4-1-1 设 $\lim\limits_{P\to P_0}f(P)=A$, $\lim\limits_{P\to P_0}=g(P)=B$,则

(1) $\lim\limits_{P\to P_0}[f(P)\pm g(P)]=\lim\limits_{P\to P_0}f(P)\pm\lim\limits_{P\to P_0}g(P)=A\pm B$;

(2) $\lim\limits_{P\to P_0}[f(P)\cdot g(P)]=\lim\limits_{P\to P_0}f(P)\cdot\lim\limits_{P\to P_0}g(P)=A\cdot B$;

(3) 当 $B\neq 0$ 时,$\lim\limits_{P\to P_0}\dfrac{f(P)}{g(P)}=\dfrac{\lim\limits_{P\to P_0}f(P)}{\lim\limits_{P\to P_0}g(P)}=\dfrac{A}{B}.$

5.二元函数的连续性

定义 4-1-4 设二元函数的定义域为 D,$P_0(x_0,y_0)\in D$,若

$$\lim_{\substack{x\to x_0\\y\to y_0}}f(x,y)=f(x_0,y_0)或\lim_{P\to P_0}f(P)=f(P_0).$$

则称函数 $z = f(x, y)$ 在点 P_0 处连续.

注意 连续的二元函数的图象是一张不间断、无裂缝的曲面.

例如, $z = \dfrac{1}{x-y}$ 就有一条间断线.

定理 4-1-2 二元连续函数的和、差、积仍为二元连续函数; 当分母不为零时, 二元连续函数的商也为二元连续函数; 二元连续函数的复合函数也为二元连续函数.

定理 4-1-3 (最值定理) 如果二元函数在有界闭区域 D 上连续, 则该函数在 D 上一定取得最大值和最小值.

定理 4-1-4 (介值定理) 有界闭区域 D 上连续的二元函数必能取得介于它们两个不同函数值之间的任何值.

定义 4-1-5 由常数、x 或 y 的基本初等函数, 经过有限次四则运算和有限次复合且能用一个式子表达的函数称为二元初等函数.

定理 4-1-5 二元初等函数在它的定义域内每一点都连续.

4.1.2 偏导数

1. 偏导数的定义及其计算

定义 4-1-6 设函数 $z = f(x, y)$ 在点 (x_0, y_0) 的某邻域内有定义, 固定 $y = y_0$, 得到一个一元函数 $f(x, y_0)$. 在 x_0 处给 x 以增量 Δx, 相应的函数有偏增量 $\Delta_x z = f(x_0 + \Delta x, y_0) - f(x_0, y_0)$.

如果 $\lim\limits_{\Delta x \to 0} \dfrac{\Delta_x z}{\Delta x} = \lim\limits_{\Delta x \to 0} \dfrac{f(x_0 + \Delta x, y_0) - f(x_0, y_0)}{\Delta x}$ 存在, 则称此极限值为函数 $z = f(x, y)$ 在点 (x_0, y_0) 处对 x 的偏导数, 记作 $\dfrac{\partial z}{\partial x}\Big|_{\substack{x=x_0 \\ y=y_0}}$, 或 $\dfrac{\partial f}{\partial x}\Big|_{\substack{x=x_0 \\ y=y_0}}$, 或 $z'_x\Big|_{\substack{x=x_0 \\ y=y_0}}$, 或 $f'_x(x_0, y_0)$.

同理, 函数 $z = f(x, y)$ 在点 (x_0, y_0) 处对 y 的偏导数定义为

$$\lim_{\Delta y \to 0} \frac{f(x_0, y_0 + \Delta y) - f(x_0, y_0)}{\Delta y}.$$

记作 $\dfrac{\partial z}{\partial y}\Big|_{\substack{x=x_0 \\ y=y_0}}$, 或 $\dfrac{\partial f}{\partial y}\Big|_{\substack{x=x_0 \\ y=y_0}}$, 或 $z'_y\Big|_{\substack{x=x_0 \\ y=y_0}}$, 或 $f'_y(x_0, y_0)$.

如果函数 $z=f(x,y)$ 在区域 D 内每一点 (x,y) 处对 x 的偏导数都存在,则这样的偏导数是 x,y 的函数,称为函数 $z=f(x,y)$ 在区域 D 内对自变量 x 的偏导数.

记作 $\dfrac{\partial z}{\partial x}$,或 $\dfrac{\partial f}{\partial x}$,或 z_x',或 $f_x'(x,y)$.

类似地,可定义函数 $z=f(x,y)$ 在区域 D 内对自变量 y 的偏导数.

记作 $\dfrac{\partial z}{\partial y}$,或 $\dfrac{\partial f}{\partial y}$,或 z_y',或 $f_y'(x,y)$.

注意 $\dfrac{\mathrm{d}y}{\mathrm{d}x}$ 既可看作导数的整体记号,也可理解为"微商",而 $\dfrac{\partial z}{\partial x}$ 只能看成整体记号,不能理解为 $\partial z,\partial x$ 之商.

例 6 设 $f(x,y)=x^3-2x^2y+3y^4$,求 $f_x'(x,y),f_y'(x,y),f_x'(1,1),f_y'(1,-1)$.

解 $\quad f_x'(x,y)=3x^2-4xy,f_y'(x,y)=-2x^2+12y^3$,

$$f_x'(1,1)=-1,f_y'(1,-1)=-14.$$

例 7 设 $z=y^x$,求 z_x',z_y'.

解 $\quad z_x'=y^x\ln y,z_y'=xy^{x-1}$.

例 8 设 $z=(x^2+y^2)\ln(x^2+y^2)$,求 $\dfrac{\partial z}{\partial x},\dfrac{\partial z}{\partial y}$.

解 $\quad \dfrac{\partial z}{\partial x}=2x[1+\ln(x^2+y^2)],\dfrac{\partial z}{\partial y}=2y[1+\ln(x^2+y^2)]$.

2.高阶偏导数

定义 4-1-7 设函数 $z=f(x,y)$ 在区域 D 内具有偏导数

$$\frac{\partial z}{\partial x}=f_x'(x,y),\frac{\partial z}{\partial y}=f_y'(x,y),$$

如果这两个偏导数仍有偏导数,则称它们的偏导数是函数 $z=f(x,y)$ 的二阶偏导数.

(1)若将 $\dfrac{\partial z}{\partial x}$ 再对 x 求偏导数,则把这样的二阶偏导数记作

$$\frac{\partial}{\partial x}\left(\frac{\partial z}{\partial x}\right)=\frac{\partial^2 z}{\partial x^2}\text{或 } z_{xx}''\text{ 或 }f_{xx}''(x,y);$$

(2)若将 $\dfrac{\partial z}{\partial x}$ 再对 y 求偏导数,则相应的二阶偏导数记作

$$\frac{\partial}{\partial y}\left(\frac{\partial z}{\partial x}\right)=\frac{\partial^2 z}{\partial x\partial y}\text{或 } z_{xy}''\text{ 或 }f_{xy}''(x,y);$$

(3)若将 $\dfrac{\partial z}{\partial y}$ 再对 x 求偏导数,则相应的二阶偏导数记作

$$\frac{\partial}{\partial x}\left(\frac{\partial z}{\partial y}\right)=\frac{\partial^2 z}{\partial y\partial x}\ 或\ z''_{yx}\ 或\ f''_{yx}(x,y);$$

(4)若将 $\dfrac{\partial z}{\partial y}$ 再对 y 求偏导数,则相应的二阶偏导数记作

$$\frac{\partial}{\partial y}\left(\frac{\partial z}{\partial y}\right)=\frac{\partial^2 z}{\partial y^2}\ 或\ z''_{yy}\ 或\ f''_{yy}(x,y).$$

例 9 设 $z=\arctan\dfrac{y}{x}$,求 $\dfrac{\partial^2 z}{\partial x^2},\dfrac{\partial^2 z}{\partial x\partial y},\dfrac{\partial^2 z}{\partial y\partial x},\dfrac{\partial^2 z}{\partial y^2}.$

解
$$\frac{\partial^2 z}{\partial x^2}=\frac{2xy}{(x^2+y^2)^2},\frac{\partial^2 z}{\partial x\partial y}=\frac{y^2-x^2}{(x^2+y^2)^2},$$

$$\frac{\partial^2 z}{\partial y\partial x}=\frac{y^2-x^2}{(x^2+y^2)^2},\frac{\partial^2 z}{\partial y^2}=\frac{-2xy}{(x^2+y^2)^2}.$$

定理 4-1-6 如果函数 $z=f(x,y)$ 的两个二阶混合偏导数 $f''_{xy}(x,y),f''_{yx}(x,y)$ 在区域 D 内连续,则在该区域 D 上这两个混合偏导数必相等,即

$$f''_{xy}(x,y)=f''_{yx}(x,y).$$

4.1.3 全微分

1. 全微分的概念

定义 4-1-8 如果函数 $z=f(x,y)$ 在点 (x,y) 的某邻域内有定义,自变量 x,y 分别有增量 $\Delta x,\Delta y$,其全增量 $\Delta z=f(x+\Delta x,y+\Delta y)-f(x,y)$ 都可表示为

$$\Delta z=A\Delta x+B\Delta y+o(\rho)$$

式中 A,B 是与 $\Delta x,\Delta y$ 无关的量,且 $\rho=\sqrt{(\Delta x)^2+(\Delta y)^2}$,则称 $z=f(x,y)$ 在点 (x,y) 处可微,并称 $A\Delta x+B\Delta y$ 为函数 $z=f(x,y)$ 在点 (x,y) 处的全微分,记作 $\mathrm{d}z,\mathrm{d}z=A\Delta x+B\Delta y$.

注意 函数 $z=f(x,y)$ 在区域 D 内每一点处都可微,则函数 $z=f(x,y)$ 在区域 D 内可微.

说明:如果函数 $z=f(x,y)$ 在点 (x_0,y_0) 处可微,则函数 $z=f(x,y)$ 在点 (x_0,y_0) 处连续.如果函数 $z=f(x,y)$ 在点 (x_0,y_0) 处不连续,则 $z=f(x,y)$ 在点 (x_0,y_0) 处不可微.

2. 全微分与偏导数的关系

定理 4-1-7 （必要条件） 如果函数 $z=f(x,y)$ 在点 (x,y) 处可微,则该函数在点 (x,y) 的偏导数必存在且

$$A=\frac{\partial z}{\partial x},B=\frac{\partial z}{\partial y},$$

即

$$dz=\frac{\partial z}{\partial x}\cdot\Delta x+\frac{\partial z}{\partial y}\cdot\Delta y.$$

注意 一元函数在某点处可导是可微的充要条件. 但二元函数在某点两个偏导数存在只是二元函数可微的必要条件.

例如,

$$f(x,y)=\begin{cases}\dfrac{xy}{x^2+y^2}, & x^2+y^2\neq 0\\[2mm] 0, & x^2+y^2=0\end{cases}$$

有 $f_x'(0,0)=0,f_y'(0,0)=0$,但该函数在 $(0,0)$ 处极限不存在,从而不连续. 所以,该函数在 $(0,0)$ 处不可微.

说明:当二元函数 $z=f(x,y)$ 在 (x,y) 处可微时,

$$dz=\frac{\partial z}{\partial x}dx+\frac{\partial z}{\partial y}dy.$$

定理 4-1-8 （充分条件） 如果函数 $z=f(x,y)$ 的偏导数 $\dfrac{\partial z}{\partial x},\dfrac{\partial z}{\partial y}$ 在点 (x,y) 处连续,则函数 $z=f(x,y)$ 在该点处可微.

推广 若 $u=\varphi(x,y,z)$,则 $du=\dfrac{\partial u}{\partial x}dx+\dfrac{\partial u}{\partial y}dy+\dfrac{\partial u}{\partial z}dz.$

▶ **例 10** 求函数 $u=x+\sin\dfrac{y}{2}+e^{yz}$ 的全微分.

解
$$du=\frac{\partial u}{\partial x}dx+\frac{\partial u}{\partial y}dy+\frac{\partial u}{\partial z}dz$$
$$=dx+\left(\frac{1}{2}\cos\frac{y}{2}+ze^{yz}\right)dy+ye^{yz}dz.$$

▶ **例 11** 已知 $f(x+y,x-y)=x^2-y^2$,则 $\dfrac{\partial f(x,y)}{\partial x}+\dfrac{\partial f(x,y)}{\partial y}=($).

解 因为

$$f(x+y,x-y)=x^2-y^2=(x+y)(x-y),$$

所以

$$f(x,y)=xy,$$

则

$$\frac{\partial f(x,y)}{\partial x}+\frac{\partial f(x,y)}{\partial y}=x+y.$$

为了记忆和正确判定,梳理知识关系,如图 4-9 所示.

图 4-9

▶ 4.1.4 多元复合函数的求导法则

定理 4-1-9（复合函数的求导法则） 设函数 $u=u(x,y),v=v(x,y)$ 在点 (x,y) 处偏导数都存在,函数 $z=f(u,v)$ 在点 (x,y) 的对应点 (u,v) 处可微,则复合函数 $z=f[u(x,y),v(x,y)]$ 在点 (x,y) 处对 x 和 y 的两个偏导数存在,且

$$\frac{\partial z}{\partial x}=\frac{\partial z}{\partial u}\frac{\partial u}{\partial x}+\frac{\partial z}{\partial v}\frac{\partial v}{\partial x},$$

$$\frac{\partial z}{\partial y}=\frac{\partial z}{\partial u}\frac{\partial u}{\partial y}+\frac{\partial z}{\partial v}\frac{\partial v}{\partial y}.$$

为了记忆和正确使用上述公式,画出变量关系图(图 4-10).

特例:(1)设 $z=f(u,v),u=\Phi(x),v=\Psi(x)$,则 $z=f[\Phi(x),\Psi(x)]$ 是 x 的一元函数.如果 $u=\Phi(x,y),v=\Psi(x,y)$ 在点 x 处可导,$z=f(u,v)$ 在对应点 (u,v) 处可微,则 z 在点 x 处对 x 的导数存在,且

$$\frac{\mathrm{d}z}{\mathrm{d}x}=\frac{\partial z}{\partial u}\frac{\mathrm{d}u}{\mathrm{d}x}+\frac{\partial z}{\partial v}\frac{\mathrm{d}v}{\mathrm{d}x}.$$

上式称为全导公式.

变量关系如图 4-11 所示.

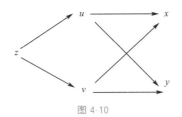

图 4-10

图 4-11

（2）设函数 $u=\Phi(x,y)$ 在点 (x,y) 处的偏导数存在，二元函数 $z=f(u,y)$ 在对应点 (u,y) 处可微，则复合函数 $z=f[\Phi(x,y),y]$ 的偏导数 $\dfrac{\partial z}{\partial x},\dfrac{\partial z}{\partial y}$ 存在，且

$$\frac{\partial z}{\partial x}=\frac{\partial f}{\partial u}\frac{\partial u}{\partial x},\frac{\partial z}{\partial y}=\frac{\partial f}{\partial u}\frac{\partial u}{\partial y}+\frac{\partial f}{\partial y}.$$

注意 $\dfrac{\partial z}{\partial y},\dfrac{\partial f}{\partial y}$ 是不同的，$\dfrac{\partial z}{\partial y}$ 是把复合函数 $z=f[\Phi(x,y),y]$ 中的 x 看成不变量，u 是 y 的函数，而对 y 求偏导数，但 $\dfrac{\partial f}{\partial y}$ 是把 $f(u,y)$ 中的 u 看作不变量而对 y 求偏导数.

▶ **例 12** 设 $z=e^u\sin v$ 而 $u=xy,v=x+y$，求 $\dfrac{\partial z}{\partial x}$ 和 $\dfrac{\partial z}{\partial y}$.

解 由公式，得

$$\frac{\partial z}{\partial x}=e^u\sin v\cdot y+e^u\cos v\cdot 1=e^{xy}[y\sin(x+y)+\cos(x+y)],$$

$$\frac{\partial z}{\partial y}=e^u\sin v\cdot x+e^u\cos v\cdot 1=e^{xy}[x\sin(x+y)+\cos(x+y)].$$

▶ **例 13** 设 $z=(x^2-2y)^{xy}$，求 $\dfrac{\partial z}{\partial x}$ 和 $\dfrac{\partial z}{\partial y}$.

解

$$\frac{\partial z}{\partial x}=2x^2y(x^2-2y)^{xy-1}+y(x^2-2y)^{xy}\ln(x^2-2y),$$

$$\frac{\partial z}{\partial y}=-2xy(x^2-2y)^{xy-1}+x(x^2-2y)^{xy}\ln(x^2-2y).$$

▶ **例 14** 设 $z=uv+e^t$，而 $u=e^t,v=\cos t$. 求全微分 $\dfrac{\mathrm{d}z}{\mathrm{d}t}$.

解 $\dfrac{\mathrm{d}z}{\mathrm{d}t}=\dfrac{\partial z}{\partial u}\dfrac{\mathrm{d}u}{\mathrm{d}t}+\dfrac{\partial z}{\partial v}\dfrac{\mathrm{d}v}{\mathrm{d}t}+\dfrac{\partial z}{\partial t}=ve^t-u\sin t+e^t=e^t\cos t-e^t\sin t+e^t.$

▶ **例 15** 设 $z=f(x^2+y^2,xy)$，求 $\dfrac{\partial z}{\partial x},\dfrac{\partial z}{\partial y}$.

解 令 $u=x^2+y^2,v=xy$，则 $z=f(u,v)$，记 $\dfrac{\partial f}{\partial u}=f_1',\dfrac{\partial f}{\partial v}=f_2'$，则 $\dfrac{\partial z}{\partial x}=2xf_1'+yf_2',\dfrac{\partial z}{\partial y}=2yf_1'+xf_2'$.

▪ 4.1.5 隐函数的求导法则

定理 4-1-10 设函数 $F(x,y)$ 可微且 $F_y'(x,y)\neq 0$，可以证明由方程 $F(x,y)=0$

确定一个可导隐函数 $y=y(x)$,将 $y=y(x)$ 代入 $F(x,y)=0$,得
$$F[x,y(x)]\equiv0,$$
将上式两边同时对 x 求导,得
$$F'_x+F'_y\cdot\frac{\mathrm{d}y}{\mathrm{d}x}=0,$$

由 $F'_y\neq0$,则 $\frac{\mathrm{d}y}{\mathrm{d}x}=-\frac{F'_x}{F'_y}$,称为一元隐函数的求导公式.

定理 4-1-11 设函数 $F(x,y,z)$ 可微且 $F'_z(x,y,z)\neq0$,可以证明由方程 $F(x,y,z)=0$ 确定一个可求偏导数的二元隐函数 $z=f(x,y)$,则
$$\frac{\partial z}{\partial x}=-\frac{F'_x}{F'_z},\frac{\partial z}{\partial y}=-\frac{F'_y}{F'_z}.$$

上式为二元隐函数的求偏导公式.

▶ **例 16** 已知 $z=z(x,y)$ 是由方程 $\sin(xz)=yz$ 确定的函数,求 $\frac{\partial z}{\partial x},\frac{\partial z}{\partial y}$.

解 令 $F(x,y,z)=\sin(xz)-yz$,则
$$F'_x(x,y,z)=z\cos(xz),$$
$$F'_y(x,y,z)=-z,$$
$$F'_z(x,y,z)=x\cos(xz)-y,$$
所以
$$\frac{\partial z}{\partial x}=-\frac{F'_x}{F'_z}=-\frac{z\cos(xz)}{x\cos(xz)-y},\frac{\partial z}{\partial y}=-\frac{F'_y}{F'_z}=\frac{z}{x\cos(xz)-y}.$$

▶ **例 17** 设 $z=z(x,y)$ 由方程 $\mathrm{e}^{-xy}-2z+\mathrm{e}^z=0$ 确定,求 $\frac{\partial z}{\partial x}$.

解法 1 方程两边分别对 x 求导,得
$$-y\mathrm{e}^{-xy}-2\frac{\partial z}{\partial x}+\mathrm{e}^z\frac{\partial z}{\partial x}=0,$$
解得
$$\frac{\partial z}{\partial x}=\frac{-y\mathrm{e}^{-xy}}{2-\mathrm{e}^z}.$$

解法 2 设 $F(x,y,z)=\mathrm{e}^{-xy}-2z+\mathrm{e}^z$,由公式得
$$\frac{\partial z}{\partial x}=-\frac{F'_x}{F'_z}=\frac{-y\mathrm{e}^{-xy}}{2-\mathrm{e}^z}.$$

▶ **例 18** 设方程 $\mathrm{e}^z=xyz$ 确定隐函数 $z=f(x,y)$,求 $\frac{\partial z}{\partial x},\frac{\partial z}{\partial y}$.

解 $\frac{\partial z}{\partial x}=\frac{yz}{\mathrm{e}^z-xy},\frac{\partial z}{\partial y}=\frac{xz}{\mathrm{e}^z-xy}.$

注意 求由方程 $F(x,y,z)=0$ 确定的隐函数 $z=f(x,y)$ 的偏导数,也可以用一元函数求隐函数的导数的方法来求.

▷ 4.1.6 多元函数的极值及其应用

定义 4-1-9 设函数 $z=f(x,y)$ 在点 $P_0(x_0,y_0)$ 的某邻域 $N(P_0)$ 内有定义,任意的点 $P(x,y)\in N(P_0)(P\neq P_0)$,都有

$$f(x,y)<f(x_0,y_0)[f(x,y)>f(x_0,y_0)],$$

则称 $f(x_0,y_0)$ 为函数 $z=f(x,y)$ 的极大(小)值,称点 (x_0,y_0) 为函数 $z=f(x,y)$ 的极大(小)值点. 函数的极大值、极小值统称为函数的极值,函数的极大值点、极小值点统称为函数的极值点.

例如,二元函数 $z=x^2+y^2$ 在点 $(0,0)$ 处取得极小值 0.

定理 4-1-12 (必要条件) 设函数 $z=f(x,y)$ 在点 $P_0(x_0,y_0)$ 具有偏导数,且在点 $P_0(x_0,y_0)$ 处有极值,则它在该点的偏导数必为零,即

$$\begin{cases} f'_x(x_0,y_0)=0 \\ f'_y(x_0,y_0)=0 \end{cases}.$$

定义 4-1-10 把令 $f'_x(x_0,y_0)=0,f'_y(x_0,y_0)=0$ 同时成立的点 $P_0(x_0,y_0)$,称为函数 $z=f(x,y)$ 的驻点.

注意 两个偏导数都存在的二元函数的极值点必定是驻点,反之不真.

例如,$z=xy$,易知 $(0,0)$ 是函数的驻点,但不是极值点.

定理 4-1-13 (充分条件) 设 $P_0(x_0,y_0)$ 为函数 $z=f(x,y)$ 的驻点,且在点 $P_0(x_0,y_0)$ 的某邻域内,$z=f(x,y)$ 具有二阶连续偏导数.若令

$$A=f''_{xx}(x_0,y_0),B=f''_{xy}(x_0,y_0),C=f''_{yy}(x_0,y_0),$$

则 $z=f(x,y)$ 在 $P_0(x_0,y_0)$ 处是否取得极值的条件如下:

(1)$AC-B^2>0$ 时,函数 $z=f(x,y)$ 有极值,且 $A<0$ 时有极大值,$A>0$ 时有极小值;

(2)$AC-B^2<0$ 时,函数 $z=f(x,y)$ 无极值;

(3)$AC-B^2=0$ 时,函数可能有极值,也可能无极值.

若函数 $z=f(x,y)$ 的二阶偏导数连续,则可按下列步骤求函数的极值:

第一步：求偏导数 f'_x, f'_y，解方程组 $\begin{cases} f'_x(x,y)=0 \\ f'_y(x,y)=0 \end{cases}$，求得一切驻点；

第二步：求 $f''_{xx}, f''_{xy}, f''_{yy}$；

第三步：对每个驻点，确定 $AC-B^2$ 的值，并根据定理 4-1-13 判定哪些驻点为极值点，并求出相应的极值.

▶ 例 19　求由方程 $x^2+y^2+z^2-2x+2y-4z-10=0$ 确定的函数 $z=f(x,y)$ 的极值.

解　将方程两边分别对 x,y 求偏导

$$2x+2z\cdot z'_x-2-4z'_x=0,$$

$$2y+2z\cdot z'_y+2-4z'_y=0,$$

由 $\begin{cases} z'_x=\dfrac{1-x}{z-2}=0 \\ z'_y=\dfrac{-1-y}{z-2}=0 \end{cases} \Rightarrow \begin{cases} x=1 \\ y=-1 \end{cases}$，所以驻点是 $P(1,-1)$，

$$A=z''_{xx}\Big|_P=\frac{1}{2-z}, \quad B=z''_{xy}\Big|_P=0, \quad C=z''_{yy}\Big|_P=\frac{1}{2-z},$$

因为 $AC-B^2=\dfrac{1}{(2-z)^2}(z\ne2)>0$，所以函数在点 $P(1,-1)$ 处有极值.

将 $P(1,-1)$ 代入原方程得 $z=-2$ 或 $z=6$.

当 $z=-2$ 时，$A=\dfrac{1}{4}>0$，所以 $z=f(1,-1)=-2$ 为极小值；

当 $z=6$ 时，$A=-\dfrac{1}{4}<0$，所以 $z=f(1,-1)=6$ 为极大值.

▶ 例 20　某化妆品公司可以通过报纸和电视台做销售化妆品的广告. 根据统计资料，销售收入 R（单位：百万元）与报纸广告费用 x_1（单位：百万元）和电视广告费用 x_2（单位：百万元）之间的关系有如下的经验公式：$R=15+14x_1+32x_2-8x_1x_2-2x_1^2-10x_2^2$，如果不限制广告费用的支出，求最优广告策略.

解　设该公司的净销售收入为

$$\begin{aligned} z&=f(x,y) \\ &=15+14x_1+32x_2-8x_1x_2-2x_1^2-10x_2^2-(x_1+x_2) \\ &=15+13x_1+31x_2-8x_1x_2-2x_1^2-10x_2^2, \end{aligned}$$

令 $\begin{cases} \dfrac{\partial z}{\partial x_1} = 13 - 8x_2 - 4x_1 = 0 \\ \dfrac{\partial z}{\partial x_2} = 31 - 8x_1 - 20x_2 = 0 \end{cases}$ ，得驻点 $x_1 = 0.75, x_2 = 1.25.$

又在驻点处 $z''_{x_1 x_1} = -4 < 0, z''_{x_1 x_2} = -8, z''_{x_2 x_2} = -20,$ 所以，在 $(0.75, 1.25)$ 处，有
$$B^2 - AC = (-8)^2 - (-4) \times (-20) < 0, A = -4 < 0,$$

所以，函数 $z = f(x_1, x_2)$ 在 $(0.75, 1.25)$ 处有极大值，因极大值点唯一，故在 $(0.75, 1.25)$ 处也是最大值，即最优广告策略为报纸广告费用 75 万元，电视广告费用 125 万元.

习题 4-1

1. 求函数的偏导数和全微分.

(1) $z = x^2 y + y^2$；

(2) $z = x^3 y - xy^3$；

(3) $z = \dfrac{xy}{x^2 - y^2}$；

(4) $z = \dfrac{y}{\sqrt{x^2 + y^2}}$；

(5) $z = 2^{xy}$；

(6) $z = e^{\frac{y}{x}}$；

(7) $z = \arctan \dfrac{y}{x}$；

(8) $z = \arcsin \sqrt{x^2 + 2y^2}$；

(9) $z = \ln\tan \dfrac{x}{y}$；

(10) $z = x^2 \sin 2y$；

(11) $z = y^2 \arctan 2x$；

(12) $z = x^2 \ln(x^2 + y^2)$；

(13) $z = e^{xy} \sin(x + y)$；

(14) $z = (1 + xy)^y$；

(15) $z = (x^2 + y^2)^{xy}$.

2. 求函数在指定点处的偏导数.

(1) 设 $z = e^y \cos 2x$，求 $\left. \dfrac{\partial z}{\partial x} \right|_{\substack{x = \frac{\pi}{12} \\ y = 0}}$；

(2) 设 $z = x^3 + \dfrac{x}{y} - y^2$，求 $\left. \dfrac{\partial z}{\partial x} \right|_{(1,2)}$ 和 $\left. \dfrac{\partial z}{\partial y} \right|_{(1,2)}$；

(3) 设 $z = e^x(\cos y + x \sin y)$，求 $z'_x\left(0, \dfrac{\pi}{2}\right)$ 和 $z'_y\left(0, \dfrac{\pi}{2}\right)$；

(4) 设 $f(x, y) = y^2 + (x + 1)\arcsin\sqrt{\dfrac{x}{y}}$，求 $f'_y(-1, y)$ 和 $f'_y(-1, -2)$.

3. 求函数的二阶偏导数 $\dfrac{\partial^2 z}{\partial x^2}, \dfrac{\partial^2 z}{\partial y^2}, \dfrac{\partial^2 z}{\partial x \partial y}\left(\text{或}\dfrac{\partial^2 z}{\partial y \partial x}\right).$

(1) $z = x^3 y - 3x^2 y^3$；

(2) $z = \ln(x + y^2)$；

$(3)z=\ln\sqrt{x^2+y^2}$;　　　　　　　　$(4)z=\arctan xy$;

$(5)z=\mathrm{e}^{2y-x}$;　　　　　　　　　　$(6)z=\dfrac{\sin x}{y}$.

4.求偏导数 $\dfrac{\partial z}{\partial x}$ 和 $\dfrac{\partial z}{\partial y}$.

$(1)z=f\left(\dfrac{y}{x},xy\right)$;　　　　　　　　$(2)z=f(x^2-y^2,\mathrm{e}^{xy})$;

$(3)z=f\left(x\arcsin y,\dfrac{y}{x}\right)$;　　　　$(4)z=f(\sin x,xy)$.

5.求偏导数 $\dfrac{\partial z}{\partial x}$ 和 $\dfrac{\partial z}{\partial y}$.

$(1)z=2u+v^2,u=\dfrac{x}{y},v=x-y$;　　　$(2)z=\mathrm{e}^u\sin v,u=x+y,v=xy$.

6.求由方程 $F(x,y,z)=0$ 所确定函数 $z=f(x,y)$ 的偏导数 z'_x 和 z'_y.

$(1)x^2+y^2+z^2-4z=0$;　　　　　　$(2)z^3-3xyz=a^3$;

$(3)x+2y+z-2\sqrt{xyz}=0$;　　　　　$(4)\mathrm{e}^{-xy}-2z+\mathrm{e}^z=0$;

$(5)\dfrac{x}{z}=\ln\dfrac{z}{y}$;　　　　　　　　　$(6)\sin(yz)=x^2+z$.

7.求函数的极值.

$(1)z=4(x-y)-x^2-y^2$;　　　　　　$(2)z=x^3+y^3-9xy+27$;

$(3)z=\dfrac{1}{3}x^3+2x-3xy+\dfrac{3}{2}y^2$;　　　$(4)z=(6x-x^2)(4y-y^2)$;

$(5)f(x,y)=xy(3-x-y)$;　　　　　　$(6)f(x,y)=\mathrm{e}^{2x}(x+y^2+2y)$.

4.2　二重积分

学习目标

1.理解二重积分的概念、性质及其几何意义.

2.掌握二重积分在直角坐标系及极坐标系下的计算方法.

4.2.1　二重积分的概念与性质

例如,曲顶柱体的体积如图 4-12 所示.

(1) 分割 $\Delta\sigma_1,\Delta\sigma_2,\cdots,\Delta\sigma_i,\cdots,\Delta\sigma_n$；

(2) 近似替代 $\Delta V_i\approx f(\xi_i,\eta_i)\Delta\sigma_i$；

(3) 求和 $V\approx\sum\limits_{i=1}^{n}f(\xi_i,\eta_i)\Delta\sigma_i$；

(4) 取极限 $V=\lim\limits_{\lambda\to 0}\sum\limits_{i=1}^{n}f(\xi_i,\eta_i)\Delta\sigma_i,(\lambda=\max\{d_i\mid i=1,$
$2,\cdots,n\})$.

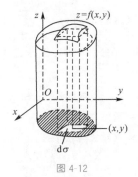

图 4-12

1. 二重积分的概念

定义 4-2-1 设 $f(x,y)$ 是有界闭区域 D 上的有界函数,将区域 D 任意分割为 n 份小的闭区域 $\Delta\sigma_1,\Delta\sigma_2,\cdots,\Delta\sigma_n$,其中 $\Delta\sigma_i(i=1,2,\cdots,n)$,表示第 i 个小闭区域,也表示它的面积,在每个 $\Delta\sigma_i$ 上任取一点 (ξ_i,η_i),作乘积 $f(\xi_i,\eta_i)\Delta\sigma_i(i=1,2,\cdots,n)$,并作和 $\sum\limits_{i=1}^{n}f(\xi_i,\eta_i)\Delta\sigma_i$,如果当各小闭区域的直径中的最大值 $\lambda\to 0$ 时,这和的极限总存在,则称此极限值为函数 $f(x,y)$ 在闭区域 D 上的二重积分,记为 $\iint\limits_D f(x,y)\mathrm{d}\sigma$,即

$$\iint\limits_D f(x,y)\mathrm{d}\sigma=\lim\limits_{\lambda\to 0}\sum\limits_{i=1}^{n}f(\xi_i,\eta_i)\Delta\sigma_i,$$

其中 $f(x,y)$ 叫作被积函数,$f(x,y)\mathrm{d}\sigma$ 叫作被积表达式,D 为积分区域,$\mathrm{d}\sigma$ 为面积元素,x,y 叫作积分变量,$\sum\limits_{i=1}^{n}f(\xi_i,\eta_i)\Delta\sigma_i$ 叫作积分和.

曲顶柱体的体积:$V=\iint\limits_D f(x,y)\mathrm{d}\sigma$.

定理 4-2-1 若函数 $f(x,y)$ 在有界闭区域 D 上连续,则二重积分存在.

2. 二重积分的性质

性质 1 设 α,β 为常数,则

$$\iint\limits_D [\alpha f(x,y)+\beta g(x,y)]\mathrm{d}\sigma=\alpha\iint\limits_D f(x,y)\mathrm{d}\sigma+\beta\iint\limits_D g(x,y)\mathrm{d}\sigma.$$

性质 2 如果闭区域 D 被有限条曲线分成有限个部分闭区域,则在 D 上的二重积分等于各部分闭区域上的二重积分的和,例如 D 分成两个闭区域 D_1 与 D_2,则

$$\iint\limits_D f(x,y)\mathrm{d}\sigma=\iint\limits_{D_1} f(x,y)\mathrm{d}\sigma+\iint\limits_{D_2} f(x,y)\mathrm{d}\sigma.$$

性质 3 如果在 D 上 $f(x,y)=1$，σ 为 D 的面积，则

$$\sigma=\iint\limits_{D}1\cdot\mathrm{d}\sigma=\iint\limits_{D}\mathrm{d}\sigma.$$

性质 4 如果在 D 上，$f(x,y)\leqslant g(x,y)$，则

$$\iint\limits_{D}f(x,y)\mathrm{d}\sigma\leqslant\iint\limits_{D}g(x,y)\mathrm{d}\sigma.$$

特别有 $$\left|\iint\limits_{D}f(x,y)\mathrm{d}\sigma\right|\leqslant\iint\limits_{D}|f(x,y)|\mathrm{d}\sigma.$$

性质 5 （估值定理）设 $f(x,y)$ 在 D 上的最大值、最小值分别为 M,m，σ 为 D 的面积，则

$$m\sigma\leqslant\iint\limits_{D}f(x,y)\mathrm{d}\sigma\leqslant M\sigma.$$

性质 6 （二重积分的中值定理）若 $f(x,y)$ 在闭区域 D 上连续，σ 为 D 的面积，则至少存在一点 (ξ,η) 使得

$$\iint\limits_{D}f(\xi,\eta)\mathrm{d}\sigma=f(\xi,\mu)\cdot\sigma.$$

▷ **例 1** 利用性质，比较大小.

$(1)\iint\limits_{D}(x+y)^2\mathrm{d}\sigma$ 与 $\iint\limits_{D}(x+y)^3\mathrm{d}\sigma$，$D$：$x$ 轴、y 轴与直线 $x+y=1$ 围成.

$(2)\iint\limits_{D}\mathrm{e}^{xy}\mathrm{d}\sigma$ 与 $\iint\limits_{D}\mathrm{e}^{3xy}\mathrm{d}\sigma$，$D$：$0\leqslant x\leqslant 1,0\leqslant y\leqslant 1$.

解 （1）因为在区域 D 上，$(x+y)^2\geqslant(x+y)^3$，所以，

$$\iint\limits_{D}(x+y)^2\mathrm{d}\sigma\geqslant\iint\limits_{D}(x+y)^3\mathrm{d}\sigma.$$

（2）因为在区域 D 上，$\mathrm{e}^{xy}\leqslant\mathrm{e}^{3xy}$，所以

$$\iint\limits_{D}\mathrm{e}^{xy}\mathrm{d}\sigma\leqslant\iint\limits_{D}\mathrm{e}^{3xy}\mathrm{d}\sigma.$$

▷ **例 2** 利用性质，估计二重积分的数值.

$(1)I=\iint\limits_{D}\mathrm{e}^{x+y}\mathrm{d}\sigma$，其中 $D=\{(x,y)\mid 0\leqslant x\leqslant 1,0\leqslant y\leqslant 1\}$；

$(2)I=\iint\limits_{D}\dfrac{1}{\ln(4+x+y)}\mathrm{d}\sigma$，其中 $D=\{(x,y)\mid 0\leqslant x\leqslant 4,0\leqslant y\leqslant 8\}$.

解 （1）因为 $f(x,y)=\mathrm{e}^{x+y}$ 在区域 D 上的最大值是 e^2，最小值是 $\mathrm{e}^0=1$，面积 $\sigma=1$，

由估值定理得，$1 \leqslant \iint\limits_{D} \mathrm{e}^{x+y} \mathrm{d}\sigma \leqslant \mathrm{e}^2$.

（2）因为 $f(x,y) = \dfrac{1}{\ln(4+x+y)}$ 在区域 D 上的最大值是 $\dfrac{1}{2\ln2}$，最小值是 $\dfrac{1}{4\ln2}$，面积 $\sigma = 32$，由估值定理得，

$$\frac{8}{\ln2} \leqslant \iint\limits_{D} \frac{1}{\ln(4+x+y)} \mathrm{d}\sigma \leqslant \frac{16}{\ln2}.$$

▶ 4.2.2　二重积分在直角坐标系下的计算

二重积分：$\iint\limits_{D} f(x,y)\mathrm{d}\sigma = \lim\limits_{\lambda \to 0} \sum\limits_{i=1}^{n} f(\xi_i,\eta_i)\Delta\sigma_i$.

在直角坐标系下：$\mathrm{d}\sigma = \mathrm{d}x\mathrm{d}y$，所以

$$\iint\limits_{D} f(x,y)\mathrm{d}\sigma = \iint\limits_{D} f(x,y)\mathrm{d}x\mathrm{d}y.$$

1. X- 型区域

用不等式组表示为 $D = \begin{cases} a \leqslant x \leqslant b \\ \varphi_1(x) \leqslant y \leqslant \varphi_2(x) \end{cases}$，如图 4-13 所示.

其特点是：平行于 y 轴且穿过 D 内部的直线与 D 的边界相交不多于两点. 如图 4-14 所示，

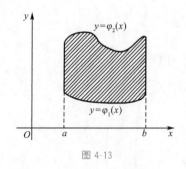

图 4-13

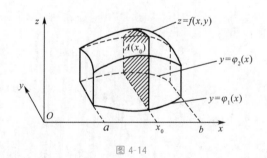

图 4-14

$$A(x_0) = \int_{\varphi_1(x_0)}^{\varphi_2(x_0)} f(x_0,y)\mathrm{d}y.$$

一般地，过区间 $[a,b]$ 上任意一点 x 且平行于 yOz 面的平面截曲顶柱体所得的截面面积

$$A(x) = \int_{\varphi_1(x)}^{\varphi_2(x)} f(x,y)\mathrm{d}y.$$

于是，曲顶柱体的体积为

$$V = \int_a^b A(x)\,\mathrm{d}x = \int_a^b \left[\int_{\varphi_1(x)}^{\varphi_2(x)} f(x,y)\,\mathrm{d}y \right]\mathrm{d}x.$$

这体积就是二重积分的值,即

$$\iint\limits_D f(x,y)\,\mathrm{d}\sigma = \int_a^b \left[\int_{\varphi_1(x)}^{\varphi_2(x)} f(x,y)\,\mathrm{d}y \right]\mathrm{d}x$$

或

$$\iint\limits_D f(x,y)\,\mathrm{d}\sigma = \int_a^b \mathrm{d}x \int_{\varphi_1(x)}^{\varphi_2(x)} f(x,y)\,\mathrm{d}y.$$

说明:二重积分化为二次积分来计算.

2. Y-型区域

用不等式组表示为 $D = \begin{cases} c \leqslant y \leqslant d \\ \Psi_1(y) \leqslant x \leqslant \Psi_2(y) \end{cases}$,如图 4-15 所示.

其特点是:平行于 x 轴且穿过 D 内部的直线与 D 的边界相交不多于两点.

Y-型区域上的二重积分的计算公式为

$$\iint\limits_D f(x,y)\,\mathrm{d}\sigma = \int_c^d \left[\int_{\Psi_1(y)}^{\Psi_2(y)} f(x,y)\,\mathrm{d}x \right]\mathrm{d}y$$

或

$$\iint\limits_D f(x,y)\,\mathrm{d}\sigma = \int_c^d \mathrm{d}y \int_{\Psi_1(y)}^{\Psi_2(y)} f(x,y)\,\mathrm{d}x.$$

3. 既非 X-型,又非 Y-型区域(图 4-16)

$$D = D_1 \bigcup D_2 \bigcup D_3,$$

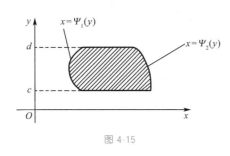

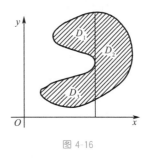

图 4-15　　　　　　　　　图 4-16

所以

$$\iint\limits_D f(x,y)\,\mathrm{d}\sigma = \iint\limits_{D_1} f(x,y)\,\mathrm{d}\sigma + \iint\limits_{D_2} f(x,y)\,\mathrm{d}\sigma + \iint\limits_{D_3} f(x,y)\,\mathrm{d}\sigma,$$

而 D_1, D_2, D_3 可分别看成 X-型或 Y-型区域,因此上述二重积分可以计算.

在直角坐标系下,求二重积分可按下列步骤:

(1) 画出积分区域 D;

(2) 确定 D 是否为 X-型,Y-型区域,并用不等式组表示;

（3）使用二重积分的计算公式化二重积分为二次积分；

（4）计算二次积分的值.

> **例 3** 计算 $\iint\limits_{D} xy\,\mathrm{d}x\,\mathrm{d}y$，其中 D 是曲线 $y=x^2$，$y^2=x$ 所围成的区域.

解法 1 画出积分区域，如图 4-17 所示，由方程组 $\begin{cases} y=x^2 \\ y^2=x \end{cases}$，得 $\begin{cases} x=0 \\ y=0 \end{cases}$ 或 $\begin{cases} x=1 \\ y=1 \end{cases}$. 所以

$$\iint\limits_{D} xy\,\mathrm{d}x\,\mathrm{d}y = \int_0^1 \mathrm{d}x \int_{x^2}^{\sqrt{x}} xy\,\mathrm{d}y = \int_0^1 \left[\frac{1}{2}xy^2\right]_{x^2}^{\sqrt{x}}\mathrm{d}x$$

$$= \frac{1}{2}\int_0^1 (x^2-x^5)\,\mathrm{d}x = \frac{1}{12}.$$

解法 2 $\iint\limits_{D} xy\,\mathrm{d}x\,\mathrm{d}y = \int_0^1 \mathrm{d}y \int_{y^2}^{\sqrt{y}} xy\,\mathrm{d}x = \frac{1}{12}.$

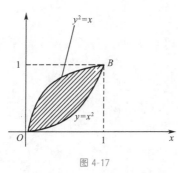

图 4-17

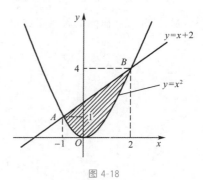

图 4-18

> **例 4** 计算二重积分 $\iint\limits_{D} (2y-x)\mathrm{d}\sigma$，其中 D 由抛物线 $y=x^2$ 和直线 $y=x+2$

围成.

解 由方程组 $\begin{cases} y=x^2 \\ y=x+2 \end{cases}$，得 $\begin{cases} x=-1 \\ y=1 \end{cases}$ 或 $\begin{cases} x=2 \\ y=4 \end{cases}$. 积分区域如图 4-18 所示，所以

$$\iint\limits_{D}(2y-x)\mathrm{d}\sigma = \int_{-1}^2 \mathrm{d}x \int_{x^2}^{x+2}(2y-x)\mathrm{d}y = \int_{-1}^2 \left[y^2-xy\right]_{x^2}^{x+2}\mathrm{d}x$$

$$= \int_{-1}^2 \left[(x+2)^2-x(x+2)-x^4+x^3\right]\mathrm{d}x = \frac{243}{20}.$$

或

$$\iint\limits_{D}(2y-x)\mathrm{d}\sigma = \int_0^1 \mathrm{d}y \int_{-\sqrt{y}}^{\sqrt{y}}(2y-x)\mathrm{d}x + \int_1^4 \mathrm{d}y \int_{y-2}^{\sqrt{y}}(2y-x)\mathrm{d}x = \frac{243}{20}.$$

> **例 5** 计算二重积分 $\iint\limits_{D}(2x-y)\mathrm{d}x\,\mathrm{d}y$，其中 D 由直线 $y=1$，$2x-y+3=0$ 和

$x+y-3=0$ 围成.

解 积分区域如图 4-19 所示，所以

$$\iint\limits_{D}(2x-y)\mathrm{d}x\,\mathrm{d}y = \int_1^3 \mathrm{d}y\int_{\frac{1}{2}(y-3)}^{3-y}(2x-y)\mathrm{d}x$$

$$=\frac{9}{4}\int_1^3(y^2-4y+3)\mathrm{d}y=-3.$$

▶ **例 6** 计算 $\iint\limits_{D}\dfrac{\sin y}{y}\mathrm{d}\sigma$，其中 D 由抛物线 $x=y^2$ 和直线 $y=x$ 围成.

解 积分区域如图 4-20 所示，由方程组 $\begin{cases}y=x\\x=y^2\end{cases}$，得 $\begin{cases}x=0\\y=0\end{cases}$ 或 $\begin{cases}x=1\\y=1\end{cases}$，可得

$$\iint\limits_{D}\frac{\sin y}{y}\mathrm{d}\sigma = \int_0^1\mathrm{d}y\int_{y^2}^{y}\frac{\sin y}{y}\mathrm{d}x = \int_0^1\frac{\sin y}{y}(y-y^2)\mathrm{d}y$$

$$=\int_0^1(\sin y - y\sin y)\mathrm{d}y$$

$$=1-\sin 1.$$

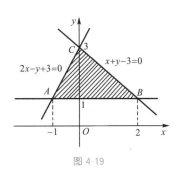

图 4-19

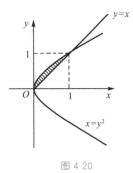

图 4-20

▶ **例 7** 计算 $\iint\limits_{D}(x^2-2y)\mathrm{d}x\,\mathrm{d}y$，其中 D 由 $y=x^2$，$y=\dfrac{1}{x}$，$x=2$ 围成.

解 由方程组 $\begin{cases}y=x^2\\y=\dfrac{1}{x}\end{cases}$ 得交点坐标是 $(1,1)$，积分区域如图 4-21 所示. 所以

$$\iint\limits_{D}(x^2-2y)\mathrm{d}x\,\mathrm{d}y = \int_1^2\mathrm{d}x\int_{\frac{1}{x}}^{x^2}(x^2-2y)\mathrm{d}y = \int_1^2\left[(x^2y-y^2)\Big|_{\frac{1}{x}}^{x^2}\right]\mathrm{d}x$$

$$=\int_1^2\left(-x+\frac{1}{x^2}\right)\mathrm{d}x = \left(-\frac{x^2}{2}-\frac{1}{x}\right)\Big|_1^2 = -1.$$

▶ **例 8** 求 $I=\int_0^1\mathrm{d}x\int_x^1\mathrm{e}^{y^2}\mathrm{d}y$.

解 积分区域，如图 4-22 所示，交换积分次序，得

$$I=\int_0^1\mathrm{d}x\int_x^1\mathrm{e}^{y^2}\mathrm{d}y = \iint\limits_{D}\mathrm{e}^{y^2}\mathrm{d}x\,\mathrm{d}y = \int_0^1\mathrm{d}y\int_0^y\mathrm{e}^{y^2}\mathrm{d}x$$

$$= \int_0^1 y \mathrm{e}^{y^2} \mathrm{d}y = \frac{1}{2}(\mathrm{e}-1).$$

例 9　交换二次积分 $\displaystyle\int_0^1 \mathrm{d}y \int_0^{2y} f(x,y)\mathrm{d}x + \int_1^3 \mathrm{d}y \int_0^{3-y} f(x,y)\mathrm{d}x$ 的积分次序.

解　积分区域如图 4-23 所示,所以

$$\int_0^1 \mathrm{d}y \int_0^{2y} f(x,y)\mathrm{d}x + \int_1^3 \mathrm{d}y \int_0^{3-y} f(x,y)\mathrm{d}x = \int_0^2 \mathrm{d}x \int_{\frac{1}{2}x}^{3-x} f(x,y)\mathrm{d}y.$$

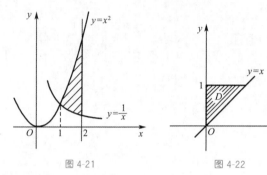

图 4-21　　　　　　图 4-22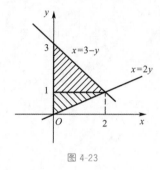

图 4-23

▶ 4.2.3　二重积分在极坐标系下的计算

由于平面上点的直角坐标 (x,y) 与极坐标 (r,θ) 之间的变换关系为

$$\begin{cases} x = r\cos\theta \\ y = r\sin\theta \end{cases},$$

因此,被积函数 $f(x,y)$ 的极坐标形式为

$$f(x,y) = f(r\cos\theta, r\sin\theta),$$

如图 4-24 所示,

$$\mathrm{d}\sigma = r\mathrm{d}r\mathrm{d}\theta.$$

于是,二重积分在极坐标系下可表示为

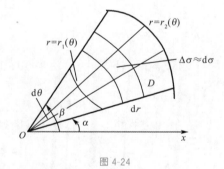

$$\iint\limits_D f(x,y)\mathrm{d}\sigma = \iint\limits_D f(r\cos\theta, r\sin\theta)r\mathrm{d}r\mathrm{d}\theta.$$

图 4-24

1. 如果 D 由射线 $\theta = \alpha, \theta = \beta(>\alpha)$,曲线 $r = r_1(\theta)$ 和 $r = r_2(\theta)(\geqslant r_1(\theta))$ 围成.

D 可表示为 $\begin{cases} \alpha \leqslant \theta \leqslant \beta \\ r_1(\theta) \leqslant r \leqslant r_2(\theta) \end{cases}$,如图 4-25 所示.则

$$\iint\limits_D f(x,y)\mathrm{d}\sigma = \int_\alpha^\beta \mathrm{d}\theta \int_{r_1(\theta)}^{r_2(\theta)} f(r\cos\theta, r\sin\theta)r\mathrm{d}r.$$

2. 如果 D 由射线 $\theta = \alpha, \theta = \beta(>\alpha)$,曲线 $r = r(\theta)$ 围成,D 可表示为

$$\begin{cases} \alpha \leqslant \theta \leqslant \beta \\ 0 \leqslant r \leqslant r(\theta) \end{cases},$$

如图 4-26 所示.则

$$\iint\limits_{D}f(x,y)\mathrm{d}\sigma=\int_{\alpha}^{\beta}\mathrm{d}\theta\int_{0}^{r(\theta)}f(r\cos\theta,r\sin\theta)r\mathrm{d}r.$$

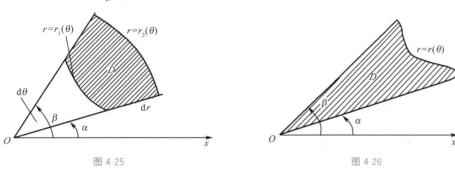

图 4-25　　　　　　　　　　　　图 4-26

3. 如果原点落在 D 的内部,D 由封闭曲线 $r=r(\theta)$ 围成,则 D 可表示为

$$\begin{cases}0\leqslant\theta\leqslant2\pi\\0\leqslant r\leqslant r(\theta)\end{cases},$$

如图 4-27 所示.且

$$\iint\limits_{D}f(x,y)\mathrm{d}\sigma=\int_{0}^{2\pi}\mathrm{d}\theta\int_{0}^{r(\theta)}f(r\cos\theta,r\sin\theta)r\mathrm{d}r.$$

▶ **例 10**　计算 $\iint\limits_{D}x^{2}\mathrm{d}\sigma$,其中 $D=\{(x,y)\mid1\leqslant x^{2}+y^{2}\leqslant4\}$.

解　积分区域如图 4-28 所示,所以

$$\iint\limits_{D}x^{2}\mathrm{d}\sigma=\int_{0}^{2\pi}\mathrm{d}\theta\int_{1}^{2}r^{2}\cos^{2}\theta r\mathrm{d}r=\int_{0}^{2\pi}\frac{1+\cos2\theta}{2}\left[\frac{1}{4}r^{4}\right]_{1}^{2}\mathrm{d}\theta$$

$$=\frac{15}{8}\left(\int_{0}^{2\pi}\mathrm{d}\theta+\int_{0}^{2\pi}\cos2\theta\mathrm{d}\theta\right)=\frac{15}{8}\left[\theta+\frac{1}{2}(\sin2\theta)\right]_{0}^{2\pi}=\frac{15\pi}{4}.$$

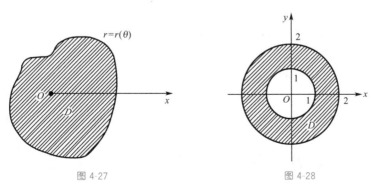

图 4-27　　　　　　　　　　　　图 4-28

▶ **例 11**　计算二重积分 $\iint\limits_{D}\sqrt{x^{2}+y^{2}}\mathrm{d}x\mathrm{d}y$,其中 $D=\{(x,y)\mid x^{2}+y^{2}\leqslant1\}$.

解　积分区域如图 4-29 所示.所以

$$\iint\limits_{D} \sqrt{x^2 + y^2}\, \mathrm{d}x\mathrm{d}y = \int_0^{2\pi} \mathrm{d}\theta \int_0^1 r \cdot r\, \mathrm{d}r$$

$$= \int_0^{2\pi} \frac{1}{3} \left[r^3 \right]_0^1 \mathrm{d}\theta = \frac{2\pi}{3}.$$

例 12 计算 $\iint\limits_{D} \mathrm{e}^{-(x^2+y^2)} \mathrm{d}\sigma$，其中 D 是四分之一圆域 $x^2 + y^2 \leqslant R^2 (R > 0)$，$x \geqslant 0, y \geqslant 0$.

解 积分区域如图 4-30 所示，所以

$$\iint\limits_{D} \mathrm{e}^{-(x^2+y^2)} \mathrm{d}\sigma = \int_0^{\frac{\pi}{2}} \mathrm{d}\theta \int_0^R \mathrm{e}^{-r^2} \cdot r\, \mathrm{d}r$$

$$= \int_0^{\frac{\pi}{2}} \left[-\frac{1}{2}\mathrm{e}^{-r^2} \right]_0^R \mathrm{d}\theta$$

$$= \frac{\pi}{4}(1 - \mathrm{e}^{-R^2}).$$

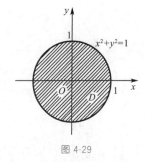

图 4-29

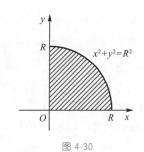

图 4-30

习题 4-2

1. 计算二重积分

(1) $\iint\limits_{D} xy^3 \mathrm{d}x\mathrm{d}y$，其中 D 是由直线 $y = x$，$y = \dfrac{x}{2}$ 和 $y = 1$ 所围成的区域；

(2) $\iint\limits_{D} xy\,\mathrm{d}x\mathrm{d}y$，其中 D 是由直线 $y = x$，$y = 5x$ 和 $x + y = 6$ 所围成的区域；

(3) $\iint\limits_{D} (2x + y)\mathrm{d}x\mathrm{d}y$，其中 D 是由直线 $y = 3$，$y = x$ 和曲线 $xy = 1$ 所围成的区域；

(4) $\iint\limits_{D} (3x - 2y)\mathrm{d}x\mathrm{d}y$，其中 D 是由直线 $y = x$，$y = 4x$ 和曲线 $xy = 1(x > 0)$ 所围成的区域；

(5) $\iint\limits_{D} (x^2 + y^2)\mathrm{d}x\mathrm{d}y$，其中 D 是由直线 $y = x$，$y = x + a$，$y = a$ 和 $y = 3a(a > 0)$ 所围成的区域；

(6) $\iint\limits_{D} x\cos(x+y)\,\mathrm{d}x\,\mathrm{d}y$,其中 D 是顶点分别为 $(0,0)$,$(\pi,0)$ 及 (π,π) 的三角形区域;

(7) $\iint\limits_{D} y\sqrt{1+x^2-y^2}\,\mathrm{d}x\,\mathrm{d}y$,其中 D 是由直线 $x=-1$,$y=1$ 和 $y=x$ 所围成的区域;

(8) $\iint\limits_{D} \dfrac{\sin y}{y}\,\mathrm{d}x\,\mathrm{d}y$,其中 D 是由直线 $y=x$ 和抛物线 $y^2=x$ 所围成的区域;

(9) $\iint\limits_{D} \cos(x^2+y^2)\,\mathrm{d}x\,\mathrm{d}y$,其中 D 是由直线 $y=\dfrac{\sqrt{3}}{3}x$,$y=\sqrt{3}x$ 和圆 $x^2+y^2=\dfrac{\pi}{2}$ 所围成在第一象限内的区域;

(10) $\iint\limits_{D} \arctan\dfrac{y}{x}\,\mathrm{d}x\,\mathrm{d}y$,其中 D 是由直线 $y=0$,$y=x$ 和圆 $x^2+y^2=1$ 所围成在第一象限内的区域.

2. 交换积分次序.

(1) $\displaystyle\int_0^1 \mathrm{d}y \int_{y^2}^{3-2y} f(x,y)\,\mathrm{d}x$;

(2) $\displaystyle\int_0^1 \mathrm{d}y \int_0^{\sqrt{1-y}} 3x^2 y^2\,\mathrm{d}x$;

(3) $\displaystyle\int_0^1 \mathrm{d}x \int_0^{x^2} f(x,y)\,\mathrm{d}y + \int_1^2 \mathrm{d}x \int_0^{(x-2)^2} f(x,y)\,\mathrm{d}y$;

(4) $\displaystyle\int_0^1 \mathrm{d}x \int_0^{\sqrt{x}} f(x,y)\,\mathrm{d}y + \int_1^2 \mathrm{d}x \int_0^{2-x} f(x,y)\,\mathrm{d}y$;

(5) $\displaystyle\int_0^1 \mathrm{d}y \int_0^{1-\sqrt{1-y^2}} f(x,y)\,\mathrm{d}x + \int_1^{\sqrt{2}} \mathrm{d}y \int_0^{\sqrt{2-y^2}} f(x,y)\,\mathrm{d}x$.

3. 将下列二次积分化为极坐标下的二次积分.

(1) $\displaystyle\int_0^2 \mathrm{d}x \int_0^{\sqrt{4-x^2}} f(x^2+y^2)\,\mathrm{d}y$;

(2) $\displaystyle\int_0^a \mathrm{d}x \int_x^{\sqrt{2ax-x^2}} f(x,y)\,\mathrm{d}y \quad (a>0)$;

(3) $\displaystyle\int_0^6 \mathrm{d}y \int_0^{\sqrt{6y-y^2}} f(x,y)\,\mathrm{d}x$;

(4) $\displaystyle\int_0^2 \mathrm{d}x \int_0^{\sqrt{3}x} f(x,y)\,\mathrm{d}y + \int_2^4 \mathrm{d}x \int_0^{\sqrt{16-x^2}} f(x,y)\,\mathrm{d}y$.

4. 将下列二次积分化为直角坐标下的二次积分.

(1) $\displaystyle\int_{-\frac{\pi}{2}}^{\frac{\pi}{2}} \mathrm{d}\theta \int_0^1 f(r)r\,\mathrm{d}r$;

(2) $\displaystyle\int_0^{\frac{\pi}{2}} \mathrm{d}\theta \int_{2\cos\theta}^{4\cos\theta} f(r\cos\theta,r\sin\theta)r\,\mathrm{d}r$.

一、单项选择题

1. 设 $f(x,y)$ 在 R^2 上可微，则 $\lim\limits_{h \to 0} \dfrac{f(x_0, y_0+h) - f(x_0, y_0-h)}{h} = ($ $)$.

    A. $f'_x(x_0, y_0)$ B. $f'_y(x_0, y_0)$ C. $2f'_x(x_0, y_0)$ D. $2f'_y(x_0, y_0)$

2. 函数 $z = f(x,y)$ 的偏导数 z'_x 和 z'_y 在点 (x_0, y_0) 处都存在是函数 $z = f(x,y)$ 在点 (x_0, y_0) 处可微的（   ）条件.

    A. 充分   B. 必要   C. 充要   D. 无关

3. 若 $z = x^3 - 6xy + y^3$，则全微分 $\mathrm{d}z \big|_{(1,2)} = ($ $)$.

    A. $9\mathrm{d}x - 6\mathrm{d}y$ B. $-9\mathrm{d}x + 6\mathrm{d}y$

    C. $6\mathrm{d}x - 9\mathrm{d}y$ D. $-6\mathrm{d}x + 9\mathrm{d}y$

4. 已知 $D = \{(x,y) \mid 1 \leqslant x^2 + y^2 \leqslant 3, x \geqslant 0\}$，则 $\iint\limits_{D} 2\mathrm{d}\sigma = ($ $)$.

    A. π B. 2π C. 3π D. 4π

5. 设 D 是以 $(0,0)$，$(1,0)$ 和 $(0,1)$ 为顶点的三角形区域，下列积分中值最小的是（   ）.

    A. $\iint\limits_{D} (e^x \cdot e^y - 1)\mathrm{d}x\,\mathrm{d}y$ B. $\iint\limits_{D} (x + y)\mathrm{d}x\,\mathrm{d}y$

    C. $\iint\limits_{D} \ln(1 + x + y)\mathrm{d}x\,\mathrm{d}y$ D. $\iint\limits_{D} \ln^2(1 + x + y)\mathrm{d}x\,\mathrm{d}y$

二、填空题

6. 若 $z = x^2 \ln(x + y)$，则 $\dfrac{\partial^2 z}{\partial x \partial y} = $ _____.

7. 设 $z = f(x,y)$ 是由方程 $F(x + 3z, y - 2z) = 0$ 确定的函数，则 $3\dfrac{\partial z}{\partial x} - 2\dfrac{\partial z}{\partial y} = $ _____.

8. 若 $(1,2)$ 是 $z = y^2(y - a) + x(x + b)$ 的极值点，则 a 和 b 分别为 _____.

9. 已知 $D = \{(x,y) \mid 25x^2 + 4y^2 \leqslant 100\}$，则 $\iint\limits_{D} (x^3 - y\cos x)\mathrm{d}x\,\mathrm{d}y$ 的值是 _____.

10. 二次积分 $I = \int_{\frac{1}{2}}^{1} \mathrm{d}y \int_{y^2}^{y} f(x,y)\mathrm{d}x$ 交换积分次序后得 _____.

三、解答题

11. 设 $y = x^{\sin x}$，试用三种不同的方法求导数 $\dfrac{\mathrm{d}y}{\mathrm{d}x}$.

12. 设 $z = \mathrm{e}^{\frac{y}{x}} + \cos(x + x^3 y^2)$，求 z'_x 和 z'_y.

13. 设 $z = \int_0^{xy} \ln(1 + t^2)\mathrm{d}t - x$，求全微分 $\mathrm{d}z$.

14. 设 $z = z(x, y)$ 是由方程 $z + \mathrm{e}^z = xy$ 所确定的函数，求 $\dfrac{\partial^2 z}{\partial x \partial y}$.

15. 求函数 $z = x^3 - 12xy + 8y^3$ 的极值.

16. 用二重积分计算由直线 $y = x - 2$ 与抛物线 $y^2 = x$ 所围成图形的面积.

17. 设 $f(x) = \int_x^1 \mathrm{e}^{-t^2}\mathrm{d}t$，试用两种方法计算 $\int_0^1 x^2 f(x)\mathrm{d}x$.

18. 设 $f(x, y)$ 在 R^2 上连续，且 $f(x, y) = xy + \iint\limits_D f(x, y)\mathrm{d}\sigma$，其中 D 是由 $x = 1$，$y = 0$ 及 $y = x^2$ 所围成的区域，求 $\iint\limits_D f(x, y)\mathrm{d}\sigma$.

19. 计算 $\iint\limits_{[-1,1;0,1]} \sqrt{|y - x^2|}\,\mathrm{d}x\,\mathrm{d}y$.

20. 计算 $\iint\limits_D \dfrac{x + y}{x^2 + y^2}\mathrm{d}x\,\mathrm{d}y$，其中 $D = \{(x, y) \mid x^2 + y^2 \leqslant 1, x + y \geqslant 1\}$.

四、证明题

21. 设函数 $z = \ln\sqrt{x^2 + y^2}$，证明 $\dfrac{\partial^2 z}{\partial x^2} + \dfrac{\partial^2 z}{\partial y^2} = 0$.

22. 设 $f(x)$ 为连续函数，证明 $\int_0^1 \mathrm{d}y \int_0^y \mathrm{e}^{1-x} f(x)\mathrm{d}x = \int_0^1 x \mathrm{e}^x f(1 - x)\mathrm{d}x$.

开拓视野：推动
绿色发展

第5章 常微分方程

5.1 一阶微分方程

学习目标

1. 理解常微分方程的定义,理解常微分方程的阶、解、通解、初始条件和特解等概念.

2. 掌握可分离变量微分方程和一阶线性微分方程的解法.

3. 会用常微分方程求解简单的应用问题.

5.1.1 微分方程的基本概念

▷ **例 1** (求曲线方程的问题)已知曲线上任一点的切线斜率等于该点横坐标的平方,且该曲线通过(0,1)点,求曲线方程.

解 设所求曲线方程为 $y = f(x)$,根据题意有

$$\frac{\mathrm{d}y}{\mathrm{d}x} = x^2.$$

对上式两端积分,得 $y = \dfrac{x^3}{3} + C.$(其中 C 为任意常数)

根据题意,曲线通过原点(0,1),即 $x=0$,$y=1$,将 $x=0$,$y=1$ 代入方程,得 $C=1$,所以 $y = \dfrac{1}{3}x^3 + 1$ 为所求的曲线方程.

定义 5-1-1 凡表示未知函数、未知函数的导数或微分之间的关系的方程称为微分方程.

例如,$y' + xy^2 = 0$,$x\mathrm{d}y + y\mathrm{d}x = 0$,$y'' + 2y' + y = 3x^2 + 1$ 都是微分方程.

定义 5-1-2 未知函数为一元函数的微分方程称为常微分方程.

定义 5-1-3 微分方程中出现的未知函数各阶导数的最高阶数称为微分方程的

阶. 如 $y'=x^2$，$y'+xy^2=0$，$x\mathrm{d}y+y\mathrm{d}x=0$ 都是一阶微分方程；$\dfrac{\mathrm{d}^2 s}{\mathrm{d}t^2}=g$，$y''+2y'+y=3x^2+1$ 都是二阶微分方程；$y^{(4)}+4y''+4y=x\mathrm{e}^x$ 是四阶微分方程；等等. 二阶及二阶以上的微分方程称为高阶微分方程.

定义 5-1-4 如果某个函数代入微分方程，能使该方程成为恒等式，则称这个函数为该微分方程的解.

定义 5-1-5 微分方程的解中含有任意常数，且独立的任意常数的个数与微分方程的阶数相同，这样的解称为微分方程的通解或一般解.

定义 5-1-6 用来确定特解的条件称为定解条件，其中由未知函数或其导数取给定值的条件又称为初始条件.

说明：定解条件通常是 $x=x_0$ 时，$y=y_0$，或写成 $y\Big|_{x=x_0}=y_0$；二阶微分方程 $y''=f(x,y,y')$ 的定解条件通常是 $x=x_0$ 时，$y=y_0$，$y'(x_0)=y_1$ 或写成 $y\Big|_{x=x_0}=y_0$，$y'\Big|_{x=x_0}=y_1$.

微分方程的特解其图形是一条曲线，称为微分方程的积分曲线，通解的图形是一族积分曲线.

▶ **例 2** 验证 $y=C_1\sin x+C_2\cos x$ 是微分方程 $y''+y=0$ 的通解.

解 因为
$$y'=C_1\cos x-C_2\sin x,$$
$$y''=-C_1\sin x-C_2\cos x,$$
把 y 和 y'' 代入微分方程左端得
$$y''+y=-C_1\sin x-C_2\cos x+C_1\sin x+C_2\cos x\equiv 0.$$
又 $y=C_1\sin x+C_2\cos x$ 中有两个独立的任意常数，方程 $y''+y=0$ 是二阶的，所以 $y=C_1\sin x+C_2\cos x$ 是该微分方程的通解.

5.1.2 可分离变量的一阶微分方程

可化为形如
$$\frac{\mathrm{d}y}{\mathrm{d}x}=f(x)g(y)$$
的微分方程称为可分离变量的一阶微分方程，其中 $f(x)$，$g(y)$ 分别是变量 x，y 的已知函数.

当 $g(y) \neq 0$，将方程分离变量后，得

$$\frac{\mathrm{d}y}{g(y)} = f(x)\mathrm{d}x.$$

将上式两边积分得

$$\int \frac{\mathrm{d}y}{g(y)} = \int f(x)\mathrm{d}x,$$

再从中求得方程的通解.

当 $g(y) = 0$，还需要讨论是否是解.

▶ 例 3 求微分方程 $\dfrac{\mathrm{d}y}{\mathrm{d}x} = \mathrm{e}^y \sin x$ 的通解.

解 将方程分离变量得

$$\frac{\mathrm{d}y}{\mathrm{e}^y} = \sin x \, \mathrm{d}x,$$

两边积分得

$$\int \mathrm{e}^{-y} \mathrm{d}y = \int \sin x \, \mathrm{d}x,$$

因此，所求方程的通解为 $\cos x - \mathrm{e}^{-y} = C$. 其中 C 为任意常数.

▶ 例 4 求微分方程 $xy\mathrm{d}y + \mathrm{d}x = y^2\mathrm{d}x + y\mathrm{d}y$ 的通解.

解 将方程分离变量，得

$$\frac{y}{y^2-1}\mathrm{d}y = \frac{1}{x-1}\mathrm{d}x,$$

两边积分，得

$$\frac{1}{2}\ln|y^2-1| = \ln|x-1| + C_1,$$

$$\ln|y^2-1| = \ln(x-1)^2 + 2C_1,$$

$$|y^2-1| = (x-1)^2 \mathrm{e}^{2C_1}, \quad y^2-1 = \pm \mathrm{e}^{2C_1}(x-1)^2,$$

因为 $\pm \mathrm{e}^{2C_1}$ 是一个不为零的任意常数，把它记作 C，便得到方程的通解

$$y^2 = C(x-1)^2 + 1 \quad \text{（其中 } C \text{ 为任意常数）}.$$

或去掉绝对值，将方程分离变量，得

$$\frac{y}{y^2-1}\mathrm{d}y = \frac{1}{x-1}\mathrm{d}x.$$

两边积分，得

$$\int \frac{y}{y^2-1}\mathrm{d}y = \int \frac{1}{x-1}\mathrm{d}x,$$

求解得
$$\ln(y^2-1)=\ln(x-1)^2+\ln C.$$
故通解为 $y^2=C(x-1)^2+1$（其中 C 为任意常数）.

▶ 例5 求微分方程 $(1+e^x)yy'=e^x$ 满足初始条件 $y\big|_{x=0}=1$ 的特解.

解 将方程分离变量,得
$$y\mathrm{d}y=\frac{e^x}{1+e^x}\mathrm{d}x,$$
两边积分,得
$$\int y\mathrm{d}y=\int\frac{e^x}{1+e^x}\mathrm{d}x,$$
求解得方程的通解为 $\frac{1}{2}y^2=\ln(1+e^x)+C$（其中 C 为任意常数）.

由初始条件 $y\big|_{x=0}=1$,得 $C=\frac{1}{2}-\ln 2$,故所求特解为
$$y^2=2\ln(1+e^x)+1-2\ln 2.$$

▶ 例6 解方程 $\dfrac{y'}{\sqrt{1-y^2}}=\dfrac{1}{2\sqrt{x}}$.

解 将方程分离变量,得
$$\frac{1}{\sqrt{1-y^2}}\mathrm{d}y=\frac{1}{2\sqrt{x}}\mathrm{d}x,$$
两边积分,得
$$\int\frac{1}{\sqrt{1-y^2}}\mathrm{d}y=\int\frac{1}{2\sqrt{x}}\mathrm{d}x,$$
求解,得 $\arcsin y=\sqrt{x}+C$,所以,所求微分方程的通解是 $\arcsin y=\sqrt{x}+C$（其中 C 为任意常数）.

注意 有的微分方程不是可分离变量的,但通过适当的变换,关于新变量是可分离变量的方程,然后可用以上的方法求解这些方程.

▶ 例7 解方程 $y'=\dfrac{y}{x}+\tan\dfrac{y}{x}$.

解 令 $u=\dfrac{y}{x}$,则 $y'=\dfrac{\mathrm{d}y}{\mathrm{d}x}=u+x\dfrac{\mathrm{d}u}{\mathrm{d}x}$,代入原方程,得 $u+x\dfrac{\mathrm{d}u}{\mathrm{d}x}=u+\tan u$,即 $\dfrac{\cos u\,\mathrm{d}u}{\sin u}=$
$\dfrac{\mathrm{d}x}{x}$,两边积分,得 $\ln|\sin u|=\ln|x|+C_1$,即 $\sin u=\pm e^{C_1}x$,令 $C=\pm e^{C_1}$,得 $\sin u=Cx$,再

★ 代回原变量,得原方程的通解是

$$\sin \frac{y}{x} = Cx \quad (C \text{ 为任意常数}).$$

▶ 5.1.3 一阶线性微分方程

形如 $\dfrac{\mathrm{d}y}{\mathrm{d}x} + P(x)y = Q(x)$ 的方程称为一阶线性微分方程,$Q(x)$ 称为自由项.

如果 $Q(x) \equiv 0$ 方程变为 $\dfrac{\mathrm{d}y}{\mathrm{d}x} + P(x)y = 0$,此方程称为一阶线性齐次微分方程;

如果 $Q(x)$ 不恒为零时,方程称为一阶线性非齐次微分方程.

由 $\dfrac{\mathrm{d}y}{\mathrm{d}x} + P(x)y = 0$ 分离变量,得

$$\frac{\mathrm{d}y}{y} = -P(x)\mathrm{d}x,$$

两边积分,得

$$\ln y = -\int P(x)\mathrm{d}x + \ln C,$$

所以,$y = C\mathrm{e}^{-\int P(x)\mathrm{d}x}$ 是线性齐次方程的通解.

令 $y = C(x)\mathrm{e}^{-\int P(x)\mathrm{d}x}$,代入原方程,解出 $C(x)$,得原方程的通解为

$$y = \mathrm{e}^{-\int P(x)\mathrm{d}x} \left[\int Q(x)\mathrm{e}^{\int P(x)\mathrm{d}x} \mathrm{d}x + C \right].$$

这种把对应的齐次方程通解中的常数 C 变换为待定函数 $C(x)$,然后求得线性非齐次方程的通解的方法,称为常数变易法.

> **注意** 非齐次通解＝齐次通解＋非齐次特解. 即
>
> $$y = C\mathrm{e}^{-\int P(x)\mathrm{d}x} + \mathrm{e}^{-\int P(x)\mathrm{d}x} \int Q(x)\mathrm{e}^{\int P(x)\mathrm{d}x} \mathrm{d}x.$$

综上所述,一阶线性齐次微分方程 $\dfrac{\mathrm{d}y}{\mathrm{d}x} + P(x)y = 0$ 的通解为

$$y = C\mathrm{e}^{-\int P(x)\mathrm{d}x}.$$

一阶线性非齐次微分方程 $\dfrac{\mathrm{d}y}{\mathrm{d}x} + P(x)y = Q(x)$ 的通解为

$$y = \mathrm{e}^{-\int P(x)\mathrm{d}x} \left[\int Q(x)\mathrm{e}^{\int P(x)\mathrm{d}x} \mathrm{d}x + C \right].$$

▷ **例 8** 求微分方程 $(\cos x)y' + (\sin x)y = 1$ 的通解.

解 原方程变为 $y' + (\tan x)y = \sec x$.

解法 1 常数变易法

先求对应的齐次方程 $y' + (\tan x)y = 0$ 的通解.

分离变量得

$$\frac{\mathrm{d}y}{y} = -\tan x\, \mathrm{d}x.$$

两边积分得

$$y = C_1 \cos x.$$

设原方程的通解为 $y = C(x)\cos x$,则

$$y' = C'(x)\cos x - C(x)\sin x.$$

代入原方程解得

$$C'(x) = \frac{1}{\cos^2 x}, C(x) = \tan x + C,$$

所以,原方程的通解为

$$y = (\tan x + C)\cos x.$$

解法 2 利用公式

由原方程知

$$P(x) = \tan x, Q(x) = \sec x,$$

代入公式得

$$
\begin{aligned}
y &= \mathrm{e}^{-\int P(x)\mathrm{d}x}\left[\int Q(x)\mathrm{e}^{\int P(x)\mathrm{d}x}\,\mathrm{d}x + C\right] \\
&= \mathrm{e}^{-\int \tan x\,\mathrm{d}x}\left(\int \sec x\, \mathrm{e}^{\int \tan x\,\mathrm{d}x}\,\mathrm{d}x + C\right) \\
&= \mathrm{e}^{-\int \frac{\sin x}{\cos x}\,\mathrm{d}x}\left(\int \sec x\, \mathrm{e}^{\int \frac{\sin x}{\cos x}\,\mathrm{d}x}\,\mathrm{d}x + C\right) \\
&= \mathrm{e}^{\int \frac{1}{\cos x}\mathrm{d}(\cos x)}\left[\int \sec x\, \mathrm{e}^{-\int \frac{1}{\cos x}\mathrm{d}(\cos x)}\,\mathrm{d}x + C\right] \\
&= \mathrm{e}^{\ln\cos x}\left(\int \sec x\, \mathrm{e}^{-\ln\cos x}\,\mathrm{d}x + C\right) \\
&= \cos x\left(\int \sec^2 x\, \mathrm{d}x + C\right) \\
&= (\tan x + C)\cos x.
\end{aligned}
$$

> 例 9   求微分方程 $x^2\mathrm{d}y+(2xy-x+1)\mathrm{d}x=0$ 满足初始条件 $y\Big|_{x=1}=0$ 的

特解.

解   原方程变为 $\dfrac{\mathrm{d}y}{\mathrm{d}x}+\dfrac{2}{x}y=\dfrac{x-1}{x^2}$.

解法 1   解齐次方程 $\dfrac{\mathrm{d}y}{\mathrm{d}x}+\dfrac{2}{x}y=0$,得 $y=\dfrac{C}{x^2}$.

令 $y=\dfrac{C(x)}{x^2}$,得

$$y'=\frac{C'}{x^2}-\frac{2C(x)}{x^3},$$

解得

$$C(x)=\frac{1}{2}x^2-x+C.$$

所求通解为

$$y=\frac{1}{2}-\frac{1}{x}+\frac{C}{x^2}.$$

由初始条件得 $C=\dfrac{1}{2}$,所求特解为 $y=\dfrac{1}{2}-\dfrac{1}{x}+\dfrac{1}{2x^2}$.

解法 2   由原方程知 $P(x)=\dfrac{2}{x}$,$Q(x)=\dfrac{x-1}{x^2}$,把它代入公式得

$$y=\mathrm{e}^{-\int P(x)\mathrm{d}x}\left[\int Q(x)\mathrm{e}^{\int P(x)\mathrm{d}x}\mathrm{d}x+C\right]$$

$$=\mathrm{e}^{-\int\frac{2}{x}\mathrm{d}x}\left(\int\frac{x-1}{x^2}\mathrm{e}^{\int\frac{2}{x}\mathrm{d}x}\mathrm{d}x+C\right)$$

$$=x^{-2}\left[\int(x-1)\mathrm{d}x+C\right]$$

将 $y\Big|_{x=1}=0$ 代入通解中,得

$$0=\frac{1}{2}-1+C\Rightarrow C=\frac{1}{2}.$$

所以,所求方程的特解为

$$y=\frac{1}{2}-\frac{1}{x}+\frac{1}{2x^2}.$$

> 例 10   求解初值问题 $(x+y^2)\dfrac{\mathrm{d}y}{\mathrm{d}x}=y$,$y\Big|_{x=3}=1$.

解   此方程显然不是关于未知函数 y 的一阶线性微分方程,但是可以将 x 看成 y 的

函数,因此可以将原方程变成 x 的一阶线性微分方程,即

$$\frac{\mathrm{d}x}{\mathrm{d}y} - \frac{1}{y}x = y,$$

其中

$$P(y) = -\frac{1}{y}, Q(y) = y,$$

由公式,得

$$x = \mathrm{e}^{-\int P(y)\mathrm{d}y}\left[\int Q(y)\mathrm{e}^{\int P(y)\mathrm{d}y}\mathrm{d}y + C\right] = y(y + C),$$

代入初始条件 $y\Big|_{x=3} = 1$,解得 $C = 2$,故所求特解为 $x = y(y + 2)$.

1. 说出下列微分方程的阶数.

$(1) \dfrac{\mathrm{d}x}{\mathrm{d}t} + x = \sin^2 t$;

$(2)(7y - 6x)\mathrm{d}x + (2x + y)\mathrm{d}y = 0$;

$(3) x(y')^2 + 3yy' - x = 0$;

$(4) x^2 y'' + xy' - 2y = 0$;

$(5) \dfrac{\mathrm{d}^2 y}{\mathrm{d}x^2} + 2\dfrac{\mathrm{d}y}{\mathrm{d}x} + y = x\mathrm{e}^{-x}$;

$(6)(y'')^2 - 4x^2 y' - y^3 = 0$;

$(7) y''' - y' = 5$;

$(8) xy''' - 2x(y')^2 + x^3 y = 1 - x^4$.

2. 写出满足下列条件的曲线的微分方程.

(1)曲线在点 (x, y) 处的切线的斜率等于该点横坐标与纵坐标之和的平方.

(2)曲线上点 $P(x, y)$ 处的法线与 x 轴的交点为 Q,且线段 PQ 被 y 轴平分.

3. 求微分方程的通解或特解.

$(1) y' = x(2 + y)$;

$(2) y' = \dfrac{x}{y}$;

$(3) y' = \mathrm{e}^{2x-y}$;

$(4) yy' + \mathrm{e}^{y^2+3x} = 0$;

$(5) xy' = y\ln y$;

$(6) \sin y\cos x\,\mathrm{d}y = \cos y\sin x\,\mathrm{d}x$;

$(7) \sqrt{1-x^2}\,\mathrm{d}y = \sqrt{1-y^2}\,\mathrm{d}x$;

$(8)(1+y)^2 y' = x^3$;

$(9) y - xy' = 1 + x^2 y'$;

$(10) \begin{cases} y' = y^2\cos x \\ y(0) = -1 \end{cases}$;

$(11) \begin{cases} (1+\mathrm{e}^x)yy' = 1 \\ y(0) = 0 \end{cases}$;

$(12) \begin{cases} 2xy\,\mathrm{d}x - (x^2+1)\,\mathrm{d}y = 0 \\ y(1) = 4 \end{cases}$.

第 5 章 常微分方程

4.求微分方程的通解.

(1) $y' + \dfrac{y}{x} = \dfrac{1}{1+x^2}$;

(2) $y' - y\tan x - \sec x = 0$;

(3) $(\arcsin x)y' + \dfrac{1}{\sqrt{1-x^2}}y = 1 - 3x^2$;

(4) $y' + \dfrac{2y}{x} = \dfrac{e^x - 1}{x^2}$;

(5) $(x\ln x)y' + y = \dfrac{x}{\cos^2 x}$;

(6) $(\sin 2x)y' + 2y = \dfrac{\cos^2 x}{\sqrt{x}}$;

(7) $xy' - y = x^2\cos x$;

(8) $y' - y\cot x = 2x\sin x$;

(9) $y' + y = x^2 e^{-x}$;

(10) $\dfrac{dy}{dx} + 3y = e^{2x}$;

(11) $\dfrac{1}{x}y' + 2y = e^{-x^2}$;

(12) $y' + y\sin x = (2x-1)e^{\cos x}$.

5.求微分方程的通解或特解.

(1) $y' = 2\sqrt{y}$;

(2) $y' = ay$(其中 a 为常数);

(3) $x\,dy + y\,dx = 0$;

(4) $x\,dx + y\,dy = 0$;

(5) $y' + 2y = 2x + 1$;

(6) $y' = \dfrac{1}{x^2 + 2xy + y^2}$;

(7) $xy' + y = 2\sqrt{xy}$;

(8) $(x+y+1)dy = dx$;

(9) $2(\ln y - x)dy = y\,dx$;

(10) $y^3\,dx + (2xy^2 - 1)dy = 0$;

(11) $\begin{cases} (x+y^2)y' = y \\ y(3) = 1 \end{cases}$;

(12) $\begin{cases} (x-y)dy = (4x^3 - y)dx \\ y\big|_{x=1} = 2 \end{cases}$.

6.应用题

(1)一曲线过点 $(1,2)$,且在该曲线上任一点 $M(x,y)$ 处的切线斜率为 $2x$,求该曲线的方程.

(2)求曲线的方程,知此曲线经过原点,且在点 $P(x,y)$ 处的切线斜率为 $2x+y$.

(3)一曲线过点 $(2,3)$,它在两坐标轴间的任一切线线段均被切点所平分,求该曲线的方程.

(4)一曲线过点 $(1,1)$,且它的任一切线在 y 轴上的截距都等于其切点的横坐标,求此曲线的方程.

7.设 $f(x)$ 是连续函数,且满足 $f(x)\cos x + 2\displaystyle\int_0^x f(t)\sin t\,dt = x+1$,求 $f(x)$.

5.2　二阶线性微分方程

学习目标

1. 了解二阶线性微分方程解的结构.

2. 掌握二阶常系数齐次线性微分方程的解法.

▶ 5.2.1　二阶线性齐次微分方程解的性质与结构

形如

$$y'' + p(x)y' + q(x)y = f(x) \tag{5-1}$$

(其中 $p(x), q(x), f(x)$ 是 x 的已知函数)的微分方程称为**二阶线性微分方程**.

如果 $f(x) \equiv 0$, 方程(5-1)变为

$$y'' + p(x)y' + q(x)y = 0. \tag{5-2}$$

称方程(5-2)为**二阶线性齐次微分方程**.

如果 $f(x) \neq 0$, 称方程(5-1)为**二阶线性非齐次微分方程**.

如果系数 $p(x), q(x)$ 都是常数, 称方程(5-1)、(5-2)为**二阶常系数线性微分方程**.

> **定理 5-2-1**　如果 $y_1(x)$ 和 $y_2(x)$ 是线性齐次方程(5-2)的解, 则 $C_1 y_1(x) + C_2 y_2(x)$ 也是方程(5-2)的解. 其中 C_1, C_2 为任意常数.

> **定义 5-2-1**　设函数 y_1 和 y_2 是定义在区间 I 内的函数, 若存在两个不全为零的常数 K_1, K_2 使得在 I 内 $K_1 y_1 + K_2 y_2 \equiv 0$, 则称 y_1 和 y_2 在 I 内**线性相关**, 否则为**线性无关**.

或者, 如果 $y_1(x)$ 与 $y_2(x)$ 之比恒为常数, 即 $\dfrac{y_1}{y_2} = k$. 则 y_1 与 y_2 **线性相关**; 否则为**线性无关**.

> **定理 5-2-2**　如果 $y_1(x)$ 和 $y_2(x)$ 是线性齐次微分方程(5-2)的两个线性无关的特解, 则 $y = C_1 y_1(x) + C_2 y_2(x)$ 是该方程的通解, 其中 C_1, C_2 为任意常数.

例如, $y_1 = e^x$ 和 $y_2 = x e^x$ 都是齐次方程 $y'' - 2y' + y = 0$ 的解, 因为 $\dfrac{y_1}{y_2} = \dfrac{e^x}{x e^x} = \dfrac{1}{x}$ 不是常数, 即 y_1 与 y_2 线性无关, 因此该齐次方程的通解为

$$y = C_1 e^x + C_2 x e^x \quad (\text{其中 } C_1, C_2 \text{ 为任意常数}) \tag{5-3}$$

定理 5-2-3 如果 y^* 是二阶线性非齐次微分方程(5-1)的一个特解,$Y=C_1 y_1 + C_2 y_2$ 是相应的齐次方程(5-2)的通解,则非齐次方程(5-1)的通解为

$$y=Y+y^*. \tag{5-4}$$

定理 5-2-4 若二阶线性非齐次方程为

$$y''+p(x)y'+q(x)y=f_1(x)+f_2(x). \tag{5-5}$$

且 y_1^* 与 y_2^* 分别是 $y''+p(x)y'+q(x)y=f_1(x)$ 和 $y''+p(x)y'+q(x)y=f_2(x)$ 的特解,则 $y_1^*+y_2^*$ 是方程(5-5)的特解.

定理 5-2-5 若函数 $y=y_1+\mathrm{i}y_2$ 是方程 $y''+p(x)y'+q(x)y=f_1(x)+\mathrm{i}f_2(x)$ 的解,其中 i 是虚数单位,$p(x),q(x),y_1,y_2,f_1(x),f_2(x)$ 都是实值函数,则 y_1 与 y_2 分别是方程 $y''+p(x)y'+q(x)y=f_1(x)$ 和 $y''+p(x)y'+q(x)y=f_2(x)$ 的解.

5.2.2 二阶常系数线性齐次微分方程

二阶线性齐次微分方程的一般形式为

$$y''+py'+qy=0. \tag{5-6}$$

其中 p,q 均为常数.

$$r^2+pr+q=0. \tag{5-7}$$

代数方程(5-7)称为微分方程(5-6)的**特征方程**,其中 r^2,r 的系数及常数项恰好依次是方程中 y'',y' 及 y 的系数.

特征方程(5-7)的两个根 r_1,r_2 称为**特征根**,可以用公式

$$r_{1,2}=\frac{-p\pm\sqrt{p^2-4q}}{2}$$

求出.它们可能出现三种情况:

当 $p^2-4q>0$ 时,r_1,r_2 是不相等的两个实根;

当 $p^2-4q=0$ 时,r_1,r_2 是两个相等的实根;

当 $p^2-4q<0$ 时,r_1,r_2 是一对共轭复根.

下面根据特征根的三种不同情况,分别讨论齐次方程(5-6)的通解.

(1)当 $r_1\neq r_2$ 是两个不相等的实根时,$y_1=\mathrm{e}^{r_1 x}$ 和 $y_2=\mathrm{e}^{r_2 x}$,是方程的两个解,且 $\dfrac{y_1}{y_2}=\mathrm{e}^{(r_1-r_2)x}$ 不是常数,即 y_1 与 y_2 线性无关.因此齐次微分方程(5-6)的通解为 $y=C_1\mathrm{e}^{r_1 x}+C_2\mathrm{e}^{r_2 x}$(其中 C_1,C_2 为任意常数).

（2）当 $r_1 = r_2 = r$ 是两个相等的实根时，仅得方程（5-6）的一个解 $y_1 = e^{rx}$．因此，当特征方程有重根 r 时，齐次方程（5-6）的通解为

$$y = C_1 e^{rx} + C_2 x e^{rx} = (C_1 + C_2 x) e^{rx} \quad （其中 C_1, C_2 为任意常数）．$$

（3）当 $r = \alpha \pm i\beta (\beta \neq 0)$ 是一对共轭复根时，因为 $\dfrac{e^{(\alpha+i\beta)x}}{e^{(\alpha-i\beta)x}} = e^{2i\beta x} \neq 常数$，所以，$e^{(\alpha+i\beta)x}$ 和 $e^{(\alpha-i\beta)x}$ 是两个线性无关的解．故 $y = C_1 y_1 + C_2 y_2 = e^{\alpha x}(C_1 \cos\beta x + C_2 \sin\beta x)$ 是方程（5-6）的通解．

综上所述，求二阶线性常系数齐次微分方程通解的步骤如下：

第一步　写出方程（5-6）的特征方程 $r^2 + pr + q = 0$；

第二步　求出特征方程的特征根 r_1, r_2；

第三步　根据特征根的三种情况，按表 5-1 写出微分方程（5-6）的通解．

表 5-1　　　　特征根不同情况对应的方程通解

特征根 r	方程的通解
$r_1 \neq r_2$ 是两个实根	$y = C_1 e^{r_1 x} + C_2 e^{r_2 x}$
$r_1 = r_2 = r$ 是相等的实根	$y = (C_1 + C_2 x) e^{rx}$
$r = \alpha \pm i\beta$ 是共轭复根	$y = e^{\alpha x}(C_1 \cos\beta x + C_2 \sin\beta x)$

其中 C_1, C_2 为任意常数．

▶ 例 1　　求微分方程 $y'' + 5y' + 6y = 0$ 的通解．

解　这是二阶线性常系数齐次微分方程，其特征方程为

$$r^2 + 5r + 6 = 0.$$

特征根为 $r_1 = -2, r_2 = -3$，故方程通解为

$$y = C_1 e^{-2x} + C_2 e^{-3x} \quad （其中 C_1, C_2 为任意常数）．$$

▶ 例 2　　求微分方程 $y'' + 2y' + y = 0$ 满足初始条件 $y\Big|_{x=0} = 0, y'\Big|_{x=0} = 1$ 的特解．

解　这是二阶常系数齐次微分方程，其特征方程为

$$r^2 + 2r + 1 = 0.$$

特征根为 $r_1 = r_2 = -1$，故方程通解为 $y = (C_1 + C_2 x) e^{-x}$．

由初始条件得 $C_1 = 0, C_2 = 1$，即 $y = x e^{-x}$ 是所求微分方程的特解．

▶ 例 3　　求微分方程 $y'' - 4y' + 13y = 0$ 的通解．

解　这是二阶常系数齐次微分方程，其特征方程为

$$r^2 - 4r + 13 = 0.$$

方程有一对共轭复根 $r = 2 \pm 3i$，故方程通解为

$$y = e^{2x}(C_1 \cos 3x + C_2 \sin 3x) \quad (\text{其中 } C_1, C_2 \text{ 为任意常数}).$$

习题 5-2

1. 填空题

(1) 以 $y = C_1 e^{-2x} + C_2$ 为通解的微分方程是_____；

(2) 以 $y = C_1 \cos x + C_2 \sin x$ 为通解的微分方程是_____；

(3) 有解 $y = 3e^x$ 和 $y = -xe^x$ 的二阶线性齐次微分方程是_____；

(4) 已知 $y = e^{-x}$ 为 $y'' + ay' - 2y = 0$ 的一个解，则 $a = $_____．

2. 求微分方程的通解或特解.

(1) $y'' + 7y' - 8y = 0$；

(2) $\dfrac{d^2 x}{dt^2} - 5\dfrac{dx}{dt} + 6x = 0$；

(3) $2y'' + y' = 0$；

(4) $y'' - 4y = 0$；

(5) $y'' + 6y' + 9y = 0$；

(6) $4\dfrac{d^2 y}{dx^2} - 4\dfrac{dy}{dx} + y = 0$；

(7) $y'' - 2y' + 10y = 0$；

(8) $2y'' + 2y' + y = 0$；

(9) $y'' + 3y = 0$；

(10) $\begin{cases} y'' - 4y' + 3y = 0 \\ y(0) = 6, \ y'(0) = 10 \end{cases}$；

(11) $\begin{cases} y'' - 4y' + 4y = 0 \\ y\big|_{x=0} = -2 \\ y'\big|_{x=0} = -3 \end{cases}$；

(12) $\begin{cases} \dfrac{d^2 y}{dx^2} + 25y = 0 \\ y(0) = 2, \ y'(0) = 5 \end{cases}$．

3. 设 $f(x)$ 是连续函数，且满足 $f(x) = 2x + 1 + x\displaystyle\int_0^x f(t)dt - \int_0^x tf(t)dt$，求 $f(x)$.

4. 求微分方程的通解.

(1) $y'' = 2x\ln x$；   (2) $(1 + x^2)y'' + 2xy' = 0$；   (3) $yy'' - (y')^2 + 2y^2 = 0$.

复习题五

一、单项选择题

1. 下列方程中为一阶线性微分方程的是（　　）.

A. $y' + y^2 = e^x$ B. $yy' = x$ C. $y' + xy = xe^y$ D. $y' + x^2 y = \cos x$

2. 方程 $xy' - y = \dfrac{x^2}{\sqrt{1-x^2}}$ 满足 $y(1) = \dfrac{\pi}{2}$ 的解在 $x = \dfrac{1}{2}$ 处的值为(　　).

A. $\dfrac{\pi}{12}$ 　　　　　　B. $\dfrac{\pi}{6}$ 　　　　　　C. $\dfrac{\pi}{3}$ 　　　　　　D. $\dfrac{\pi}{2}$

3. $xy' + y = xe^x$ 的通解是 $xy' + y = 0$ 的通解加上(　　).

A. 某一个常数　　　　　　　　　　　B. 任意一个常数

C. $xy' + y = 0$ 的一个特解　　　　　　D. $xy' + y = xe^x$ 的一个特解

4. 下列函数中,(　　)是微分方程 $y'' - 7y' + 12y = 0$ 的解.

A. $y = x^3$ 　　　　　　　　　　　B. $y = x^4$

C. $y = e^{3x}$ 　　　　　　　　　　　D. $y = e^{-4x}$

5. 方程 $y'' = \cos x$ 的通解是(　　).

A. $y = \cos x + C_1 x + C_2$ 　　　　　　B. $y = \sin x + C_1 x + C_2$

C. $y = -\cos x + C_1 x + C_2$ 　　　　　　D. $y = -\sin x + C_1 x + C_2$

二、填空题

6. 微分方程 $3y^2 \mathrm{d}y - 4x^3 \mathrm{d}x = 0$ 的阶数是_____.

7. 微分方程 $\dfrac{\mathrm{d}y}{\mathrm{d}x} = xy + y$ 的通解为_____.

8. 微分方程 $x^2 y' + 1 = 0$ 满足初始条件 $y\big|_{x=1} = 2$ 的特解是_____.

9. 设 $y = xe^{-x}$ 是方程 $y' + P(x)y = x^2$ 的一个解,则 $P(x) =$ _____.

10. 以 $y = e^{-x}(C_1 \cos 2x + C_2 \sin 2x)$ 为通解的二阶常系数线性齐次微分方程是_____.

三、解答题

11. 求微分方程 $2y\mathrm{d}y - (1 + \cos x)(1 + y^2)\mathrm{d}x = 0$ 满足初始条件 $y(\pi) = 0$ 的特解.

12. 求微分方程 $\dfrac{\mathrm{d}y}{\mathrm{d}x} - \dfrac{y}{x} = x - \sqrt{x}$ 的通解.

13. 求微分方程 $y' = \dfrac{1}{4x + y}$ 满足初始条件 $y\left(\dfrac{1}{8}\right) = 0$ 的特解.

14. 已知 $y = \dfrac{x}{\ln x}$ 是微分方程 $xy' - y = x\varphi\left(\dfrac{y}{x}\right)$ 的一个解,求 $\varphi(x)$ 的表达式.

15. 设 $y = e^{x - \sin x}$ 是方程 $y' + P(x)y = e^{x - \sin x}$ 的解,求此方程满足 $y\big|_{x=0} = 3$ 的特解.

16. 设 $f(x)$ 是连续函数,且 $f(x) = \displaystyle\int_1^{2x} f\left(\dfrac{t}{2}\right)\mathrm{d}t + e^2$,求 $f(x)$.

17.已知 $f(x)$ 在任一点 x 附近的函数值 $f(x+\Delta x)=f(x)\left(1+\dfrac{\Delta x}{1+x^2}\right)+o(\Delta x)$,且 $f(-1)=1$,求 $f(1)$ 的值.

18.求微分方程 $2y''+y'-y=0$ 满足初始条件 $y(0)=3,y'(0)=0$ 的特解.

19.求微分方程 $x\mathrm{d}y-y\mathrm{d}x=x\sqrt{x^2-y^2}\,\mathrm{d}x$ 的通解.

20.求微分方程 $(x+y)y'+y+1=0$ 的通解.

第6章 向量代数与空间解析几何

6.1 向量代数

📖 学习目标

1. 理解空间直角坐标系,理解向量的概念及其表示,会求单位向量、方向余弦、向量在坐标轴上的投影.

2. 掌握向量的线性运算、向量的数量积与向量积的计算方法.

3. 会求两个非零向量的夹角,掌握二向量平行、垂直的条件.

6.1.1 空间直角坐标系与向量的线性运算

1. 空间直角坐标系

在三维空间中任取一点 O,并以它为原点,作三个两两垂直的数轴,这三条数轴依次称为 x 轴(横轴),y 轴(纵轴),z 轴(竖轴),统称为坐标轴. 一般坐标轴的方向规定如下:把 x 轴和 y 轴放在水平面上,z 轴垂直于水平面,它们的正向符合右手规则,即以右手握住 z 轴,当右手的四个手指从正向 x 轴以 $\frac{\pi}{2}$ 角度转向正向 y 轴时,大拇指就指向 z 轴的正向,如图 6-1 所示.

每两轴所确定的平面称为坐标面. 如 xOy 面,yOz 面,zOx 面.

在空间直角坐标系 $Oxyz$ 中,设 M 为空间的已知点,如图 6-2 所示,过点 M 作三个平面分别垂直于 x 轴、y 轴和 z 轴,交点分别为 P、Q、R,设这三个点在 x 轴、y 轴、z 轴上的坐标依次为 x、y、z,则点 M 唯一确定了一个三元有序实数组 (x,y,z);反之,任给一个三元有序实数组 (x,y,z),也能确定唯一的点 M. 于是,空间任意一点 M 和一个三元有序实数组 (x,y,z) 之间建立了一一对应关系,称这个三元有序实数组为点 M 的直角坐标,并依次称 x、y、z 为点 M 的横坐标、纵坐标和竖坐标,记为 $M(x,y,z)$.

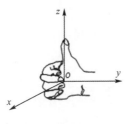

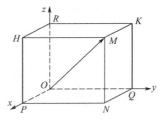

图 6-1   图 6-2

显然,坐标原点 O 的坐标为 $(0,0,0)$;x 轴、y 轴和 z 轴上点的坐标分别为 $(x,0,0)$、$(0,y,0)$ 和 $(0,0,z)$;xOy 面、yOz 面和 zOx 面上任一点的坐标分别为 $(x,y,0)$、$(0,y,z)$ 和 $(x,0,z)$.

2. 空间两点间的距离公式

设 $M(x_1,y_1,z_1),N(x_2,y_2,z_2)$ 为空间两点,则两点间的距离为

$$d=|MN|=\sqrt{(x_2-x_1)^2+(y_2-y_1)^2+(z_2-z_1)^2}.$$

特别地,空间任一点 $M(x,y,z)$ 与原点 $O(0,0,0)$ 的距离为

$$d=|OM|=\sqrt{x^2+y^2+z^2}.$$

▶ **例 1**　在 x 轴上求一点使其与点 $A(4,1,5)$ 和点 $B(3,5,2)$ 的距离相等.

解　设所求点为 $M(x,y,z)$,依题意有

$$|MA|=|MB|,$$

由公式,得

$$\sqrt{(x-4)^2+(0-1)^2+(0-5)^2}=\sqrt{(x-3)^2+(0-5)^2+(0-2)^2},$$

解得,$x=2$.

因此,所求点的坐标为 $(2,0,0)$.

3. 向量的基本概念

向量的概念:既有大小,又有方向的量. 如图 6-3 所示.

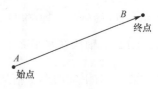

图 6-3

向量的表示方法:$\overrightarrow{AB}$,或 $\vec{a}$,或黑体字母 $\boldsymbol{a}$.

自由向量:只有大小和方向,而无特定的位置.

向量的两要素:大小与方向.

相等向量 $\boldsymbol{a}=\boldsymbol{b}$:大小相等,方向相同.

向量的模 $|\boldsymbol{a}|$,$|\overrightarrow{AB}|$:向量的长度.

零向量:长度等于零的向量,记作 $\boldsymbol{0}$. 零向量的方向是不确定的.

共线向量(或平行向量)$\boldsymbol{a}/\!/\boldsymbol{b}$:两个向量的方向相同或相反.

规定:零向量与任一向量平行,即对任一向量 a,都有 $0 /\!/ a$.

4. 向量的线性运算

(1)向量的加法运算

向量加法的三角形法则:

已知向量 a,b,如图 6-4 所示,在平面上任取一点 A,作 $\overrightarrow{AB}=a$,$\overrightarrow{BC}=b$,作向量 $\overrightarrow{AC}$,则向量 $\overrightarrow{AC}$ 叫作向量 a 与 b 的和向量.记作 $a+b$,如图 6-5 所示,即

$$a+b=\overrightarrow{AB}+\overrightarrow{BC}=\overrightarrow{AC}.$$

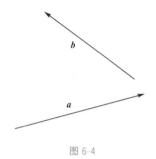

图 6-4   图 6-5

向量加法的平行四边形法则:

在上述证明过程中,作 $\overrightarrow{AB}=a$,$\overrightarrow{AD}=b$,如果 A,B,D 不共线,以 $\overrightarrow{AB}$,$\overrightarrow{AD}$ 为邻边作平行四边形 $ABCD$,则对角线上的向量 $\overrightarrow{AC}=a+b$. 我们把这种求两个向量和的作图法则叫作向量加法的平行四边形法则,如图 6-6 所示.

(2)向量的减法运算

已知向量 a,b,作 $\overrightarrow{OA}=a$,$\overrightarrow{OB}=b$,则由向量加法的三角形法则,得 $b+\overrightarrow{BA}=a$,我们把向量 $\overrightarrow{BA}$ 叫作向量 a 与 b 的差,记作 $a-b$,即

$$\overrightarrow{BA}=a-b=\overrightarrow{OA}-\overrightarrow{OB}.$$

两个向量的差是减向量终点到被减向量终点的向量.如图 6-7 所示.

(3)向量的数乘运算

实数 λ 和向量 a 的乘积是一个向量,记作 λa.

向量 λa($a\neq 0$,$\lambda\neq 0$)的长度与方向规定为:

(1)$|\lambda a|=|\lambda||a|$;

(2)当 $\lambda>0$ 时,λa 与 a 的方向相同;当 $\lambda<0$ 时,λa 与 a 的方向相反.

当 $\lambda=0$ 时,$0a=0$;当 $a=0$ 时,$\lambda 0=0$.

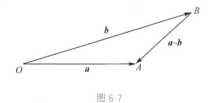

图 6-7

数乘向量的几何意义：

把向量 $\boldsymbol{a}$ 沿着 $\boldsymbol{a}$ 的方向或 $\boldsymbol{a}$ 的反方向,长度放大或缩小.

例如,$2\boldsymbol{a}$ 的几何意义就是沿着向量 $\boldsymbol{a}$ 的方向,长度放大到原来的 2 倍.

由定义可得,非零向量 $\boldsymbol{a}$ 的单位向量 $\boldsymbol{a}^{\circ}=\dfrac{\boldsymbol{a}}{|\boldsymbol{a}|}$.

5.向量的坐标表示和运算

如图 6-8 所示,在空间直角坐标系中,x,y,z 轴的正向上的单位向量是 $\boldsymbol{i},\boldsymbol{j},\boldsymbol{k}$,设向量 $\overrightarrow{OM}$ 的始点在原点,终点 M 的坐标为 (x,y,z),则

$$\overrightarrow{OM}=x\boldsymbol{i}+y\boldsymbol{j}+z\boldsymbol{k}=(x,y,z)$$

设 $\boldsymbol{a}=x_1\boldsymbol{i}+y_1\boldsymbol{j}+z_1\boldsymbol{k}=(x_1,y_1,z_1),\boldsymbol{b}=x_2\boldsymbol{i}+y_2\boldsymbol{j}+z_2\boldsymbol{k}=(x_2,y_2,z_2)$,则

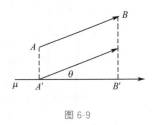

图 6-8

$$\boldsymbol{a}\pm\boldsymbol{b}=(x_1\pm x_2)\boldsymbol{i}+(y_1\pm y_2)\boldsymbol{j}+(z_1\pm z_2)\boldsymbol{k}$$
$$=(x_1\pm x_2,y_1\pm y_2,z_1+z_2).$$
$$\lambda\boldsymbol{a}=(\lambda x_1)\boldsymbol{i}+(\lambda y_1)\boldsymbol{j}+(\lambda z_1)\boldsymbol{k}$$
$$=(\lambda x_1,\lambda y_1,\lambda z_1).$$

定理 6-1-1 非零向量 $\boldsymbol{a}/\!/\boldsymbol{b}\Leftrightarrow$ 存在非零实数 λ,使得 $\boldsymbol{b}=\lambda\boldsymbol{a}$ 或 $\dfrac{x_1}{x_2}=\dfrac{y_1}{y_2}=\dfrac{z_1}{z_2}$.

6.向量的模与方向余弦的坐标

设有非零向量 $\overrightarrow{AB}$,过 A 及 B 分别作垂直于轴 μ 的平面,交于点 A',B'(A',B' 称为点 A,B 在轴 μ 上的投影),如图 6-9 所示,则向量 $\overrightarrow{A'B'}$ 称为向量 $\overrightarrow{AB}$ 在轴 μ 上的投影向量,称有向线段 $\overrightarrow{A'B'}$ 的值 $A'B'$($\overrightarrow{A'B'}$ 与 μ 同向取正,反向取负)为向量 $\overrightarrow{AB}$ 在轴 μ 上的投影,记为 $\mathrm{Prj}_{\mu}\overrightarrow{AB}$.若 $\overrightarrow{AB}$ 与轴 μ 的夹角是 θ,则有 $\mathrm{Prj}_{\mu}\overrightarrow{AB}=|\overrightarrow{AB}|\cos\theta$.

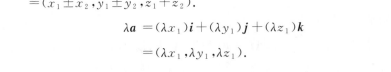

图 6-9

由图 6-8 知,令向量 $\boldsymbol{a}=\overrightarrow{OM}=(x,y,z)$,则它的模为

$$|\boldsymbol{a}|=|\overrightarrow{OM}|=\sqrt{x^2+y^2+z^2}.$$

设 $A(x_1,y_1,z_1),B(x_2,y_2,z_2)$,则

$$\overrightarrow{AB}=(x_2-x_1,y_2-y_1,z_2-z_1),$$
$$|\overrightarrow{AB}|=\sqrt{(x_2-x_1)^2+(y_2-y_1)^2+(z_2-z_1)^2}.$$

非零向量 $\boldsymbol{a}=(x,y,z)$ 与 x 轴、y 轴、z 轴正向的夹角 $\alpha,\beta,\gamma(0\leqslant\alpha,\beta,\gamma\leqslant\pi)$,称为向

量的方向角.方向角的余弦 $\cos\alpha,\cos\beta,\cos\gamma$ 称为向量的方向余弦,如图 6-10 所示.

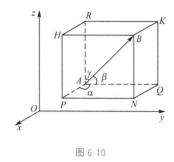

图 6-10

$$\cos\alpha=\frac{x}{|\boldsymbol{a}|}=\frac{x}{\sqrt{x^2+y^2+z^2}};$$

$$\cos\beta=\frac{y}{|\boldsymbol{a}|}=\frac{y}{\sqrt{x^2+y^2+z^2}};$$

$$\cos\gamma=\frac{z}{|\boldsymbol{a}|}=\frac{z}{\sqrt{x^2+y^2+z^2}}.$$

易知,$\cos^2\alpha+\cos^2\beta+\cos^2\gamma=1$.

向量 $\boldsymbol{a}=(x,y,z)$ 的单位向量

$$\boldsymbol{a}^0=\frac{\boldsymbol{a}}{|\boldsymbol{a}|}=\left(\frac{x}{|\boldsymbol{a}|},\frac{y}{|\boldsymbol{a}|},\frac{z}{|\boldsymbol{a}|}\right)=(\cos\alpha,\cos\beta,\cos\gamma),$$

即单位向量的坐标就是它的方向余弦.

> **例 2** 已知两点 $M_1(-1,1,0),M_2(0,-1,2)$,求向量 $\overrightarrow{M_1M_2}$ 的模和方向余弦.

解 $\qquad\overrightarrow{M_1M_2}=(0+1,-1-1,2-0)=(1,-2,2),$

$$|\overrightarrow{M_1M_2}|=\sqrt{1^2+(-2)^2+2^2}=3,$$

$$\cos\alpha=\frac{1}{3},\cos\beta=-\frac{2}{3},\cos\gamma=\frac{2}{3}.$$

> **例 3** 已知某向量与 x 轴和 y 轴各成 $60°$ 和 $120°$ 的角,求此向量与 z 轴所成的角.

解 由 $\cos^2\alpha+\cos^2\beta+\cos^2\gamma=1$ 得

$$\cos^2\gamma=1-\left(\frac{1}{2}\right)^2-\left(-\frac{1}{2}\right)^2=\frac{1}{2},$$

所以,$\cos\gamma=\pm\frac{\sqrt{2}}{2}$,故 $\gamma=\frac{\pi}{4}$ 或 $\frac{3\pi}{4}$.

▶ 6.1.2 数量积 向量积

1.向量的数量积(也称内积或点乘积)

已知非零向量 $\boldsymbol{a}$ 与 $\boldsymbol{b}$,$\langle\boldsymbol{a},\boldsymbol{b}\rangle$ 为两向量的夹角,则数量 $|\boldsymbol{a}||\boldsymbol{b}|\cos\langle\boldsymbol{a},\boldsymbol{b}\rangle$ 叫作 $\boldsymbol{a}$ 与 $\boldsymbol{b}$ 的内积.记作

$$\boldsymbol{a}\cdot\boldsymbol{b}=|\boldsymbol{a}||\boldsymbol{b}|\cos\langle\boldsymbol{a},\boldsymbol{b}\rangle.$$

规定:**0**向量与任何向量的内积为0.

说明:

(1)两个向量的内积是一个实数,不是向量,可以是正数、负数或零,符号由$\cos\langle a,b\rangle$的符号所决定;

(2)两个向量的内积,写成$a\cdot b$,符号"·"在向量运算中不是乘号,既不能省略,也不能用"×"代替;

(3)$a\cdot a=|a||a|\cos\langle a,a\rangle=|a|^2$.

向量的数量积满足以下运算律:

(1)交换律$a\cdot b=b\cdot a$;

(2)分配律$a\cdot(b+c)=a\cdot b+a\cdot c$;

(3)结合律$(\lambda a)\cdot b=a\cdot(\lambda b)=\lambda(a\cdot b)$($\lambda$ 为实数).

定理 6-1-2 两个非零向量a,b垂直的充分必要条件是$a\cdot b=0$.

定理 6-1-3 两个向量的数量积等于它们对应坐标乘积之和.

设$a=(x_1,y_1,z_1),b=(x_2,y_2,z_2)$,则

$$a\cdot b=x_1x_2+y_1y_2+z_1z_2.$$

两向量之间的夹角余弦

$$\cos\theta=\frac{a\cdot b}{|a||b|}=\frac{x_1x_2+y_1y_2+z_1z_2}{\sqrt{x_1^2+y_1^2+z_1^2}\sqrt{x_2^2+y_2^2+z_2^2}}.$$

▶ **例 4** 已知向量$a=(-1,-2,1)$与向量$b=(1,2,t)$垂直,求t的值.

解 由已知$a\perp b$,所以,$a\cdot b=0$.即$-1-4+t=0$,从而$t=5$.

▶ **例 5** 求向量$a=(1,1,4)$与向量$b=(1,-2,2)$的夹角的余弦值.

解 由公式$\cos\theta=\dfrac{a\cdot b}{|a||b|}=\dfrac{x_1x_2+y_1y_2+z_1z_2}{\sqrt{x_1^2+y_1^2+z_1^2}\sqrt{x_2^2+y_2^2+z_2^2}}$,得

$$\cos\theta=\frac{1-2+8}{\sqrt{1+1+16}\sqrt{1+4+4}}=\frac{7}{3\sqrt{18}}=\frac{7\sqrt{2}}{18}.$$

2.向量的向量积(也称外积或叉乘积)

两个向量a与b的向量积是一个向量,记为$a\times b$,它的模为$|a\times b|=|a||b|\sin\langle a,b\rangle$,它的方向同时垂直于$a$与$b$,且$a,b,a\times b$符合右手法则.

说明:

(1)$a\times a=0$;特别地,$i\times i=0,j\times j=0,k\times k=0$;

(2)$\boldsymbol{a} \! / \! / \boldsymbol{b}$,则$\langle \boldsymbol{a} , \boldsymbol{b} \rangle = 0$或$\pi$;

(3)$|\boldsymbol{a} \times \boldsymbol{b}|$的几何意义是以$\boldsymbol{a} , \boldsymbol{b}$为边的平行四边形的面积.

即$S_\square = |\boldsymbol{a} \times \boldsymbol{b}| , S_\triangle = \dfrac{1}{2} |\boldsymbol{a} \times \boldsymbol{b}| (\boldsymbol{a}$ 不平行于 $\boldsymbol{b})$.

向量的向量积满足以下运算律:

(1)反交换律 $\boldsymbol{a} \times \boldsymbol{b} = -\boldsymbol{b} \times \boldsymbol{a}$;

(2)分配律 $\boldsymbol{a} \times (\boldsymbol{b} + \boldsymbol{c}) = \boldsymbol{a} \times \boldsymbol{b} + \boldsymbol{a} \times \boldsymbol{c}$;

(3)数乘结合律$(\lambda \boldsymbol{a}) \times \boldsymbol{b} = \boldsymbol{a} \times (\lambda \boldsymbol{b}) = \lambda (\boldsymbol{a} \times \boldsymbol{b}) (\lambda$ 为实数$)$.

向量积的计算:

设 $\boldsymbol{a} = (x_1, y_1, z_1), \boldsymbol{b} = (x_2, y_2, z_2)$,则

$$\boldsymbol{a} \times \boldsymbol{b} = \begin{vmatrix} \boldsymbol{i} & \boldsymbol{j} & \boldsymbol{k} \\ x_1 & y_1 & z_1 \\ x_2 & y_2 & z_2 \end{vmatrix}$$

$$= \begin{vmatrix} y_1 & z_1 \\ y_2 & z_2 \end{vmatrix} \boldsymbol{i} - \begin{vmatrix} x_1 & z_1 \\ x_2 & z_2 \end{vmatrix} \boldsymbol{j} + \begin{vmatrix} x_1 & y_1 \\ x_2 & y_2 \end{vmatrix} \boldsymbol{k}$$

$$= (y_1 z_2 - y_2 z_1) \boldsymbol{i} - (x_1 z_2 - x_2 z_1) \boldsymbol{j} + (x_1 y_2 - x_2 y_1) \boldsymbol{k}.$$

▶ **例 6** 求与向量 $\boldsymbol{a} = (2, 1, -1), \boldsymbol{b} = (1, 2, 1)$ 都垂直的向量.

解 因为 $\boldsymbol{a} \times \boldsymbol{b} = \begin{vmatrix} \boldsymbol{i} & \boldsymbol{j} & \boldsymbol{k} \\ 2 & 1 & -1 \\ 1 & 2 & 1 \end{vmatrix} = 3\boldsymbol{i} - 3\boldsymbol{j} + 3\boldsymbol{k}$,所以,所求的向量为 $\pm(3\boldsymbol{i}, -3\boldsymbol{j}, 3\boldsymbol{k})$.

习题 6-1

1.设点 $A(-3, 4, -\sqrt{2})$ 和点 $B(-1, 2, \sqrt{2})$,求:

(1)向量$\overrightarrow{AB}$ 和向量$\dfrac{1}{2}\overrightarrow{BA}$;

(2)$|\overrightarrow{AB}|$ 和 $|-2\overrightarrow{AB}|$;

(3)与$\overrightarrow{AB}$ 平行的单位向量;

(4)与$\overrightarrow{AB}$ 同向的单位向量;

(5)$\overrightarrow{AB}$ 的方向余弦和方向角.

2.设向量 $\boldsymbol{a} = (4, 1, 1)$ 和向量 $\boldsymbol{b} = (-2, 1, -2)$,求:

(1)$|\boldsymbol{a} + \boldsymbol{b}|$;   (2)$\boldsymbol{a} \cdot \boldsymbol{b}$;

(3) $(a-b)^2$;　　　　　　　　(4) $(a-b) \cdot (a+b)$;

(5) a 与 b 的夹角.

3.设 $a=3i-2j+4k$，$b=-5j+12k$，$c=4i-3k$，且 $d=-3a+b+2c$，求：

(1) a 在 b 上的投影；　　　　(2) b 在 c 上的投影；

(3) d 分别在 x 轴、y 轴、z 轴上的投影及其分向量.

4.设 $a=(1,2,3)$，$b=(-2,0,1)$，$c=(1,-1,-2)$，求：

(1) $a \times b$;　　　　　　　　(2) $b \times a$;

(3) $(a-b) \times (a+b)$;　　　　(4) $(a \times b) \cdot c$;

(5) $a \cdot (b \times c)$;　　　　　(6) $(a \times b) \times c$;

(7) $(a \cdot b)c$.

5.设点 $M_1(1,-1,2)$、点 $M_2(3,3,1)$ 和点 $M_3(3,1,3)$，求与向量 $\overrightarrow{M_1M_2}$ 和向量 $\overrightarrow{M_2M_3}$ 都垂直的单位向量.

6.2　平面与直线

学习目标

1.会求平面的点法式方程、一般式方程，会判定两平面的平行、垂直.

2.会求点到平面的距离.

3.会求直线的对称式方程、一般式方程、参数式方程.会判定两直线的位置关系（平行、垂直）.

4.会判定直线与平面的位置关系（垂直、平行、直线在平面上）.

6.2.1　平面及其方程

1.平面的点法式方程

如图 6-11，垂直于平面 π 的非零向量称为该平面的法向量，记为 $\vec{n}$ 或 n.

过空间一点 $M_0(x_0,y_0,z_0)$，法向量为 $n=(A,B,C)$ 的平面 π 是唯一的.

在平面 π 上任取一点 $M(x,y,z)$，则 $\overrightarrow{M_0M} \perp n$，

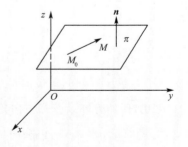

图 6-11

$\overrightarrow{M_0M} \cdot \boldsymbol{n} = 0$，因此，

$$A(x - x_0) + B(y - y_0) + C(z - z_0) = 0.$$

平面的点法式方程是

$$A(x - x_0) + B(y - y_0) + C(z - z_0) = 0.$$

> 例1 求过点 $(2,1,1)$ 且垂直于向量 $\boldsymbol{i} + 2\boldsymbol{j} + 3\boldsymbol{k}$ 的平面方程.

解 由题意，知平面的法向量是 $(1,2,3)$，所以，由平面的点法式方程

$$A(x - x_0) + B(y - y_0) + C(z - z_0) = 0,$$

得

$$(x - 2) + 2(y - 1) + 3(z - 1) = 0,$$

即 $x + 2y + 3z = 7$ 是所求的平面方程.

2. 平面的一般式方程

平面的一般式方程：$Ax + By + Cz + D = 0$.

说明：

(1) 当 $D = 0$ 时，平面过原点；

(2) 当 $A = 0$ 时，平面 $By + Cz + D = 0$ 平行于 x 轴；

同理，平面 $Ax + Cz + D = 0$，$Ax + By + D = 0$ 分别平行于 y 轴、z 轴；

(3) 当 $A = B = 0$ 时，平面 $Cz + D = 0$ 垂直于 z 轴；同理，以此类推；

(4) 当 $A = D = 0$ 时，平面 $By + Cz = 0$ 过 x 轴；同理，以此类推.

> 例2 求由点 $A(1,0,0)$，$B(0,1,0)$，$C(0,0,1)$ 所确定的平面方程.

解 设平面方程为 $Ax + By + Cz + D = 0$，因为平面过点 $A(1,0,0)$，$B(0,1,0)$，$C(0,0,1)$，代入方程得

$$\begin{cases} A + D = 0 \\ B + D = 0 \Rightarrow A = B = C = -D, \\ C + D = 0 \end{cases}$$

所以，所求平面方程是 $x + y + z = 1$.

> 例3 求平行于 y 轴且经过两点 $(1,2,3)$，$(3,2,-1)$ 的平面方程.

解 由已知，设平面方程为 $Ax + Cz + D = 0$，因为平面过两点 $(1,2,3)$，$(3,2,-1)$，代入方程得

$$\begin{cases} A + 3C + D = 0 \\ 3A - C + D = 0 \end{cases} \Rightarrow \begin{cases} A = 2C \\ D = -5C \end{cases}.$$

所以,所求的平面方程是 $2x+z-5=0$.

3. 平面的截距式方程

平面的截距式方程:$\dfrac{x}{a}+\dfrac{y}{b}+\dfrac{z}{c}=1$.

4. 两平面的夹角

设两平面 $\pi_1:A_1x+B_1y+C_1z+D_1=0,\pi_2:A_2x+B_2y+C_2z+D_2=0$,它们的法向量分别是 $\boldsymbol{n}_1=(A_1,B_1,C_1)$ 和 $\boldsymbol{n}_2=(A_2,B_2,C_2)$,我们把两平面法向量的夹角(通常指锐角)称为两平面的夹角,如图 6-12 所示.

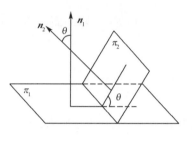

图 6-12

$$\cos\langle\boldsymbol{n}_1,\boldsymbol{n}_2\rangle=\cos\theta=\frac{|\boldsymbol{n}_1\cdot\boldsymbol{n}_2|}{|\boldsymbol{n}_1||\boldsymbol{n}_2|}$$
$$=\frac{|A_1A_2+B_1B_2+C_1C_2|}{\sqrt{A_1^2+B_1^2+C_1^2}\sqrt{A_2^2+B_2^2+C_2^2}}.$$

由此可知:

$(1)\pi_1\perp\pi_2\Leftrightarrow\boldsymbol{n}_1\perp\boldsymbol{n}_2\Leftrightarrow A_1A_2+B_1B_2+C_1C_2=0$;

$(2)\pi_1/\!/\pi_2\Leftrightarrow\boldsymbol{n}_1/\!/\boldsymbol{n}_2\Leftrightarrow\dfrac{A_1}{A_2}=\dfrac{B_1}{B_2}=\dfrac{C_1}{C_2}$.

> **例 4** 求两平面 $x-y+2z-3=0$ 和 $2x+y+z-1=0$ 的夹角.

解 由于两平面 $x-y+2z-3=0$ 和 $2x+y+z-1=0$ 的法向量分别是 $\boldsymbol{n}_1=(1,-1,2)$ 和 $\boldsymbol{n}_2=(2,1,1)$,由公式

$$\cos\langle\boldsymbol{n}_1,\boldsymbol{n}_2\rangle=\cos\theta=\frac{|\boldsymbol{n}_1\cdot\boldsymbol{n}_2|}{|\boldsymbol{n}_1||\boldsymbol{n}_2|}=\frac{|A_1A_2+B_1B_2+C_1C_2|}{\sqrt{A_1^2+B_1^2+C_1^2}\sqrt{A_2^2+B_2^2+C_2^2}},$$

得

$$\cos\theta=\frac{|2-1+2|}{\sqrt{1+1+4}\sqrt{4+1+1}}=\frac{1}{2},$$

所以,$\theta=\dfrac{\pi}{3}$,即两平面夹角为 $\dfrac{\pi}{3}$.

5. 点到平面的距离

设空间一点 $M_0(x_0,y_0,z_0)$ 是平面 $\pi:Ax+By+Cz+D=0$ 外一点,过 M_0 向平面作垂线交平面于点 $M(x,y,z)$,如图 6-13 所示,$|\overrightarrow{MM_0}|$ 为 M_0 到平面 π 的距

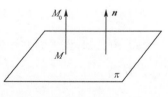

图 6-13

离 d.

$$d = \frac{|Ax_0 + By_0 + Cz_0 + D|}{\sqrt{A^2 + B^2 + C^2}}.$$

▶ 例 5 求点 $(4,2,1)$ 到平面 $x + 2y + 2z - 16 = 0$ 的距离.

解 由公式 $d = \dfrac{|Ax_0 + By_0 + Cz_0 + D|}{\sqrt{A^2 + B^2 + C^2}}$,得

$$d = \frac{|4 + 4 + 2 - 16|}{\sqrt{1 + 4 + 4}} = \frac{6}{3} = 2,$$

所以,点 $(4,2,1)$ 到平面 $x + 2y + 2z - 16 = 0$ 的距离为 2.

6.2.2 空间直线及其方程

1. 空间直线的对称式(或点向式)方程

若一个非零向量平行于一条已知直线,则这个向量称为这条直线的方向向量.

如图 6-14 所示,已知直线 L 上一点 $M_0(x_0, y_0, z_0)$ 及它的一方向向量 $s = (m, n, p)$,在直线 L 上任取一点 $M(x, y, z)$,则 $\overrightarrow{M_0M} /\!/ s$,两向量对应坐标成比例,得

$$\frac{x - x_0}{m} = \frac{y - y_0}{n} = \frac{z - z_0}{p}$$

所以,这是直线 L 的方程.

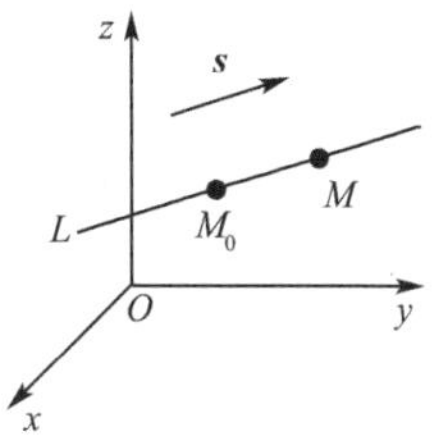

图 6-14

直线的对称式(或点向式)方程是

$$\frac{x - x_0}{m} = \frac{y - y_0}{n} = \frac{z - z_0}{p}.$$

2. 直线的参数式方程

令 $\dfrac{x - x_0}{m} = \dfrac{y - y_0}{n} = \dfrac{z - z_0}{p} = t$,则

$$\begin{cases} x = x_0 + mt \\ y = y_0 + nt \\ z = z_0 + pt \end{cases}.$$

直线的参数式方程是 $\begin{cases} x = x_0 + mt \\ y = y_0 + nt \\ z = z_0 + pt \end{cases}.$

▶ **例 6** 求过点 $M_0(2,1,-4)$ 且和向量 $s=(-1,3,2)$ 平行的直线方程.

解 由直线的点向式方程 $\dfrac{x-x_0}{m}=\dfrac{y-y_0}{n}=\dfrac{z-z_0}{p}$,得所求的直线方程是

$$\frac{x-2}{-1}=\frac{y-1}{3}=\frac{z+4}{2}.$$

3. 空间直线的一般式方程

空间直线的一般式方程:

$$\begin{cases} A_1 x+B_1 y+C_1 z+D_1=0 \\ A_2 x+B_2 y+C_2 z+D_2=0 \end{cases}.$$

其中 A_1,B_1,C_1 与 A_2,B_2,C_2 不成比例.

▶ **例 7** 化直线的一般式方程 $\begin{cases} x+y+z+1=0 \\ 2x+y-2z+1=0 \end{cases}$ 为参数方程及对称式方程.

解 先求出直线上一点,令 $z=0$,得

$$\begin{cases} x+y+1=0 \\ 2x+y+1=0 \end{cases} \Rightarrow \begin{cases} x=0 \\ y=-1 \end{cases},$$

因此,直线过点 $(0,-1,0)$.

设直线的方向向量为 s,则它与两平面的法向量 $n_1=(1,1,1)$ 和 $n_2=(2,1,-2)$ 都垂直,故

$$s=n_1 \times n_2=\begin{vmatrix} i & j & k \\ 1 & 1 & 1 \\ 2 & 1 & -2 \end{vmatrix}=-3i+4j-k=(-3,4,-1),$$

所以,直线的参数式方程为 $\begin{cases} x=-3t \\ y=4t-1 \\ z=-t \end{cases}$,直线的对称式方程为 $\dfrac{x}{-3}=\dfrac{y+1}{4}=\dfrac{z}{-1}$.

4. 两直线的夹角

设直线 $L_1: \dfrac{x-x_1}{m_1}=\dfrac{y-y_1}{n_1}=\dfrac{z-z_1}{p_1}$,$L_2: \dfrac{x-x_2}{m_2}=\dfrac{y-y_2}{n_2}=\dfrac{z-z_2}{p_2}$,则它们的方向向量分别是 $s_1=(m_1,n_1,p_1)$,$s_2=(m_2,n_2,p_2)$,两直线方向向量的夹角就是两直线的夹角,记为 φ.

$$\cos\varphi=\frac{|m_1 m_2+n_1 n_2+p_1 p_2|}{\sqrt{m_1^2+n_1^2+p_1^2}\sqrt{m_2^2+n_2^2+p_2^2}}.$$

说明：

(1)$L_1 \perp L_2 \Leftrightarrow m_1 m_2 + n_1 n_2 + p_1 p_2 = 0$；

(2)$L_1 /\!/ L_2 \Leftrightarrow \dfrac{m_1}{m_2} = \dfrac{n_1}{n_2} = \dfrac{p_1}{p_2}$.

5. 直线与平面的夹角

如图 6-15 所示，直线 $L: \dfrac{x-x_0}{m} = \dfrac{y-y_0}{n} = \dfrac{z-z_0}{p}$，平面 π：

$Ax + By + Cz + D = 0$，当直线与平面不垂直时，直线与它在

平面上的投影直线 L_1 的夹角 $\theta \left(0 \leqslant \theta \leqslant \dfrac{\pi}{2}\right)$ 称为直线与平面

的夹角.

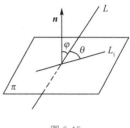

图 6-15

直线 L 与平面 π 的法向量 $\boldsymbol{n}$ 之间的夹角 φ 与 θ 互余，即

$$\theta = \dfrac{\pi}{2} - \varphi.$$

$$\sin\theta = |\cos\varphi| = \frac{|\boldsymbol{n} \cdot \boldsymbol{s}|}{|\boldsymbol{n}||\boldsymbol{s}|} = \frac{|Am + Bn + Cp|}{\sqrt{A^2 + B^2 + C^2}\sqrt{m^2 + n^2 + p^2}}.$$

说明：

(1)$L /\!/ \pi \Leftrightarrow Am + Bn + Cp = 0$；

(2)$L \perp \pi \Leftrightarrow \dfrac{A}{m} = \dfrac{B}{n} = \dfrac{C}{p}$.

▶ **例 8** 求过点 $(-1, -4, 3)$ 且与两直线 $L_1: \begin{cases} 2x - 4y + z = 1 \\ x + 3y = -5 \end{cases}$ 和 L_2：

$\begin{cases} x = 2 + 4t \\ y = -1 - t \\ z = -3 + 2t \end{cases}$ 都垂直的直线方程.

解 由题意，直线 L_2 的方向向量 $\boldsymbol{s}_2 = \{4, -1, 2\}$. $\boldsymbol{n}_1 = \{2, -4, 1\}$，$\boldsymbol{n}_2 = \{1, 3, 0\}$，故直线 L_1 的方向向量

$$\boldsymbol{s}_1 = \boldsymbol{n}_1 \times \boldsymbol{n}_2 = \begin{vmatrix} \boldsymbol{i} & \boldsymbol{j} & \boldsymbol{k} \\ 2 & -4 & 1 \\ 1 & 3 & 0 \end{vmatrix} = (-3, 1, 10),$$

又所求直线与 L_1 和 L_2 都垂直，故所求直线的方向向量

$$\boldsymbol{s} = \boldsymbol{s}_1 \times \boldsymbol{s}_2 = \begin{vmatrix} \boldsymbol{i} & \boldsymbol{j} & \boldsymbol{k} \\ -3 & 1 & 10 \\ 4 & -1 & 2 \end{vmatrix} = (12, 46, -1),$$

故所求直线方程为 $\dfrac{x+1}{12}=\dfrac{y+4}{46}=\dfrac{z-3}{-1}$.

例 9 求与两平面 $x-4z=3$ 和 $2x-y-5z=1$ 的交线平行且过点 $(-3,2,5)$ 的直线方程.

解 由题意,两平面的法向量分别为 $\boldsymbol{n}_1=(1,0,-4)$,$\boldsymbol{n}_2=(2,-1,-5)$,又所求直线与两平面的交线平行,且

$$\boldsymbol{n}_1\times\boldsymbol{n}_2=\begin{vmatrix} \boldsymbol{i} & \boldsymbol{j} & \boldsymbol{k} \\ 1 & 0 & -4 \\ 2 & -1 & -5 \end{vmatrix}=(-4,-3,-1)=-(4,3,1),$$

故可取直线的方向向量 $\boldsymbol{s}=(4,3,1)$,又直线过点 $(-3,2,5)$,故所求直线方程为

$$\frac{x+3}{4}=\frac{y-2}{3}=\frac{z-5}{1}.$$

例 10 求通过点 $M_1(3,-5,1)$ 和 $M_2(4,1,2)$ 且垂直于平面 $x-8y+3z-1=0$ 的平面方程.

解 设所求平面的法向量为 $\boldsymbol{n}$.

因为平面过点 $M_1(3,-5,1)$ 和 $M_2(4,1,2)$,且 $\overrightarrow{M_1M_2}=(1,6,1)$,故 $\boldsymbol{n}\perp\overrightarrow{M_1M_2}$;

又因为所求平面垂直于已知平面,且已知平面的法向量 $\boldsymbol{n}=(1,-8,3)$,故 $\boldsymbol{n}\perp\boldsymbol{n}_1$. 所以,$\boldsymbol{n}$ 可取为与 $\overrightarrow{M_1M_2}\times\boldsymbol{n}_1$ 平行的向量.

$$\overrightarrow{M_1M_2}\times\boldsymbol{n}_1=\begin{vmatrix} \boldsymbol{i} & \boldsymbol{j} & \boldsymbol{k} \\ 1 & 6 & 1 \\ 1 & -8 & 3 \end{vmatrix}=(26,-2,-14)=2(13,-1,-7),$$

所以,$\boldsymbol{n}=(13,-1,-7)$.

又因为平面过点 $M_1(3,-5,1)$,故所求平面的方程为

$$13(x-3)-(y+5)-7(z-1)=0,$$

即 $13x-y-7z-37=0$.

习题 6-2

1.求平面方程.

(1)求过点 $A(0,0,1)$、点 $B(1,1,1)$ 和点 $C(-1,2,-1)$ 的平面方程;

(2)设点 $A(1,2,3)$ 和点 $B(3,2,1)$,求线段 AB 的垂直平分面的方程;

(3)求过点 $M(1,3,-2)$ 且通过直线 $\dfrac{x+3}{2}=\dfrac{y-4}{5}=z$ 的平面方程;

(4)求过点 $A(1,2,-1)$ 与直线 $L:\begin{cases}x=-t+2\\y=3t-4\\z=t-1\end{cases}$ 垂直的平面方程；

(5)求过点 $A(2,-1,0)$ 与平面 $\pi:3x-2y+z+5=0$ 平行的平面方程；

(6)求过点 $A(0,2,3)$ 且与两条直线 $L_1:\dfrac{x-1}{2}=\dfrac{y+4}{1}=\dfrac{z+1}{3}$ 和 $L_2:\begin{cases}x=3+t\\y=2(1+t)\\z=1+t\end{cases}$ 都平行的平面方程；

(7)求过点 $M(1,-2,2)$ 且与两个平面 $\pi_1:x+2y-z=1$ 和 $\pi_2:2x+y+z=2$ 都垂直的平面方程；

(8)求过原点和点 $A(6,-3,2)$ 且与平面 $\pi:4x-y+2z=8$ 垂直的平面方程；

(9)求过点 $M(2,3,-5)$ 与平面 $\pi:x-y+z=1$ 垂直,同时与直线 $L:15(x+1)=3(y-2)=-5(z+7)$ 平行的平面方程；

(10)求过直线 $L:\begin{cases}x+2y-z=6\\x-2y+z=0\end{cases}$ 且与平面 $\pi:x+2y+z=0$ 垂直的平面方程.

2.求直线方程

(1)求过两点 $A(3,-2,1)$ 和 $B(-1,0,2)$ 的直线方程；

(2)求过点 $A(2,-1,4)$ 且与平面 $\pi:3x-2y+z-7=0$ 垂直的直线方程；

(3)求过点 $M(-3,2,5)$ 且与直线 $\begin{cases}x-4z=3\\2x-y-5z=1\end{cases}$ 平行的直线方程；

(4)求过点 $A(1,0,1)$ 且与两个平面 $\pi_1:x+y-z-1=0$ 和 $\pi_2:2x+z+1=0$ 都平行的直线方程；

(5)求过点 $B(2,1,-2)$ 且与两条直线 $L_1:\begin{cases}2x-3z+5=0\\y+1=0\end{cases}$ 和 $L_2:\begin{cases}x=3+t\\y=1-2t\\z=t\end{cases}$ 都垂直的直线方程；

(6)求过点 $C(1,1,1)$ 且与两向量 $\boldsymbol{a}=(2,3,1)$ 和 $\boldsymbol{b}=(3,1,2)$ 都垂直的直线方程；

(7)求过点 $M(-1,2,3)$ 与平面 $\pi:7x+8y+9z=10$ 平行,同时与直线 $L:\dfrac{x}{4}=\dfrac{y}{5}=\dfrac{z}{6}$ 垂直的直线方程；

(8)求直线 $L:x-1=y=1-z$ 在平面 $\pi:x-y+2z=1$ 上的投影直线方程.

高/等/数/学

一、单项选择题

1.下列向量中与 $a=(2,-3,1)$ 垂直的是(　　).

A. $(-2,3,-1)$　　　　　　　　　　B. $(3,2,0)$

C. $(3,2,-1)$　　　　　　　　　　D. $(4,-6,2)$

2.直线 $L:\begin{cases} x+3y+2z+1=0 \\ 2x-y-10z+3=0 \end{cases}$ 与平面 $\pi:4x-2y+z-2=0$ 的位置关系是(　　).

A. $L /\!/ \pi$　　　　　　　　　　B. $L \perp \pi$

C. L 与 π 斜交　　　　　　　　D. L 在平面 π 上

3.与 $a=(1,-1,0)$ 和 $b=(1,0,-2)$ 同时垂直的单位向量是(　　).

A. $\left(-\dfrac{1}{3},\dfrac{2}{3},\dfrac{2}{3}\right)$　　　　　　B. $\left(\dfrac{2}{3},\dfrac{2}{3},-\dfrac{1}{3}\right)$

C. $\left(\dfrac{1}{3},\dfrac{2}{3},\dfrac{2}{3}\right)$　　　　　　D. $\left(\dfrac{2}{3},\dfrac{2}{3},\dfrac{1}{3}\right)$

4.下列向量中不是直线 $L:\begin{cases} 2x+3y-1=0 \\ 2y-z+4=0 \end{cases}$ 的方向向量的是(　　).

A. $(-3,2,4)$　　　　　　　　　　B. $(2,1,1)$

C. $\left(\dfrac{3}{4},-\dfrac{1}{2},-1\right)$　　　　　　D. $\left(-\dfrac{3}{2},1,2\right)$

5.平面 $\pi_1:2x+y+z-5=0$ 与平面 $\pi_2:x-y+2z+2=0$ 的夹角是(　　).

A. $\dfrac{\pi}{6}$　　　　　B. $\dfrac{\pi}{4}$　　　　　C. $\dfrac{\pi}{3}$　　　　　D. $\dfrac{\pi}{2}$

二、填空题

6.已知 $a=(3,5,-2),b=(2,-1,4)$,且 $k_1 a+k_2 b$ 与 y 轴垂直,则常数 k_1 与 k_2 间的关系是_____.

7.设 $a=(3,-2,m),b=(n,3,-4)$,且 $a /\!/ b$,则 m,n 的值分别为_____.

8.将直线的一般式 $\begin{cases} 2x-4y+z-1=0 \\ x+3y+5=0 \end{cases}$ 化为标准式_____,参数式方程_____.

9.点 $(1,-3,2)$ 到平面 $2x+2y-z-3=0$ 的距离等于_____.

10.设直线 $\dfrac{x-1}{m}=\dfrac{y+3}{2}=\dfrac{z-5}{-1}$ 与平面 $x-2y+3z-1=0$ 平行,则 $m=$_____.

三、解答题

11.已知 $a=-2i+j-2k$，$b=4i+5j+3k$，求 $(2a+b)^2$.

12.已知 $a=(3,2,1)$，$b=(-2,0,1)$，求 $|b\times a|$.

13.求 $a=(1,2,-1)$ 与 $b=(2,-2,1)$ 的夹角.

14.设 $a=(2,-1,3)$，$b=(k,1,-3)$，试确定 k，使得 (1) $a\perp b$，(2) $a/\!/b$.

15.求过直线 $L_1:\dfrac{x-1}{2}=\dfrac{y+2}{3}=\dfrac{z+3}{4}$ 且平行于直线 $L_2:x=y=\dfrac{z}{2}$ 的平面的方程.

16.求过点 $P(1,0,-2)$ 与平面 $3x-y+2z+3=0$ 平行，且与直线 $\dfrac{x-1}{4}=\dfrac{3-y}{2}=\dfrac{z}{1}$ 相交的直线的方程.

17.求点 $P(3,2,-1)$ 到直线 $L:\begin{cases}x-y+z=-1\\2x+y-z=4\end{cases}$ 的距离.

18.已知点 $A(1,0,0)$ 及 $B(0,2,1)$，试在 z 轴上求一点 C，使得 $\triangle ABC$ 的面积最小.

四、证明题

19.设 a，b，c 为三个非零向量，证明 c 和 $(a\cdot c)b-(b\cdot c)a$ 垂直.

20.设三点 $A(4,1,9)$，$B(10,-1,6)$ 及 $C(2,4,3)$，证明 $\triangle ABC$ 是等腰直角三角形.

开拓视野：论数学美

第7章 无穷级数

7.1 数项级数

学习目标

1. 理解常数项级数收敛、发散的概念,收敛级数的基本性质;掌握级数收敛的必要条件.

2. 掌握几何级数、调和级数与 p-级数的敛散性.

3. 掌握正项级数敛散性的比较判别法和比值判别法.

4. 掌握交错级数的莱布尼兹判别法.

5. 了解任意项级数绝对收敛与条件收敛的概念.

7.1.1 数项级数的概念与性质

定义 7-1-1 将数列 $\{u_n\}$ 相邻的项用加号连接,所得式子

$$\sum_{n=1}^{\infty} u_n = u_1 + u_2 + \cdots + u_n + \cdots \tag{7-1}$$

称为常数项无穷级数,简称数项级数.其中 u_n 称为该级数的一般项或通项.

若级数(7-1)的每项都是非负的,则称之为正项级数.

若级数(7-1)的各项是正负交错的,则称之为交错级数.

若级数(7-1)的各项为任意实数,则称之为任意项级数.

例如:

$$\sum_{n=1}^{\infty} \frac{1}{10^n} = \frac{1}{10} + \frac{1}{10^2} + \frac{1}{10^3} + \cdots + \frac{1}{10^n} + \cdots$$

$$\sum_{n=1}^{\infty} (-1)^{n-1} = 1 + (-1) + 1 + (-1) + \cdots + (-1)^{n-1} + \cdots$$

$$\sum_{n=1}^{\infty}(-1)^{n-1}\frac{1}{n}=1-\frac{1}{2}+\frac{1}{3}-\frac{1}{4}+\cdots+(-1)^{n-1}\frac{1}{n}+\cdots$$

定义 7-1-2 对于级数(7-1),令 $s_n=u_1+u_2+\cdots+u_n(n=1,2,3,\cdots)$,称 s_n 为级数(7-1)的前 n 项部分和.数列 $\{s_n\}$ 称为级数(7-1)的部分和数列.

若 $\lim\limits_{n\to\infty}s_n=s$(有限常数),则称级数(7-1)收敛,$s$ 即为级数(7-1)的和.若 $\lim\limits_{n\to\infty}s_n$ 不存在,则称级数(7-1)发散.

当级数收敛时,记 $r_n=s-s_n=u_{n+1}+u_{n+2}+\cdots$,为级数(7-1)的余项.

注意

(1)当级数收敛时,用级数的部分和 s_n 作为级数的和 s 的近似值,其绝对误差是 $|r_n|$.

(2)$\{u_n\},\{s_n\}$ 不同.

▷ **例 1** 讨论等比级数(又称几何级数)

$$\sum_{n=0}^{\infty}aq^n=a+aq+aq^2+aq^3+\cdots+aq^{n-1}+\cdots \tag{7-2}$$

的敛散性,其中 $a\neq0,q$ 叫作等比级数(7-2)的公比.

解 如果 $q\neq1$,则 $s_n=\dfrac{a(1-q^n)}{1-q}$.

(1)当 $|q|<1$ 时,$\lim\limits_{n\to\infty}s_n=\dfrac{a}{1-q}$,因此级数(7-2)收敛,且其和 $s=\dfrac{a}{1-q}$;

(2)当 $|q|>1$ 时,$\lim\limits_{n\to\infty}s_n=\infty$,因此级数(7-2)发散;

(3)当 $q=-1$ 时,$s_n=\begin{cases}0 & \text{当 } n \text{ 为偶数}\\a & \text{当 } n \text{ 为奇数}\end{cases}$,所以级数(7-2)发散;

(4)当 $q=1$ 时,$s_n=na$,$\lim\limits_{n\to\infty}s_n$ 不存在,所以级数(7-2)发散;

综合上面的讨论,等比级数(7-2)当 $|q|<1$ 时收敛,其和为 $s=\dfrac{a}{1-q}$;当 $|q|\geqslant1$ 时,发散.

▷ **例 2** 判定级数 $\sum\limits_{n=1}^{\infty}\dfrac{1}{n(n+1)}$ 的敛散性.

解 因为

$$\frac{1}{n(n+1)}=\frac{1}{n}-\frac{1}{n+1},$$

所以

$$s_n = \left(1 - \frac{1}{2}\right) + \left(\frac{1}{2} - \frac{1}{3}\right) + \left(\frac{1}{3} - \frac{1}{4}\right) + \cdots + \left(\frac{1}{n} - \frac{1}{n+1}\right) = 1 - \frac{1}{n+1}.$$

又因为

$$\lim_{n \to \infty} s_n = \lim_{n \to \infty}\left(1 - \frac{1}{n+1}\right) = 1,$$

所以级数 $\displaystyle\sum_{n=1}^{\infty} \frac{1}{n(n+1)}$ 收敛,其和为 1.

▶ **例 3**　判定级数 $\displaystyle\sum_{n=1}^{\infty} \ln \frac{n+1}{n}$ 的敛散性.

解　因为

$$\ln \frac{n+1}{n} = \ln(n+1) - \ln n,$$

所以

$$s_n = \ln \frac{2}{1} + \ln \frac{3}{2} + \ln \frac{4}{3} + \cdots + \ln \frac{n+1}{n}$$

$$= (\ln 2 - \ln 1) + (\ln 3 - \ln 2) + \cdots + [\ln(n+1) - \ln n]$$

$$= \ln(n+1).$$

又因为

$$\lim_{n \to \infty} s_n = \lim_{n \to \infty} \ln(n+1) = \infty,$$

所以级数 $\displaystyle\sum_{n=1}^{\infty} \ln \frac{n+1}{n}$ 发散.

▶ 7.1.2　常数项级数的基本性质

性质 1　级数 $\displaystyle\sum_{n=1}^{\infty} u_n$ 与 $\displaystyle\sum_{n=1}^{\infty} k u_n$($k$ 为非零常数)同敛散,且若 $\displaystyle\sum_{n=1}^{\infty} u_n = s$,则 $\displaystyle\sum_{n=1}^{\infty} k u_n = ks$.

性质 2　若级数 $\displaystyle\sum_{n=1}^{\infty} u_n = s$,$\displaystyle\sum_{n=1}^{\infty} v_n = \sigma$,则 $\displaystyle\sum_{n=1}^{\infty} (u_n \pm v_n) = s \pm \sigma$.

性质 3　级数前面加上或减去有限项,级数的敛散性不变.

性质 4　收敛级数加括号后所成的新级数仍收敛,且其和不改变.

性质 5　(级数收敛的必要条件)　若级数 $\displaystyle\sum_{n=1}^{\infty} u_n$ 收敛,则 $\displaystyle\lim_{n \to \infty} u_n = 0$.

> 注意

（1）一个收敛级数与一个发散级数逐项相加（减）得到的新级数一定是发散级数；两个发散级数逐项相加（减）得到的新级数可能收敛也可能发散.

例如，$\sum\limits_{n=1}^{\infty}(-1)^{n-1}$ 与 $\sum\limits_{n=1}^{\infty}(-1)^{n}$，相加的新级数收敛；相减的新级数发散.

（2）性质 4,5 的逆命题不成立.

例如，$(1+(-1))+(1+(-1))+\cdots+(1+(-1))+\cdots$ 是收敛的，但原级数 $1+(-1)+1+(-1)+\cdots$ 是发散的.

级数 $\sum\limits_{n=1}^{\infty}\ln\dfrac{n+1}{n}$，当 $n\to\infty$ 时，$u_n=\ln\dfrac{n+1}{n}\to 0$，但级数发散.

> 例 4 试证明下列级数是发散的.

（1）$\sum\limits_{n=1}^{\infty}\dfrac{n}{2n+1}$； 　　　　　　　　（2）$\sum\limits_{n=1}^{\infty}\sin\dfrac{n\pi}{2}$.

证明 （1）因为

$$\lim_{n\to\infty}u_n=\lim_{n\to\infty}\frac{n}{2n+1}=\frac{1}{2}\neq 0,$$

所以 $\sum\limits_{n=1}^{\infty}\dfrac{n}{2n+1}$ 发散.

（2）因为 $\lim\limits_{n\to\infty}u_n=\lim\limits_{n\to\infty}\sin\dfrac{n\pi}{2}$ 不存在，所以 $\sum\limits_{n=1}^{\infty}\sin\dfrac{n\pi}{2}$ 发散.

> 例 5 判别级数 $\sum\limits_{n=1}^{\infty}\left(\dfrac{1}{2^n}+\dfrac{3}{5^n}\right)$ 的敛散性.

解 由等比级数的敛散性知，级数 $\sum\limits_{n=1}^{\infty}\dfrac{1}{2^n}$ 与 $\sum\limits_{n=1}^{\infty}\dfrac{1}{5^n}$ 都收敛，据数项级数的基本性质得

级数 $\sum\limits_{n=1}^{\infty}\left(\dfrac{1}{2^n}+\dfrac{3}{5^n}\right)$ 是收敛的.

▶ ### 7.1.3　正项级数及其审敛法

定理 7-1-1 正项级数 $\sum\limits_{n=1}^{\infty}u_n$ 收敛的充分必要条件是它的部分和数列 $\{s_n\}$ 有界.

> 注意 部分和数列 $\{s_n\}$ 有界是一般数项级数收敛的必要而不充分条件.

例如，级数 $\sum\limits_{n=1}^{\infty}(-1)^{n-1}$ 的部分和数列有界但级数是发散的.

1. 比较审敛法

定理 7-1-2 设两个正项级数 $\sum\limits_{n=1}^{\infty}u_n$ 和 $\sum\limits_{n=1}^{\infty}v_n$，且从某项起恒有 $u_n \leqslant v_n$.

(1) $\sum\limits_{n=1}^{\infty}v_n$ 收敛，则 $\sum\limits_{n=1}^{\infty}u_n$ 也收敛；　(2) 若 $\sum\limits_{n=1}^{\infty}u_n$ 发散，则 $\sum\limits_{n=1}^{\infty}v_n$ 也发散.

例 6 判断调和级数 $\sum\limits_{n=1}^{\infty}\dfrac{1}{n}$ 的敛散性.

解 由于 $\ln(1+x) < x(x>0)$，故 $\ln\left(1+\dfrac{1}{n}\right) < \dfrac{1}{n}(n \in \mathbf{N})$，而级数 $\sum\limits_{n=1}^{\infty}\ln\left(1+\dfrac{1}{n}\right)$ 发散，所以级数 $\sum\limits_{n=1}^{\infty}\dfrac{1}{n}$ 发散.

例 7 试证 p-级数

$$\sum_{n=1}^{\infty}\frac{1}{n^p}=1+\frac{1}{2^p}+\frac{1}{3^p}+\frac{1}{4^p}+\cdots+\frac{1}{n^p}+\cdots,$$

当 $p \leqslant 1$ 时发散，当 $p > 1$ 时收敛.

证明 当 $p \leqslant 1$ 时，$\dfrac{1}{n} \leqslant \dfrac{1}{n^p}(n \in \mathbf{N})$，由于调和级数发散，所以 p-级数发散.

当 $p > 1$ 时，

$$\sum_{n=1}^{\infty}\frac{1}{n^p}=1+\left(\frac{1}{2^p}+\frac{1}{3^p}\right)+\left(\frac{1}{4^p}+\frac{1}{5^p}+\frac{1}{6^p}+\frac{1}{7^p}\right)+\left(\frac{1}{8^p}+\frac{1}{9^p}+\cdots+\frac{1}{15^p}\right)+\cdots$$

$$\leqslant 1+\left(\frac{1}{2^p}+\frac{1}{2^p}\right)+\left(\frac{1}{4^p}+\frac{1}{4^p}+\frac{1}{4^p}+\frac{1}{4^p}\right)+\left(\frac{1}{8^p}+\frac{1}{8^p}+\cdots+\frac{1}{8^p}\right)+\cdots$$

$$=1+\frac{1}{2^{p-1}}+\left(\frac{1}{2^{p-1}}\right)^2+\left(\frac{1}{2^{p-1}}\right)^3+\cdots$$

$$=\sum_{n=0}^{\infty}\left(\frac{1}{2^{p-1}}\right)^n.$$

由于级数 $\sum\limits_{n=0}^{\infty}\left(\dfrac{1}{2^{p-1}}\right)^n$ 收敛，所以 p-级数收敛.

比较审敛法的极限形式：

推论 设两个正项级数 $\sum\limits_{n=1}^{\infty}u_n$ 和 $\sum\limits_{n=1}^{\infty}v_n$ 满足

$$\lim_{n \to \infty}\frac{u_n}{v_n}=l \quad (0 \leqslant l < +\infty, v_n \neq 0),$$

则(1) 当 $0 < l < +\infty$ 时,级数 $\sum\limits_{n=1}^{\infty} u_n$ 和 $\sum\limits_{n=1}^{\infty} v_n$ 的敛散性相同;

(2) 当 $l = 0$ 时,如果级数 $\sum\limits_{n=1}^{\infty} v_n$ 收敛,则级数 $\sum\limits_{n=1}^{\infty} u_n$ 也收敛;

(3) 当 $l = +\infty$ 时,如果级数 $\sum\limits_{n=1}^{\infty} v_n$ 发散,则级数 $\sum\limits_{n=1}^{\infty} u_n$ 也发散.

注意

(1) 比较审敛法是借助于已知级数的敛散性来判断级数的敛散性;

(2) 常被用于比较审敛法的级数有几何级数、调和级数和 p-级数.

▶ 例 8　判别级数 $\sum\limits_{n=1}^{\infty} \dfrac{1}{2^n - n}$ 的敛散性.

解　由于 $\lim\limits_{n \to \infty} \dfrac{1}{2^n - n} \Big/ \dfrac{1}{2^n} = \lim\limits_{n \to \infty} \dfrac{2^n}{2^n - n} = 1$,而级数 $\sum\limits_{n=0}^{\infty} \dfrac{1}{2^n}$ 收敛,从而级数 $\sum\limits_{n=1}^{\infty} \dfrac{1}{2^n - n}$ 收敛.

▶ 例 9　判别级数 $\sum\limits_{n=1}^{\infty} \sin \dfrac{\pi}{n^2}$ 的敛散性.

解　由于 $\lim\limits_{n \to \infty} \sin \dfrac{\pi}{n^2} \Big/ \dfrac{1}{n^2} = \pi$,而级数 $\sum\limits_{n=1}^{\infty} \dfrac{1}{n^2}$ 收敛,从而级数 $\sum\limits_{n=1}^{\infty} \sin \dfrac{\pi}{n^2}$ 也收敛.

▶ 例 10　判别级数 $\sum\limits_{n=1}^{\infty} \dfrac{1+n}{1+n^2}$ 的敛散性.

解　因为 $\lim\limits_{n \to \infty} \dfrac{1+n}{1+n^2} \Big/ \dfrac{1}{n} = 1$,而调和级数 $\sum\limits_{n=1}^{\infty} \dfrac{1}{n}$ 发散,所以级数 $\sum\limits_{n=1}^{\infty} \dfrac{1+n}{1+n^2}$ 发散.

2. 比值审敛法(或称达朗贝尔审敛法)

定理 7-1-3　设有正项级数 $\sum\limits_{n=1}^{\infty} u_n$,如果极限

$$\lim_{n \to \infty} \frac{u_{n+1}}{u_n} = l$$

存在,则

(1) 当 $l < 1$ 时,级数 $\sum\limits_{n=1}^{\infty} u_n$ 收敛;

(2) 当 $l > 1$ 时,级数 $\sum\limits_{n=1}^{\infty} u_n$ 发散;

(3) 当 $l = 1$ 时,级数 $\sum\limits_{n=1}^{\infty} u_n$ 可能收敛也可能发散.

（1）比值审敛法是直接利用级数自身的通项判别其敛散性.

（2）定理 7-1-3 中的条件是充分但不必要条件.

▶ 例 11　判别级数 $\displaystyle\sum_{n=1}^{\infty}\dfrac{1}{(2n+1)\cdot 3^{2n+1}}$ 的敛散性.

解　因为

$$\lim_{n\to\infty}\frac{u_{n+1}}{u_n}=\lim_{n\to\infty}\left[\frac{1}{(2n+3)3^{2n+3}}\bigg/\frac{1}{(2n+1)3^{2n+1}}\right]$$

$$=\frac{1}{9}\lim_{n\to\infty}\frac{2n+1}{2n+3}=\frac{1}{9}<1,$$

所以，由比值审敛法，级数 $\displaystyle\sum_{n=1}^{\infty}\dfrac{1}{(2n+1)3^{2n+1}}$ 收敛.

▶ 例 12　判别级数 $\displaystyle\sum_{n=1}^{\infty}n!\left(\dfrac{3}{n}\right)^{n}$ 的敛散性.

解　因为

$$\lim_{n\to\infty}\frac{u_{n+1}}{u_n}=\lim_{n\to\infty}\frac{(n+1)!\left(\dfrac{3}{n+1}\right)^{n+1}}{n!\left(\dfrac{3}{n}\right)^{n}}=\lim_{n\to\infty}3\left(\frac{n}{n+1}\right)^{n}=\frac{3}{e}>1,$$

所以，由比值审敛法，级数 $\displaystyle\sum_{n=1}^{\infty}n!\left(\dfrac{3}{n}\right)^{n}$ 发散.

3. 根值审敛法

设正项级数 $\displaystyle\sum_{n=1}^{\infty}u_{n}$，如果极限

$$\lim_{n\to\infty}\sqrt[n]{u_n}=l \quad (0\leqslant l<+\infty)$$

存在，则

（1）当 $l<1$ 时，级数 $\displaystyle\sum_{n=1}^{\infty}u_{n}$ 收敛；

（2）当 $l>1$ 时，级数 $\displaystyle\sum_{n=1}^{\infty}u_{n}$ 发散；

（3）当 $l=1$ 时，级数 $\displaystyle\sum_{n=1}^{\infty}u_{n}$ 可能收敛也可能发散.

▶ 例 13　判别级数 $\displaystyle\sum_{n=1}^{\infty}\left(\dfrac{n}{3n-1}\right)^{2n-1}$ 的敛散性.

解法 1　根值审敛法

因为

$$\lim_{n \to \infty} \sqrt[n]{u_n} = \left(\frac{1}{3 - \frac{1}{n}}\right)^{2 - \frac{1}{n}} = \frac{1}{9} < 1,$$

所以,级数 $\sum_{n=1}^{\infty} \left(\frac{n}{3n-1}\right)^{2n-1}$ 收敛.

解法 2 比较审敛法

因为

$$u_n = \frac{1}{\left(3 - \frac{1}{n}\right)^{2n-1}} \leqslant \frac{1}{2^{2n-1}} = \frac{2}{4^n},$$

所以,级数 $\sum_{n=1}^{\infty} \left(\frac{n}{3n-1}\right)^{2n-1}$ 收敛.

注意 一般通项中有阶乘时,常用比值审敛法;有 n 次方时,常用根值审敛法.

正项级数的判敛程序(图 7-1):

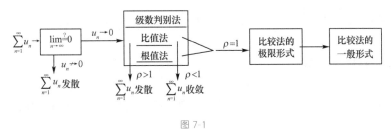

图 7-1

▶ 7.1.4 交错级数及其审敛法

定理 7-1-4 (莱布尼茨审敛法)若交错级数 $\sum_{n=1}^{\infty} (-1)^{n-1} u_n$(其中 $u_n > 0$)满足:

(1) 数列 $\{u_n\}$ 单调减少,即 $u_n \geqslant u_{n+1}(n \in \mathbf{N})$;

(2) $\lim_{n \to \infty} u_n = 0$,

则级数 $\sum_{n=1}^{\infty} (-1)^{n-1} u_n$ 收敛,且其和 $s \leqslant u_1$,其余项 r_n 的绝对值 $|r_n| \leqslant u_{n+1}$.

▶ 例 14 判别级数 $\sum_{n=2}^{\infty} (-1)^n \frac{1}{\ln n}$ 的敛散性.

解 此级数为交错级数.

因为 $u_n = \frac{1}{\ln n} > u_{n+1} = \frac{1}{\ln(n+1)}$,且 $\lim_{n \to \infty} u_n = \lim_{n \to \infty} \frac{1}{\ln n} = 0$,故级数 $\sum_{n=2}^{\infty} (-1)^n \frac{1}{\ln n}$ 收敛.

> **例 15** 判别交错级数 $\sum\limits_{n=1}^{\infty}(-1)^{n-1}\dfrac{\sqrt{n}}{n+1}$ 的敛散性.

解 令 $f(x)=\dfrac{\sqrt{x}}{x+1}(x\geqslant 1)$,因为

$$f'(x)=\dfrac{1}{(x+1)^2}\cdot\dfrac{1-x}{2\sqrt{x}}\leqslant 0 \quad (x\geqslant 1),$$

所以 $f(x)$ 单调减少,即 $u_n\geqslant u_{n+1}$;

又因为 $\lim\limits_{n\to\infty}u_n=\lim\limits_{n\to\infty}\dfrac{\sqrt{n}}{n+1}=0$,所以,级数 $\sum\limits_{n=1}^{\infty}(-1)^{n-1}\dfrac{\sqrt{n}}{n+1}$ 收敛.

▶ 7.1.5 绝对收敛与条件收敛

> **定理 7-1-5** 如果级数 $\sum\limits_{n=1}^{\infty}|u_n|$ 收敛,则级数 $\sum\limits_{n=1}^{\infty}u_n$ 也收敛.

说明:定理 7-1-5 的否命题与逆命题不成立.

例如,调和级数 $\sum\limits_{n=1}^{\infty}\dfrac{1}{n}$ 发散,但交错级数 $\sum\limits_{n=1}^{\infty}(-1)^n\dfrac{1}{n}$ 是收敛的.

> **定义 7-1-3** 若由任意项级数 $\sum\limits_{n=1}^{\infty}u_n$ 各项的绝对值所构成的正项级数 $\sum\limits_{n=1}^{\infty}|u_n|$ 收敛,则称级数 $\sum\limits_{n=1}^{\infty}u_n$ 绝对收敛;若级数 $\sum\limits_{n=1}^{\infty}|u_n|$ 发散,而级数 $\sum\limits_{n=1}^{\infty}u_n$ 收敛,则称级数 $\sum\limits_{n=1}^{\infty}u_n$ 条件收敛.

> **定理 7-1-6** 若任意项级数 $\sum\limits_{n=1}^{\infty}u_n$ 满足
>
> $$\lim_{n\to\infty}\left|\dfrac{u_{n+1}}{u_n}\right|=l,$$

(1) 当 $l<1$ 时,级数 $\sum\limits_{n=1}^{\infty}u_n$ 绝对收敛;

(2) 当 $l>1$(包括 $l=+\infty$)时,级数 $\sum\limits_{n=1}^{\infty}u_n$ 发散.

> **例 16** 判断下列级数的敛散性.如果收敛,指出是绝对收敛还是条件收敛.

(1) $\sum\limits_{n=1}^{\infty}(-1)^{n-1}\dfrac{n^3}{2^n}$; \qquad\qquad (2) $\sum\limits_{n=1}^{\infty}(-1)^{n-1}\dfrac{1}{\sqrt{n}}$.

解 (1) 因为

$$\lim_{n\to\infty}\left|\dfrac{u_{n+1}}{u_n}\right|=\lim_{n\to\infty}\dfrac{(n+1)^3}{2^{n+1}}\cdot\dfrac{2^n}{n^3}=\lim_{n\to\infty}\dfrac{1}{2}\left(\dfrac{n+1}{n}\right)^3=\dfrac{1}{2}<1,$$

所以,级数 $\sum\limits_{n=1}^{\infty}(-1)^{n-1}\dfrac{n^3}{2^n}$ 绝对收敛.

(2)因为级数 $\sum\limits_{n=1}^{\infty}\left|(-1)^{n-1}\dfrac{1}{\sqrt{n}}\right|=\sum\limits_{n=1}^{\infty}\dfrac{1}{\sqrt{n}}$,它是 $p=\dfrac{1}{2}<1$ 的 p-级数,是发散的,而原

级数由莱布尼茨审敛法知,是收敛的.所以,级数 $\sum\limits_{n=1}^{\infty}(-1)^{n-1}\dfrac{1}{\sqrt{n}}$ 是条件收敛的.

任意项级数的判敛程序(图 7-2):

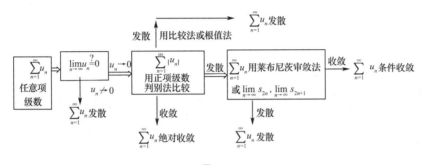

图 7-2

习题 7-1

1.利用收敛级数的性质来判定下列级数的敛散性.

(1) $\sum\limits_{n=1}^{\infty}\sqrt{\dfrac{n}{4n+1}}$;

(2) $\sum\limits_{n=1}^{\infty}\left(\dfrac{n}{n+1}\right)^{n}$;

(3) $\sum\limits_{n=1}^{\infty}\dfrac{1}{\sqrt[n]{3}}$;

(4) $\sum\limits_{n=1}^{\infty}\dfrac{1}{\sqrt[n]{n}}$;

(5) $\sum\limits_{n=1}^{\infty}\left[\sqrt{n(n+1)}-n\right]$;

(6) $\sum\limits_{n=1}^{\infty}n\sin\dfrac{\pi}{4n}$;

(7) $\sum\limits_{n=1}^{\infty}(-1)^{n}\dfrac{2n+1}{1-3n}$;

(8) $\sum\limits_{n=1}^{\infty}\left[1+(-1)^{n}\right]$;

(9) $\sum\limits_{n=1}^{\infty}\left[\sin(n+1)-\sin n\right]$;

(10) $\sum\limits_{n=1}^{\infty}\dfrac{n}{\ln(1+n)}$;

(11) $\sum\limits_{n=1}^{\infty}\dfrac{\mathrm{e}^{n}}{n^{2}}$;

(12) $\sum\limits_{n=1}^{\infty}\dfrac{n!\ \mathrm{e}^{n}}{n^{n}}$.

2.判定级数的敛散性.

(1) $\sum\limits_{n=1}^{\infty}\dfrac{1}{\sqrt{n}}$;

(2) $\sum\limits_{n=1}^{\infty}\dfrac{1}{\sqrt{n+1}+\sqrt{n}}$;

$(3)\sum\limits_{n=1}^{\infty}\dfrac{1}{n+3}$;

$(4)\sum\limits_{n=1}^{\infty}\dfrac{1}{\sqrt{n^2+a^2}}$;

$(5)\sum\limits_{n=1}^{\infty}\dfrac{1}{\sqrt{n(n+1)}}$;

$(6)\sum\limits_{n=1}^{\infty}\dfrac{1}{n\sqrt{n}}$;

$(7)\sum\limits_{n=1}^{\infty}\dfrac{\sqrt{n+1}-\sqrt{n}}{n}$;

$(8)\sum\limits_{n=1}^{\infty}\dfrac{1}{n^2}$;

$(9)\sum\limits_{n=1}^{\infty}\dfrac{1}{n(n+1)}$;

$(10)\sum\limits_{n=1}^{\infty}\dfrac{2n-1}{1+n^3}$;

$(11)\sum\limits_{n=1}^{\infty}\dfrac{1}{n!}$;

$(12)\sum\limits_{n=1}^{\infty}\dfrac{n}{(n+1)!}$.

3.判定级数的敛散性.

$(1)\sum\limits_{n=1}^{\infty}\dfrac{(\ln 3)^{n-1}}{3^n}$;

$(2)\sum\limits_{n=1}^{\infty}(-1)^{n+1}\left(\dfrac{3}{4}\right)^n$;

$(3)\sum\limits_{n=1}^{\infty}\dfrac{1+(-1)^n}{2^n}$;

$(4)\sum\limits_{n=1}^{\infty}\dfrac{7^{n+1}-5^{n-1}}{8^n}$;

$(5)\sum\limits_{n=1}^{\infty}\dfrac{7^n}{8^n+5^n}$;

$(6)\sum\limits_{n=1}^{\infty}\left(\dfrac{3}{2^n}-\dfrac{1}{n^2}\right)$;

$(7)\sum\limits_{n=1}^{\infty}\left(\dfrac{1}{2^n}+\dfrac{1}{2n}\right)$;

$(8)\sum\limits_{n=1}^{\infty}\left(1-\dfrac{1}{2^n}\right)$.

4.判定级数的敛散性.

$(1)\sum\limits_{n=1}^{\infty}\dfrac{n}{3^n}$;

$(2)\sum\limits_{n=1}^{\infty}\dfrac{n^2}{e^n}$;

$(3)\sum\limits_{n=1}^{\infty}\dfrac{3^n}{n2^n}$;

$(4)\sum\limits_{n=1}^{\infty}\dfrac{n^n}{n!}$;

$(5)\sum\limits_{n=1}^{\infty}\dfrac{2^n}{n!}$;

$(6)\sum\limits_{n=1}^{\infty}\dfrac{2^n\cdot n!}{n^n}$;

$(7)\sum\limits_{n=1}^{\infty}\dfrac{3^n\cdot n!}{n^n}$;

$(8)\sum\limits_{n=1}^{\infty}\left(\dfrac{n}{2n+3}\right)^n$;

$(9)\sum\limits_{n=1}^{\infty}\left(\dfrac{n}{n+1}\right)^{n^2}$;

$(10)\sum\limits_{n=1}^{\infty}\dfrac{1}{\ln^n(1+n)}$.

5.判定级数的敛散性.

$(1)\sum\limits_{n=1}^{\infty}\sin\dfrac{1}{n^2}$;

$(2)\sum\limits_{n=1}^{\infty}\sin\dfrac{1}{2^n}$;

(3) $\sum\limits_{n=1}^{\infty} \tan \dfrac{\pi}{4n}$;

(4) $\sum\limits_{n=1}^{\infty} \left(1 - \cos \dfrac{1}{n}\right)$;

(5) $\sum\limits_{n=1}^{\infty} \ln\left(\dfrac{n^2}{1+n^2}\right)$;

(6) $\sum\limits_{n=1}^{\infty} (e^{\frac{1}{n}} - 1)$;

(7) $\sum\limits_{n=1}^{\infty} \dfrac{1}{\sqrt{n}}[\ln(n+e) - \ln n]$;

(8) $\sum\limits_{n=1}^{\infty} \dfrac{1}{2^n - n}$;

(9) $\sum\limits_{n=1}^{\infty} \dfrac{1}{\ln(n+1)}$;

(10) $\sum\limits_{n=1}^{\infty} \dfrac{1}{n \cdot \sqrt[n]{n}}$.

6.判定下列级数的敛散性,若收敛是条件收敛还是绝对收敛?

(1) $\sum\limits_{n=1}^{\infty} (-1)^n \dfrac{1}{\sqrt{n+1}}$;

(2) $\sum\limits_{n=1}^{\infty} (-1)^{n-1} \dfrac{1}{2n-1}$;

(3) $\sum\limits_{n=1}^{\infty} (-1)^n \dfrac{3n-1}{n^2+n+1}$;

(4) $\sum\limits_{n=1}^{\infty} (-1)^n \ln\left(1 + \dfrac{1}{n}\right)$;

(5) $\sum\limits_{n=1}^{\infty} (-1)^n \dfrac{1}{n \cdot \sqrt[3]{n}}$;

(6) $\sum\limits_{n=1}^{\infty} (-1)^{n+1} \sin \dfrac{\pi}{2^n}$;

(7) $\sum\limits_{n=1}^{\infty} \dfrac{\cos n}{\sqrt{n^3}}$;

(8) $\sum\limits_{n=1}^{\infty} \dfrac{\sin n}{n^2}$;

(9) $\sum\limits_{n=1}^{\infty} (-1)^n \left(\dfrac{4}{3}\right)^{n-1}$;

(10) $\sum\limits_{n=1}^{\infty} (-1)^n \dfrac{2n}{3^n}$.

7.2　幂级数

学习目标

1.理解幂级数的概念,会求幂级数的收敛半径、收敛区间和收敛域.

2.了解幂级数在其收敛区间内的基本性质(和、差、逐项求导与逐项积分).

3.掌握幂级数的和函数在其收敛域上的性质.

4.会利用逐项求导与逐项积分求幂级数的和函数.

5.熟记 e^x,$\sin x$,$\cos x$,$\ln(1+x)$ 和 $\dfrac{1}{1-x}$ 的麦克劳林级数,会将一些简单的初等函数展开为 $x-x_0$ 的幂级数.

▶ 7.2.1 函数项级数的概念

1.函数项级数的定义

> **定义 7-2-1** 设 $\{u_n(x)\}$ 是定义在同一数集 X 上的函数列,形如

$$u_1(x)+u_2(x)+u_3(x)+\cdots+u_n(x)+\cdots \tag{7-3}$$

的式子称为函数项级数,简记为 $\sum\limits_{n=1}^{\infty}u_n(x)$,$X$ 称为它的定义域.

2.收敛域

> **定义 7-2-2** 如果将函数项级数的定义域中的某个值 x_0 代入级数(7-3)中,则得

到一个数项级数

$$u_1(x_0)+u_2(x_0)+u_3(x_0)+\cdots+u_n(x_0)+\cdots, \tag{7-4}$$

若级数(7-4)收敛,则点 x_0 称为级数(7-3)的收敛点;若级数(7-4)发散,则点 x_0 称为级数(7-3)的发散点.函数项级数(7-3)的所有收敛点组成的集合称为级数(7-3)的收敛域.

3.和函数

> **定义 7-2-3** 设函数项级数的收敛域为 D,任意 $x_0 \in D$,级数(7-3)对应的数项级

数 $\sum\limits_{n=1}^{\infty}u_n(x_0)$ 有和 $s(x_0)$,因此确定了收敛域为 D 上的一个函数 $s(x)$,称为级数(7-3)的

和函数.

4.余项

> **定义 7-2-4** 在函数项级数(7-3)的收敛域 D 上,对函数项级数(7-3)的收敛域 D

中的任一个 x,设级数(7-3)的前 n 项部分和是 $s_n(x)$,则有

$$\lim_{n\to\infty}s_n(x)=s(x).$$

而 $r_n(x)=s(x)-s_n(x)$ 称为级数(7-3)的余项,显然

$$\lim_{n\to\infty}r_n(x)=0 \quad (x \in D).$$

▶ 7.2.2 幂级数及其敛散性

> **定义 7-2-5** 形如

$$a_0+a_1(x-x_0)+a_2(x-x_0)^2+a_3(x-x_0)^3+\cdots+a_n(x-x_0)^n+\cdots \tag{7-5}$$

的级数称为 $(x-x_0)$ 的幂级数,简记为 $\sum_{n=0}^{\infty} a_n(x-x_0)^n$,其中 $a_n(n=0,1,2,\cdots)$ 称为幂级数的系数.

当 $x_0=0$ 时,式(7-5)变为

$$a_0+a_1x+a_2x^2+\cdots+a_nx^n+\cdots=\sum_{n=0}^{\infty}a_nx^n \tag{7-6}$$

称为 x 的幂级数.

例如,函数项级数 $1+x+x^2+\cdots+x^n+\cdots$ 的收敛域为 $(-1,1)$,即幂级数 $\sum_{n=0}^{\infty}x^n$ 的收敛域是一个以原点为中心的区间.

可以证明,级数(7-6)的收敛域,除了是 $x=0$ 一点或 $(-\infty,+\infty)$ 外,都是以原点为中心的区间(端点需要另外讨论).把区间的半径 R 称为幂级数(7-6)的收敛半径.

规定:收敛域为 $x=0$ 一点时,收敛半径 $R=0$;收敛域为 $(-\infty,+\infty)$ 时,$R=+\infty$.此时,幂级数(7-6)都有确定的收敛半径.

定理 7-2-1　对幂级数 $\sum_{n=1}^{\infty}a_nx^n$,若

$$\lim_{n\to\infty}\left|\frac{a_{n+1}}{a_n}\right|=\rho \quad (0\leqslant\rho\leqslant+\infty),$$

则所给幂级数的收敛半径 $R=\dfrac{1}{\rho}(\rho=0,R=+\infty;\rho=+\infty,R=0)$.

注意

(1)幂级数在端点处的敛散性一定要另外讨论.

(2)定理 7-2-1 只适用于式(7-6)中 $a_n\neq0$ 的情形.

▶ **例 1**　求幂级数 $\sum_{n=0}^{\infty}\dfrac{x^n}{n!}$ 的收敛区间.

解　因为

$$\lim_{n\to\infty}\left|\frac{a_{n+1}}{a_n}\right|=\lim_{n\to\infty}\frac{n!}{(n+1)!}=\lim_{n\to\infty}\frac{1}{n+1}=0,$$

所以 $R=+\infty$,原级数的收敛区间为 $(-\infty,+\infty)$.

▶ **例 2**　求幂级数 $x-\dfrac{x^2}{2}+\dfrac{x^2}{3}-\cdots+(-1)^{n-1}\dfrac{x^n}{n}+\cdots$ 的收敛半径和收敛域.

解　因为

$$\lim_{n\to\infty}\left|\frac{a_{n+1}}{a_n}\right|=\lim_{n\to\infty}\frac{1}{(n+1)}\Big/\frac{1}{n}=\lim_{n\to\infty}\frac{n}{n+1}=1,$$

所以 $R=1$.

当 $x=1$ 时,所给级数为 $\sum_{n=1}^{\infty}(-1)^{n-1}\dfrac{1}{n}$,是交错级数,是收敛的;

当 $x=-1$ 时,所给级数为 $\sum_{n=1}^{\infty}\left(-\dfrac{1}{n}\right)$,是发散级数,因此所求收敛区间为 $(-1,1]$.

▶ **例 3** 求幂级数 $\sum_{n=1}^{\infty}2^{n}x^{2n-1}$ 的收敛半径及收敛域.

解 因为 $\lim\limits_{n\to\infty}\left|\dfrac{u_{n+1}(x)}{u_{n}(x)}\right|=\lim\limits_{n\to\infty}\left|\dfrac{2^{n+1}x^{2n+1}}{2^{n}x^{2n-1}}\right|=\lim\limits_{n\to\infty}2\left|x\right|^{2}=2\left|x\right|^{2}$,当 $2\left|x\right|^{2}<1$,即

$|x|<\dfrac{\sqrt{2}}{2}$ 时,所给级数绝对收敛;

当 $2\left|x\right|^{2}>1$,即 $|x|>\dfrac{\sqrt{2}}{2}$ 时,所给级数发散.

因此,收敛半径 $R=\dfrac{\sqrt{2}}{2}$.

当 $x=\dfrac{\sqrt{2}}{2}$ 时,所给级数为 $\sum_{n=1}^{\infty}\sqrt{2}$,是发散级数;

当 $x=-\dfrac{\sqrt{2}}{2}$ 时,所给级数为 $\sum_{n=1}^{\infty}-\sqrt{2}$,是发散级数.

所以,原级数的收敛区间为 $\left(-\dfrac{\sqrt{2}}{2},\dfrac{\sqrt{2}}{2}\right)$.

▶ **例 4** 求幂级数 $\sum_{n=1}^{\infty}\dfrac{(x-5)^{n}}{\sqrt{n}}$ 的收敛域.

解 令 $t=x-5$,则该级数化为 $\sum_{n=1}^{\infty}\dfrac{t^{n}}{\sqrt{n}}$.

因为 $\lim\limits_{n\to\infty}\left|\dfrac{a_{n+1}}{a_{n}}\right|=\lim\limits_{n\to\infty}\dfrac{1}{\sqrt{n+1}}\bigg/\dfrac{1}{\sqrt{n}}=\lim\limits_{n\to\infty}\dfrac{\sqrt{n}}{\sqrt{n+1}}=1$,因此,收敛半径 $R=1$,

当 $|t|<1$,即 $|x-5|<1$,也就是 $4<x<6$ 时,原幂级数绝对收敛;

当 $t=-1$,即 $x=4$ 时,所给级数是收敛的交错级数;

当 $t=1$,即 $x=6$ 时,所给级数是 $p=\dfrac{1}{2}$ 的发散 p- 级数.

所以,原级数的收敛域为 $[4,6)$.

▶ 7.2.3 幂级数的运算

设 $\sum_{n=0}^{\infty}a_{n}x^{n}=s_{1}(x)(-R_{1}<x<R_{1})$,$\sum_{n=0}^{\infty}b_{n}x^{n}=s_{2}(x)(-R_{2}<x<R_{2})$,则

1. $\left(\sum\limits_{n=0}^{\infty}a_nx^n\right) \pm \left(\sum\limits_{n=0}^{\infty}b_nx^n\right) = \sum\limits_{n=0}^{\infty}(a_n \pm b_n)x^n = s_1(x) \pm s_2(x)$，其中 $R = \min(R_1, R_2)$.

2. $\left(\sum\limits_{n=0}^{\infty}a_nx^n\right) \times \left(\sum\limits_{n=0}^{\infty}b_nx^n\right) = s_1(x)s_2(x)$，其中 $R = \min(R_1, R_2)$.

3. 幂级数 $\sum\limits_{n=0}^{\infty}a_nx^n$ 的和函数 $s_1(x)$ 在收敛域上连续.

4. 和函数 $s_1(x)$ 在收敛区间 $(-R, R)$ 内可导，且该幂级数可逐项求导，即

$$s_1'(x) = \left(\sum_{n=0}^{\infty}a_nx^n\right)' = \sum_{n=1}^{\infty}na_nx^{n-1}, \quad (|x| < R).$$

5. 和函数 $s_1(x)$ 在收敛区间 $(-R, R)$ 内可积，且该幂级数可逐项积分，即

$$\int_0^x s_1(x)\,\mathrm{d}x = \int_0^x\left(\sum_{n=0}^{\infty}a_nx^n\right)\,\mathrm{d}x = \sum_{n=0}^{\infty}\frac{a_n}{n+1}x^{n+1}, \quad (|x| < R).$$

总之，幂级数在它的收敛区间内，就像通常的多项式函数一样，可以加、减、乘、逐项求导和积分.

▶ 例 5　求幂级数 $\sum\limits_{n=1}^{\infty}nx^{n-1}$（$|x| < 1$）的和函数，并求级数 $\sum\limits_{n=1}^{\infty}\dfrac{n}{2^{n-1}}$ 的和.

解　由于 $\lim\limits_{n\to\infty}\dfrac{n+1}{n} = 1$，因此收敛半径 $R = 1$.

又 $\sum\limits_{n=1}^{\infty}x^n = x + x^2 + x^3 + \cdots + x^n + \cdots = \dfrac{x}{1-x}$　（$|x| < 1$）.

则 $\sum\limits_{n=1}^{\infty}nx^{n-1} = \sum\limits_{n=1}^{\infty}(x^n)' = \left(\sum\limits_{n=1}^{\infty}x^n\right)' = \left(\dfrac{x}{1-x}\right)' = \dfrac{1}{(1-x)^2}$　（$|x| < 1$）.

在级数 $\sum\limits_{n=1}^{\infty}nx^{n-1}$ 中，令 $x = \dfrac{1}{2}$，则 $\sum\limits_{n=1}^{\infty}\dfrac{n}{2^{n-1}} = 4$.

▶ 例 6　求幂级数 $\sum\limits_{n=1}^{\infty}(-1)^{n-1}\dfrac{x^n}{n}$ 在区间 $(-1, 1]$ 内的和函数.

解　易求得幂级数 $\sum\limits_{n=1}^{\infty}(-1)^{n-1}\dfrac{x^n}{n}$ 在区间 $(-1, 1]$ 内收敛.

设 $s(x) = \sum\limits_{n=1}^{\infty}(-1)^{n-1}\dfrac{x^n}{n} = x - \dfrac{x^2}{2} + \dfrac{x^3}{3} + \cdots + (-1)^{n-1}\dfrac{x^n}{n} + \cdots$，由于

$$s'(x) = 1 - x + x^2 - \cdots + (-1)^{n-1}x^{n-1} + \cdots$$
$$= \frac{1}{1+x}\,(-1 < x < 1),$$

因此

$$s(x) = \int_0^x s'(t)\mathrm{d}t = \int_0^x \frac{\mathrm{d}t}{1+t} = \ln(1+x) \quad (-1 < x < 1),$$

由于幂级数在收敛区间上是连续的,所以上式对 $x = 1$ 也成立. 即

$$\sum_{n=1}^{\infty} (-1)^{n-1} \frac{x^n}{n} = \ln(1+x) \quad (-1 < x \leqslant 1).$$

7.2.4 函数展开成幂级数

1. 泰勒级数

定义 7-2-6 关于 $x - x_0$ 的幂级数 $\sum\limits_{n=0}^{\infty} \dfrac{f^{(n)}(x_0)}{n!}(x - x_0)^n$,称为 $f(x)$ 在 $x = x_0$

点的泰勒级数. 其中,$\dfrac{f^{(n)}(x_0)}{n!}(n \in \mathbf{N})$ 称为 $f(x)$ 的泰勒系数.

当 $x = 0$ 时,关于 x 的幂级数 $\sum\limits_{n=0}^{\infty} \dfrac{f^{(n)}(0)}{n!}x^n$,称为 $f(x)$ 的麦克劳林级数.

$f(x)$ 的泰勒级数为

$$f(x) = f(x_0) + \frac{f'(x_0)}{1!}(x - x_0) + \frac{f''(x_0)}{2!}(x - x_0)^2 + \cdots + \frac{f^{(n)}(x_0)}{n!}(x - x_0)^n + \cdots.$$

余项 $r_n(x) = \dfrac{f^{(n+1)}(\xi)}{(n+1)!}(x - x_0)^{n+1}$,$\xi$ 是 x_0 与 x 之间的某个值.

$f(x)$ 的麦克劳林级数为

$$f(x) = f(0) + \frac{f'(0)}{1!}x + \frac{f''(0)}{2!}x^2 + \cdots + \frac{f^{(n)}(0)}{n!}x^n + \cdots.$$

2. 函数展开成幂级数的方法

(1) 直接展开法

用直接展开法把 $f(x)$ 展开成 x 的幂级数,步骤如下:

① 求出 $f(x)$ 的各阶导数 $f'(x), f''(x), \cdots, f^{(n)}(x), \cdots$,且以 $x = 0$ 代入,得到 $f(0), f'(0), f''(0), \cdots, f^{(n)}(0), \cdots$;

② 写出级数 $f(0) + f'(0)x + \dfrac{f''(0)}{2!}x^2 + \cdots + \dfrac{f^{(n)}(0)}{n!}x^n + \cdots$,并求其收敛半径 R;

③ 在区间 $(-R, R)$ 内,验证 $r_n(x) \to 0 (n \to \infty)$;

④ 在区间 $(-R, R)$ 内,$f(x) = \sum\limits_{n=0}^{\infty} \dfrac{f^{(n)}(0)}{n!}x^n$.

▶ **例 7**   将函数 $f(x) = e^x$ 展开成 x 的幂级数.

解   因为 $f^{(n)}(x) = e^x (n \in \mathbf{N})$，所以 $f^{(n)}(0) = 1 (n \in \mathbf{N})$，而 $f(0) = 1$，所以得 e^x 的麦克劳林级数为

$$1 + x + \frac{x^2}{2!} + \cdots + \frac{x^n}{n!} + \cdots,$$

其收敛半径为 $R = +\infty$.

又因为 $|r_n(x)| = \left| \frac{f^{(n+1)}(\xi)}{(n+1)!} x^{n+1} \right| = \left| \frac{e^\xi}{(n+1)!} x^{n+1} \right| \leqslant e^{|x|} \frac{|x|^{n+1}}{(n+1)!} \to 0 (n \to \infty)$，

所以，函数 $f(x) = e^x$ 展开成 x 的幂级数为

$$e^x = 1 + x + \frac{x^2}{2!} + \cdots + \frac{x^n}{n!} + \cdots, \quad (-\infty < x < +\infty).$$

特别地，当 $x = 1$ 时，有

$$e = 1 + 1 + \frac{1}{2!} + \cdots + \frac{1}{n!} + \cdots.$$

▶ **例 8**   将 $f(x) = \ln(1 + x)$ 展开成 x 的幂级数.

解   因为

$$f'(x) = \frac{1}{1 + x},$$

又

$$\frac{1}{1 + x} = 1 - x + x^2 - x^3 + \cdots + (-1)^n x^n + \cdots, x \in (-1, 1),$$

所以，对上式从 0 到 x 逐项积分，得

$$\int_0^x \frac{1}{1 + x} dx = \int_0^x 1 dx - \int_0^x x\, dx + \int_0^x x^2\, dx - \int_0^x x^3\, dx + \cdots, x \in (-1, 1),$$

即

$$\ln(1 + x) = x - \frac{x^2}{2} + \frac{x^3}{3} - \frac{x^4}{4} + \cdots + (-1)^{n-1} \frac{x^n}{n} + \cdots, x \in (-1, 1),$$

因为上式右端的幂级数当 $x = 1$ 时收敛，而函数 $\ln(1 + x)$ 在 $x = 1$ 处有定义且连续，所以，

$$\ln(1 + x) = x - \frac{x^2}{2} + \frac{x^3}{3} - \frac{x^4}{4} + \cdots + (-1)^{n-1} \frac{x^n}{n} + \cdots, x \in (-1, 1].$$

特别地，当 $x = 1$ 时，有 $\ln 2 = 1 - \frac{1}{2} + \frac{1}{3} - \frac{1}{4} + \frac{1}{5} - \frac{1}{6} + \cdots$.

（2）间接展开法

常用的展开式：

① $e^x = 1 + x + \dfrac{x^2}{2!} + \cdots + \dfrac{x^n}{n!} + \cdots = \sum\limits_{n=0}^{\infty} \dfrac{x^n}{n!}$　$(-\infty < x < +\infty)$.

② $\sin x = x - \dfrac{x^3}{3!} + \cdots + (-1)^n \dfrac{x^{2n+1}}{(2n+1)!} + \cdots$

$\qquad = \sum\limits_{n=0}^{\infty} (-1)^n \dfrac{x^{2n+1}}{(2n+1)!}$　$(-\infty < x < +\infty)$.

③ $\cos x = 1 - \dfrac{x^2}{2!} + \cdots + (-1)^n \dfrac{x^{2n}}{(2n)!} + \cdots$

$\qquad = \sum\limits_{n=0}^{\infty} (-1)^n \dfrac{x^{2n}}{(2n)!}$　$(-\infty < x < +\infty)$.

④ $\ln(1+x) = x - \dfrac{x^2}{2} + \cdots + (-1)^n \dfrac{x^n}{n} + \cdots$

$\qquad = \sum\limits_{n=0}^{\infty} (-1)^n \dfrac{x^{n+1}}{n+1}$　$(-1 < x \leqslant 1)$.

⑤ $\dfrac{1}{1-x} = 1 + x + x^2 + \cdots + x^n + \cdots = \sum\limits_{n=0}^{\infty} x^n$　$(-1 < x < 1)$.

⑥ $(1+x)^\alpha = 1 + \alpha x + \dfrac{\alpha(\alpha-1)}{2!} x^2 + \cdots + \dfrac{\alpha(\alpha-1)(\alpha-2)\cdots(\alpha-n+1)}{n!} x^n + \cdots$

$\qquad = \sum\limits_{n=0}^{\infty} \dfrac{\alpha(\alpha-1)(\alpha-2)\cdots(\alpha-n+1)}{n!} x^n$　$(-1 < x < 1)$.

▶ 例 9　将函数 $\ln \dfrac{1+x}{1-x}$ 展开成 x 的幂级数.

解　因为

$$\ln \frac{1+x}{1-x} = \ln(1+x) - \ln(1-x),$$

而

$$\ln(1+x) = x - \frac{x^2}{2} + \cdots + (-1)^n \frac{x^n}{n} + \cdots;$$

$$\ln(1-x) = -x - \frac{x^2}{2} - \cdots - \frac{x^n}{n} - \cdots,$$

所以

$$\ln \frac{1+x}{1-x} = 2\left(x + \frac{x^3}{3} + \cdots + \frac{x^{2n+1}}{2n+1} + \cdots\right) \quad (-1 < x < 1).$$

> **例 10**　将函数 $\dfrac{1}{5-x}$ 展开成 $x-2$ 的幂级数.

解　令 $x-2=t$，则 $x=t+2$.

$$\frac{1}{5-x}=\frac{1}{3-t}=\frac{1}{3}\cdot\frac{1}{1-\dfrac{t}{3}}=\frac{1}{3}\left[1+\frac{t}{3}+\left(\frac{t}{3}\right)^2+\cdots+\left(\frac{t}{3}\right)^n+\cdots\right]$$

$$\left(-1<\frac{t}{3}<1\right).$$

用 $t=x-2$ 代回，有

$$\frac{1}{5-x}=\frac{1}{3}\left[1+\frac{x-2}{3}+\left(\frac{x-2}{3}\right)^2+\cdots+\left(\frac{x-2}{3}\right)^n+\cdots\right]$$

$$=\frac{1}{3}+\frac{1}{3^2}(x-2)+\frac{1}{3^3}(x-2)^2+\cdots+\frac{1}{3^{n+1}}(x-2)^n+\cdots$$

由 $-1<\dfrac{x-2}{3}<1$，得 $-1<x<5$，即函数展开成幂级数的区间为 $(-1,5)$.

习题 7-2

1. 求幂级数的收敛半径、收敛区间及其收敛域.

(1) $\displaystyle\sum_{n=1}^{\infty}nx^n$；

(2) $\displaystyle\sum_{n=0}^{\infty}n!\,x^n$；

(3) $\displaystyle\sum_{n=1}^{\infty}\frac{x^{n+1}}{n}$；

(4) $\displaystyle\sum_{n=1}^{\infty}(-1)^{n-1}\frac{x^n}{n+1}$；

(5) $\displaystyle\sum_{n=1}^{\infty}(-1)^n\frac{x^n}{n^2}$；

(6) $\displaystyle\sum_{n=1}^{\infty}\frac{x^{n-1}}{n\cdot 3^n}$；

(7) $\displaystyle\sum_{n=1}^{\infty}\frac{2^{2n}}{n(n+1)}x^n$；

(8) $\displaystyle\sum_{n=1}^{\infty}\frac{nx^n}{5^n-3^n}$；

(9) $\displaystyle\sum_{n=1}^{\infty}\frac{x^{n+2}}{2\cdot 4\cdot 6\cdot\cdots\cdot(2n)}$；

(10) $\displaystyle\sum_{n=0}^{\infty}\frac{x^n}{n!}$；

(11) $\displaystyle\sum_{n=1}^{\infty}\frac{x^n}{n^n}$；

(12) $\displaystyle\sum_{n=1}^{\infty}(-1)^n\frac{(x-4)^n}{n}$；

(13) $\displaystyle\sum_{n=1}^{\infty}\frac{(x-1)^n}{n2^n}$；

(14) $\displaystyle\sum_{n=1}^{\infty}\frac{n!\,(x+2)^n}{n^n}$；

(15) $\displaystyle\sum_{n=1}^{\infty}\frac{(2x+1)^n}{\sqrt{n}}$；

(16) $\displaystyle\sum_{n=0}^{\infty}(-1)^n\frac{x^{2n}}{n!}$；

(17) $\displaystyle\sum_{n=1}^{\infty}3^nx^{2n-1}$；

(18) $\displaystyle\sum_{n=1}^{\infty}\frac{2n-1}{2^n}x^{2(n-1)}$；

(19) $\sum_{n=1}^{\infty} \frac{2n}{5n-1} x^{3n}$;

(20) $\sum_{n=1}^{\infty} \frac{(n!)^2}{(2n)!} x^{2n+1}$.

2.求下列幂级数在收敛域内的和函数.

(1) $\sum_{n=1}^{\infty} 2^n x^{2n-1}$;

(2) $\sum_{n=1}^{\infty} nx^{n-1}$;

(3) $\sum_{n=1}^{\infty} nx^n$;

(4) $\sum_{n=1}^{\infty} n(x-1)^n$;

(5) $\sum_{n=1}^{\infty} nx^{n+1}$;

(6) $\sum_{n=0}^{\infty} (n+2)x^{n+3}$;

(7) $\sum_{n=1}^{\infty} \frac{n(n+1)}{2} x^{n-1}$;

(8) $\sum_{n=1}^{\infty} \frac{x^n}{n}$;

(9) $\sum_{n=1}^{\infty} \frac{(-1)^n (x+4)^n}{n}$;

(10) $\sum_{n=1}^{\infty} \frac{x^{n+1}}{n} \left(\text{或} \sum_{n=0}^{\infty} \frac{x^{n+2}}{n+1} \right)$;

(11) $\sum_{n=1}^{\infty} \frac{x^{n-1}}{n}$

(12) $\sum_{n=0}^{\infty} \frac{x^{2n+1}}{2n+1}$;

(13) $\sum_{n=1}^{\infty} \frac{(-1)^n x^{2n-1}}{2n-1}$;

(14) $\sum_{n=1}^{\infty} \frac{x^n}{n(n+1)}$;

(15) $\sum_{n=1}^{\infty} \frac{x^n}{n!}$;

(16) $\sum_{n=0}^{\infty} (-1)^{n+1} \frac{x^{2n}}{2^n n!}$.

3.将下列函数展开为关于 x 的幂级数.

(1) $\frac{1}{1-2x}$;

(2) $\frac{1}{5+x}$;

(3) $\frac{1}{1-x^2}$;

(4) $\frac{1}{(1-x)^2}$;

(5) $\frac{1}{x^2-x-2}$;

(6) $\frac{x}{x^2-5x+6}$;

(7) $\ln(3-x)$;

(8) $\ln(1+x-2x^2)$;

(9) $\ln \frac{1+x}{1-x}$;

(10) $\text{sh} x = \frac{e^x - e^{-x}}{2}$;

(11) $e^{-\frac{x^2}{2}}$;

(12) 2^x .

4.将函数 $f(x) = \frac{1}{x}$ 展开成关于 $x-4$ 的幂级数.

5.将函数 $h(x) = \frac{1}{x^2+2x-3}$ 展开成关于 $x+2$ 的幂级数.

6.将函数 $\varphi(x) = e^x$ 展开成关于 $x+3$ 的幂级数.

7. 将函数 $g(x) = \ln x$ 展开成关于 $x-2$ 的幂级数.

8. 将函数 $f(x) = \lg(1-x)$ 展开成关于 $x+1$ 的幂级数.

////////// **复习题七** //////////

一、单项选择题

1. 若级数 $\sum\limits_{n=1}^{\infty} a_n$ 收敛,则下列级数一定收敛的是(　　).

A. $\sum\limits_{n=1}^{\infty}(1+a_n)$ 　　　　　　 B. $\sum\limits_{n=1}^{\infty} 10a_n$

C. $\sum\limits_{n=1}^{\infty}(-1)^n a_n$ 　　　　　　 D. $\sum\limits_{n=1}^{\infty}(|a_n|+a_n)$

2. 若正项级数 $\sum\limits_{n=1}^{\infty} a_n$ 收敛,c 为常数,则下列级数必收敛的是(　　).

A. $\sum\limits_{n=1}^{\infty} \sqrt{a_n}$ 　　　　　　 B. $\sum\limits_{n=1}^{\infty} a_n^2$

C. $\sum\limits_{n=1}^{\infty}(a_n+c)$ 　　　　　　 D. $\sum\limits_{n=1}^{\infty}(a_n-c)^2$

3. 下列级数中条件收敛的是(　　).

A. $\sum\limits_{n=1}^{\infty}(-1)^n\left(\dfrac{3}{4}\right)^n$ 　　　　　　 B. $\sum\limits_{n=1}^{\infty}\dfrac{\cos n\pi}{\sqrt{n}}$

C. $\sum\limits_{n=1}^{\infty}\dfrac{1}{n(\sqrt{n+1}-\sqrt{n})}$ 　　　　　　 D. $\sum\limits_{n=1}^{\infty}\dfrac{(-1)^n}{n^2}$

4. 下列级数中发散的是(　　).

A. $\sum\limits_{n=1}^{\infty}\dfrac{(-1)^n}{\ln(n+1)}$ 　　　　　　 B. $\sum\limits_{n=1}^{\infty}\dfrac{2^n}{n^2}$

C. $\sum\limits_{n=1}^{\infty}\dfrac{\sqrt[n]{3}-1}{n}$ 　　　　　　 D. $\sum\limits_{n=1}^{\infty}\dfrac{\sin n}{n\sqrt{n}}$

5. 若级数 $\sum\limits_{n=0}^{\infty} a_n(x-2)^n$ 在 $x=-2$ 处收敛,则此级数在 $x=5$ 处(　　).

A. 发散 　　　　　　 B. 条件收敛

C. 绝对收敛 　　　　　　 D. 敛散性不能确定

二、填空题

6. 若级数 $\sum\limits_{n=1}^{\infty}(u_n+a)$ 收敛,其中 a 为常数,则 $\lim\limits_{n\to\infty} u_n =$ _____.

7. 级数 $\sum\limits_{n=1}^{\infty} u_n$ 收敛的充要条件是其部分和数列 $\{s_n\}$ _____.

8. 已知级数 $\sum\limits_{n=1}^{\infty}(-1)^n \dfrac{1}{n^{1-p}}$ 条件收敛，则常数 p 的取值范围是 _____.

9. 幂级数 $\sum\limits_{n=0}^{\infty}\left(2^n + \dfrac{1}{2^n}\right)x^n$ 的收敛半径 $R =$ _____.

10. 已知 $x = -3$ 和 $x = 1$ 分别是 $\sum\limits_{n=0}^{\infty} a_n(x+1)^n$ 的收敛点和发散点，则级数 $\sum\limits_{n=0}^{\infty} a_n x^n$ 的收敛域为 _____.

三、解答题

11. 求极限 $\lim\limits_{n\to\infty}\left(\dfrac{1}{3} + \dfrac{2}{9} + \dfrac{3}{27} + \cdots + \dfrac{n}{3^n}\right)$.

12. 求级数 $\sum\limits_{n=1}^{\infty} \dfrac{1}{n(n+2)}$ 的和.

13. 已知 $\sum\limits_{n=1}^{\infty}(-1)^n a_n = 4$，$\sum\limits_{n=1}^{\infty} a_{2n-1} = 3$，求 $\sum\limits_{n=1}^{\infty} a_n$.

14. 已知级数 $\sum\limits_{n=0}^{\infty} a_n x^n$ 的收敛半径为 $R(0 < R < +\infty)$，试分别求出下列级数的收敛半径：

(1) $\sum\limits_{n=1}^{\infty} n a_n x^{n-1}$；　　　　(2) $\sum\limits_{n=0}^{\infty} \dfrac{a_n}{n+1} x^{n+1}$；　　　　(3) $\sum\limits_{n=0}^{\infty} a_n(x-2)^n$；

(4) $\sum\limits_{n=0}^{\infty} a_n(2x+1)^n$；　　(5) $\sum\limits_{n=1}^{\infty} a_n x^{2n-1}$.

15. 将函数 $f(x) = \dfrac{1}{x^2 - 4x + 4}$ 展开成 x 的幂级数.

16. 将函数 $g(x) = \dfrac{1}{x^2 - 2x + 5}$ 展开成 $x-1$ 的幂级数.

17. 求幂级数 $\sum\limits_{n=1}^{\infty}(2n-1)x^n$ 在其收敛域内的和函数.

18. 已知级数 $\sum\limits_{n=1}^{\infty}\left[\ln n + \ln(n+c) - 2\ln(n+1)\right]$ 收敛，求常数 c 的值.

四、证明题

19. 设级数 $\sum\limits_{n=1}^{\infty} a_n$ 和 $\sum\limits_{n=1}^{\infty} b_n$ 均绝对收敛，证明级数 $\sum\limits_{n=1}^{\infty}(a_n + b_n)^2$ 收敛.

20. 设 x_n 是方程 $x^n + nx - 1 = 0$（其中 $n = 1, 2, 3, \cdots$）的一正实根，证明当 $\alpha > 1$ 时，级数 $\sum\limits_{n=1}^{\infty} x_n^\alpha$ 收敛.

参考文献

［1］ 宣立新.面向 21 世纪课程教材高等数学(上、下).北京:高等教育出版社,1999

［2］ 薛利敏."十三五"高等职业教育云教学系列教材高等数学(第二版).北京:教育科学出版社,2020

［3］ 魏寒柏,骈俊生."十二五"职业教育国家规划教材高等数学(工科类).北京:教育科学出版社,2016

［4］ 顾静相.普通高等教育"十一五"国家级规划教材经济数学基础.北京:教育科学出版社,2004

［5］ 李润英,薛贞.经济应用数学.济南:山东人民出版社,2009

［6］ 候风波.普通高等教育"十五"国家级规划教材高等数学.北京:高等教育科学出版社,2007

［7］ 齐毅,郭金锥.财经数学基础(上).北京:中国商业出版社,1998

［8］ 陈如帮.高等职业教育新形态一体化教材高等数学(第三版).北京:教育科学出版社,2017

［9］ 刘继杰,李少文.高等职业教育新形态一体化教材工科应用数学(第二版)上册.北京:教育科学出版社,2017

［10］ 刘继杰,白淑岩.高等职业教育新形态一体化教材工科应用数学(第二版)下册.北京:教育科学出版社,2017

［11］ 同济大学数学系编."十二五"普通高等教育本科国家级规划教材高等数学(第七版).北京:教育科学出版社,2018

附录

附录 I 常用公式

▷ 一、常用初等代数公式

1. 对数的运算性质

(1)若 $a^y = x$，则 $y = \log_a x$；

(2)$\log_a a = 1$，$\log_a 1 = 0$；

(3)$\log_a(x \cdot y) = \log_a x + \log_a y$；

(4)$\log_a \dfrac{x}{y} = \log_a x - \log_a y$；

(5)$\log_a x^b = b \log_a x$；

(6)$a^{\log_a x} = x$，$e^{\ln x} = x$．

2. 指数的运算性质

(1)$a^m \cdot a^n = a^{m+n}$；

(2)$\dfrac{a^m}{a^n} = a^{m-n}$；

(3)$(a^m)^n = a^{mn}$；

(4)$(a \cdot b)^m = a^m \cdot b^m$；

(5)$\left(\dfrac{a}{b}\right)^m = \dfrac{a^m}{b^m}$．

3. 常用的二项展开及分解公式

(1)$(a \pm b)^2 = a^2 \pm 2ab + b^2$；

(2)$(a \pm b)^3 = a^3 \pm 3a^2 b + 3ab^2 \pm b^3$；

(3)$a^2 - b^2 = (a+b)(a-b)$；

(4)$a^3 \pm b^3 = (a \pm b)(a^2 \mp ab + b^2)$；

(5)$a^n - b^n = (a-b)(a^{n-1} + a^{n-2}b + a^{n-3}b^2 + \cdots + b^{n-1})$；

$(6)(a+b)^n = C_n^0 a^n + C_n^1 a^{n-1} b + C_n^2 a^{n-2} b^2 + \cdots + C_n^k a^{n-k} b^k + \cdots + C_n^n b^n, C_n^0 = 1, C_n^n = 1,$ 其中组合系数 $C_n^m = \dfrac{n(n-1)(n-2)\cdots(n-m+1)}{m!}$.

4. 常用不等式及其运算性质

如果 $a > b$, 则有

$(1) a \pm c > b \pm c$;

$(2) ac > bc (c > 0), ac < bc (c < 0)$;

$(3) a^n > b^n (n > 0, a > 0, b > 0), a^n < b^n (n < 0, a > 0, b > 0)$;

$(4) \sqrt[n]{a} > \sqrt[n]{b}$ (n 为正整数, $a > 0, b > 0$);

对于任意实数 a, b 均有

$(5) |a| - |b| \leqslant |a + b| \leqslant |a| + |b|$;

$(6) a^2 + b^2 \geqslant 2ab$;

$(7) |x| < a \Rightarrow -a < x < a, |x| > a \Rightarrow x < -a$ 或 $x > a, (a > 0)$.

5. 常用数列公式

(1) 等差数列: $a_1, a_1 + d, a_1 + 2d, \cdots, a_1 + (n-1)d, \cdots$, 其公差为 d, 前 n 项和为 $S_n = \dfrac{n(a_1 + a_n)}{2} = na_1 + \dfrac{n(n-1)}{2}d$;

(2) 等比数列: $a_1, a_1 q, a_1 q^2, \cdots, a_1 q^{n-1}, \cdots$, 其公比为 q, 前 n 项和为 $S_n = \dfrac{a_1(1-q^n)}{1-q}$; 如果 $|q| < 1$, 则等比数列所有项的和 $S = \dfrac{a_1}{1-q}$;

(3) 一些常见数列的前 n 项和

$1 + 2 + 3 + \cdots + n = \dfrac{n(n+1)}{2}$;

$1^2 + 2^2 + 3^2 + \cdots + n^2 = \dfrac{n(n+1)(2n+1)}{6}$;

$1^2 + 3^2 + 5^2 + \cdots + (2n-1)^2 = \dfrac{n(4n^2-1)}{3}$;

$1 \cdot 2 + 2 \cdot 3 + 3 \cdot 4 + \cdots + n(n+1) = \dfrac{n(n+1)(n+2)}{3}$;

$\dfrac{1}{1 \times 2} + \dfrac{1}{2 \times 3} + \dfrac{1}{3 \times 4} + \cdots + \dfrac{1}{n(n+1)} = 1 - \dfrac{1}{n+1}$.

6. 阶乘

$n! = n(n-1)(n-2)\cdots 3 \cdot 2 \cdot 1$.

二、常用基本三角函数公式

1. 基本公式

$\sin^2 \alpha + \cos^2 \alpha = 1; 1 + \tan^2 \alpha = \sec^2 x; 1 + \cot^2 \alpha = \csc^2 \alpha$.

2. 倍角公式

$\sin 2\alpha = 2\sin\alpha\cos\alpha$;

$\cos 2\alpha = \cos^2\alpha - \sin^2\alpha = 2\cos^2\alpha - 1 = 1 - 2\sin^2\alpha$;

$\tan 2\alpha = \dfrac{2\tan\alpha}{1 - \tan^2\alpha}$.

3. 半角公式

$\sin^2\alpha = \dfrac{1 - \cos 2\alpha}{2}$; $\cos^2\alpha = \dfrac{1 + \cos 2\alpha}{2}$; $\tan\dfrac{\alpha}{2} = \dfrac{1 - \cos\alpha}{\sin\alpha} = \dfrac{\sin\alpha}{1 + \cos\alpha}$.

4. 万能公式

$\sin x = \dfrac{2\tan\dfrac{x}{2}}{1 + \tan^2\dfrac{x}{2}}$, $\cos x = \dfrac{1 - \tan^2\dfrac{x}{2}}{1 + \tan^2\dfrac{x}{2}}$, $\tan x = \dfrac{2\tan\dfrac{x}{2}}{1 - \tan^2\dfrac{x}{2}}$.

5. 诱导公式

$\sin(-x) = -\sin x$, $\cos(-x) = \cos x$, $\sin\left(\dfrac{\pi}{2} - x\right) = \cos x$, $\cos\left(\dfrac{\pi}{2} - x\right) = \sin x$,

$\sin\left(\dfrac{\pi}{2} + x\right) = \cos x$, $\cos\left(\dfrac{\pi}{2} + x\right) = -\sin x$, $\sin(\pi - x) = \sin x$,

$\cos(\pi - x) = -\cos x$, $\sin(\pi + x) = -\sin x$, $\cos(\pi + x) = -\cos x$,

$\sin\left(\dfrac{3\pi}{2} - x\right) = -\cos x$, $\cos\left(\dfrac{3\pi}{2} - x\right) = -\sin x$, $\sin\left(\dfrac{3\pi}{2} + x\right) = -\cos x$,

$\cos\left(\dfrac{3\pi}{2} + x\right) = \sin x$, $\sin(2\pi - x) = -\sin x$, $\cos(2\pi - x) = \cos x$,

$\sin(2\pi + x) = \sin x$, $\cos(2\pi + x) = \cos x$.

6. 加法公式

$\sin(\alpha \pm \beta) = \sin\alpha\cos\beta \pm \cos\alpha\sin\beta$; $\cos(\alpha \pm \beta) = \cos\alpha\cos\beta \mp \sin\alpha\sin\beta$;

$\tan(\alpha \pm \beta) = \dfrac{\tan\alpha \pm \tan\beta}{1 \mp \tan\alpha\tan\beta}$.

7. 和差化积公式

$\sin\alpha + \sin\beta = 2\sin\left(\dfrac{\alpha + \beta}{2}\right)\cos\left(\dfrac{\alpha - \beta}{2}\right)$; $\sin\alpha - \sin\beta = 2\cos\left(\dfrac{\alpha + \beta}{2}\right)\sin\left(\dfrac{\alpha - \beta}{2}\right)$;

$\cos\alpha + \cos\beta = 2\cos\left(\dfrac{\alpha + \beta}{2}\right)\cos\left(\dfrac{\alpha - \beta}{2}\right)$; $\cos\alpha - \cos\beta = -2\sin\left(\dfrac{\alpha + \beta}{2}\right)\sin\left(\dfrac{\alpha - \beta}{2}\right)$.

8. 积化和差公式

$\sin\alpha\cos\beta = \dfrac{1}{2}[\sin(\alpha + \beta) + \sin(\alpha - \beta)]$; $\cos\alpha\sin\beta = \dfrac{1}{2}[\sin(\alpha + \beta) - \sin(\alpha - \beta)]$;

$$\cos\alpha\cos\beta=\frac{1}{2}[\cos(\alpha+\beta)+\cos(\alpha-\beta)];$$

$$\sin\alpha\sin\beta=-\frac{1}{2}[\cos(\alpha+\beta)-\cos(\alpha-\beta)].$$

三、常用求面积和体积的公式

在下列公式中 R , r 是半径, h 是高, l 是母线或弧长, c 是周长, S 是面积, V 是体积.

1. 圆: $S=\pi r^2$, $c=2\pi r$.

2. 扇形: $S=\frac{1}{2}r^2\theta$,弧长 $l=r\theta$ (θ 为扇形的圆心角,以弧度计).

3. 圆柱: $V=\pi r^2 h$, $S_{侧}=2\pi rh$, $S_{表}=2\pi r(r+h)$.

4. 圆锥: $V=\frac{1}{3}\pi r^2 h$, $S_{侧}=\pi rl$, $S_{表}=\pi r(r+l)$.

5. 圆台: $V=\frac{1}{3}\pi(r^2+rR+R^2)h$, $S_{侧}=\pi l(r+R)$.

6. 球: $V=\frac{4}{3}\pi r^3$, $S_{表}=4\pi r^2$.

附录 Ⅱ 常用函数图形及其方程

1.常数函数 $y=b$, $x=a$

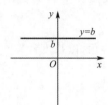 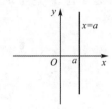

特别地, $y=0$ 的图形是 x 轴, $x=0$ 的图形是 y 轴.

2.一次函数 $y=kx+b$, $(k\neq 0)$

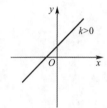 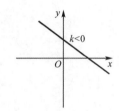

3.二次函数 $y=ax^2+bx+c=a\left(x+\dfrac{b}{2a}\right)^2+\dfrac{4ac-b^2}{4a}$, $(a\neq 0)$

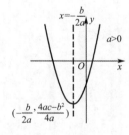 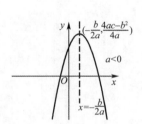

4.反比例函数 $y=\dfrac{k}{x}$, $(k\neq 0)$

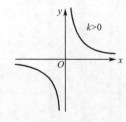 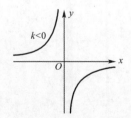

5. 幂函数 $y = x^\mu$, (μ 是常数)

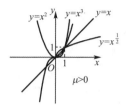 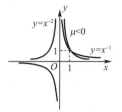

6. 指数函数 $y = a^x$, ($a > 0$ 且 $a \neq 1$)

 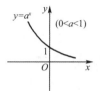

7. 对数函数 $y = \log_a x$, ($a > 0$ 且 $a \neq 1$)

8. 三角函数

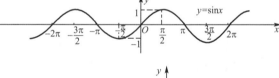

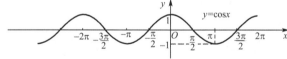

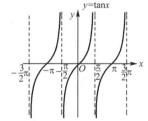 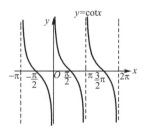

9. 反三角函数

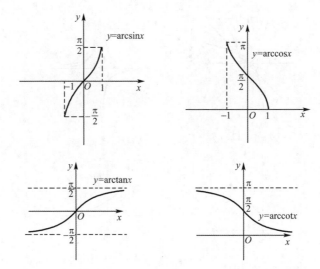

10. 圆

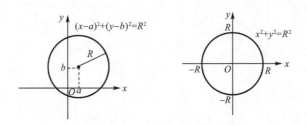

11. 椭圆

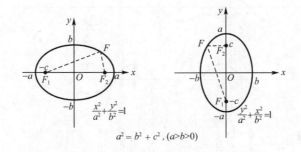

12. 双曲线

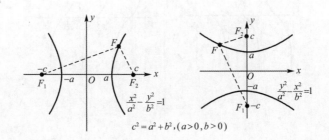

13. 抛物线

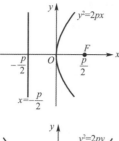
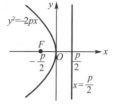
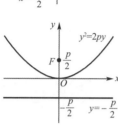
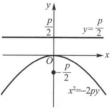

习题参考答案

课前练习

1. (1) $x_1 = -8, x_2 = 1$；　(2) $x_1 = 2, x_2 = 3$；　(3) $x_{1,2} = -3$；　(4) $x_{1,2} = 2 \pm \sqrt{3}\,\mathrm{i}$；
   (5) $(1,1),(9,-3)$；　(6) $(0,0),(3,0),(0,3),(1,1)$.

2. $x^2 - 2x - 8 = 0$.

3. (1) $[3, +\infty)$；　(2) $(-\infty, -1)$；　(3) $(-2, 2)$；　(4) $(-\infty, 2] \cup [4, +\infty)$；
   (5) $[-2, 2]$；　(6) $(-\infty, -1) \cup (3, +\infty)$；　(7) $[1, 6]$；
   (8) $(-\infty, -1) \cup [2, +\infty)$.

4. $x + 2y = 0 \left($ 或 $y = -\dfrac{1}{2}x \right)$.

5. (1) $\dfrac{\pi}{4}$；　(2) $\dfrac{2\pi}{3}$；　(3) $\dfrac{\pi}{6}$ 和 $\dfrac{2\pi}{3}$.

6. 略.

习题 1-1

1. (1) $(-\infty, 2)$；　(2) $(-\infty, -1] \cup [1, +\infty)$；　(3) $\left(0, \dfrac{1}{3}\right]$；　(4) $(-3, +\infty)$；
   (5) $(-3, -2) \cup (-2, 2]$；　(6) $(-\infty, +\infty)$；　(7) $[-2, 2]$；　(8) $[-2, 0]$；
   (9) $(-\infty, -1] \cup [1, +\infty)$；　(10) $(4, 5]$.

2. (1) 3；　(2) $-\dfrac{\pi}{6}$；　(3) $\ln 3$；　(4) 4；　(5) 1；　(6) 0；　(7) $-\dfrac{1}{2}$ 和 $\dfrac{x-1}{2}$；
   (8) $\dfrac{x+1}{x-1}$ 和 $-\dfrac{1}{x}$.

3. (1) 奇函数；　(2) 奇函数；　(3) 奇函数；　(4) 奇函数；　(5) 偶函数；　(6) 偶函数；
   (7) 偶函数；　(8) 偶函数；　(9) 偶函数；　(10) 非奇非偶；　(11) 非奇非偶；
   (12) 奇函数；　(13) 奇函数；　(14) 偶函数；　(15) 非奇非偶.

4. $y = \sin x$ 的增区间是：$\left[0, \dfrac{\pi}{2}\right] \cup \left[\dfrac{3\pi}{2}, 2\pi\right]$，减区间是：$\left[\dfrac{\pi}{2}, \dfrac{3\pi}{2}\right]$；
   $y = \cos x$ 的增区间是：$[\pi, 2\pi]$，减区间是：$[0, \pi]$.

5. $L(p) = -8p^2 + 160p - 700$.

习题 1-2

1.(1)$-\dfrac{1}{2}$; (2)0; (3)1; (4)1; (5)2; (6)$\dfrac{3}{2}$;

(7)$\dfrac{2}{3}$; (8)$-\dfrac{4}{3}$; (9)$\dfrac{1}{2}$; (10)$a-b$.

2.(1)1; (2)2; (3)$\dfrac{3}{2}$; (4)1; (5)-1; (6)$-\dfrac{1}{2}$.

3.(1)$e^{-\frac{1}{2}}\left(\text{或}\dfrac{1}{\sqrt{e}}\right)$; (2)$e^{-\frac{2}{3}}$; (3)$e^2$; (4)$e^{-2}$.

4.-3.

5.(1)2; (2)1; (3)1; (4)$\dfrac{1}{2}$; (5)2; (6)$1+a$.

6.(1)-2; (2)6; (3)$-\ln 5$; (4)$-\dfrac{1}{2}$.

7.$2e$.

8.1.

9.都是无穷小量,其中:$\arcsin x$,$2(1-\sqrt{1-x})$,$1-e^{-x}$ 是 x 的等价无穷小量.

习题 1-3

1.(1)$x=1$ 是可去间断点;

(2)$x=1$ 是可去间断点,$x=2$ 是无穷间断点;

(3)$x=1$ 是可去间断点;

(4)$x=0$ 是第二类间断点;

(5)$x=-1$ 是第二类间断点;

(6)$x=0$ 是跳跃间断点;

(7)$x=0$ 是可去间断点,$x=-2$ 是无穷间断点;

(8)$x=-1$ 是可去间断点,$x=0$ 是无穷间断点,$x=1$ 是跳跃间断点.

2.$a=3$.

3.$a=-1$,$b=2$.

4.$a=\dfrac{3}{2}$,$b=1$.

5.(1)水平渐近线 $y=-1$,垂直渐近线 $x=-3$;

(2)水平渐近线 $y=1$,垂直渐近线 $x=0$;

(3)水平渐近线 $y=2$;

(4)水平渐近线 $y=\dfrac{\pi}{4}$;

(5)水平渐近线 $y=1$,垂直渐近线 $x=0$ 和 $x=-\dfrac{1}{e}$.

6. 略.

7. 略.

8. 略.

复习题一

一、1. C.　2. D.　3. B.　4. C.　5. A.

二、6. $\dfrac{\pi}{4}$.　7. 0.　8. 1.　9. -2.　10. $(-\infty,-1)\bigcup(1,+\infty)$.

三、11. $\dfrac{1}{x^2+2}$.　12. 不存在.　13. $\dfrac{1}{2}$.　14. $\dfrac{2}{3}$.　15. 1.

16. $-\dfrac{1}{4}$.　17. $e^{-\frac{1}{2}}=\dfrac{1}{\sqrt{e}}$.　18. $\ln 4$.　19. $a=2,b=-1$.

20. $x=2$ 是可去间断点,$x=-2$ 是无穷间断点,$x=0$ 是跳跃间断点.

四、21. 略.　22. 略.

习题 2-1

1. (1) $2a$;　(2) 4;　(3) 1;　(4) $\dfrac{3}{2}$;　(5) 不可导.

2. (1) $y'=4\sin^3 x\cdot\cos x\cdot\cos 4x-4\sin^4 x\cdot\sin 4x$;　(2) $y'=\dfrac{4(\ln\ln x)^3}{x\ln x}$;

(3) $y'=2x\cot(x^2+1)$;　(4) $y'=\dfrac{1}{\sqrt{x^2+1}}$;

(5) $y'=\dfrac{(1-e^{-x})\tan 3x-3(e^{-x}+x)\sec^2 3x}{\tan^2 3x}$;　(6) $y'=-\csc^2 x$.

3. (1) $\dfrac{dy}{dx}=\dfrac{y^2+2}{e^y-2xy}$;　(2) $\dfrac{dy}{dx}=\dfrac{y(y-xy^2-2)}{x(xy^2-2y+2)}$;　(3) $\dfrac{dy}{dx}=\dfrac{\cos y-\cos(x+y)}{x\sin y+\cos(x+y)}$;

(4) $\dfrac{dy}{dx}=\dfrac{2x-y\cos xy}{2y+x\cos xy}$;　(5) $\dfrac{dy}{dx}=\dfrac{2x}{(x^2+y)^2}$;　(6) $\dfrac{dy}{dx}=\dfrac{x+y}{x-y}$.

4. (1) $y'=-2\sqrt{t^2+1}$;　(2) $y'=\dfrac{t}{2}$;　(3) $y'=\dfrac{\cos t-\sin t}{\cos t+\sin t}$;

(4) $y'=\dfrac{1}{(t+1)(e^t-2e)}$.

5. (1) $y'=\dfrac{(x-1)(x+2)^3}{\sqrt{x+3}(x-4)^2}\left(\dfrac{1}{x-1}+\dfrac{3}{x+2}-\dfrac{1}{2(x+3)}-\dfrac{2}{x-4}\right)$;

(2) $y'=\sin x\cdot\arctan x+(1+x)\cdot\cos x\cdot\arctan x+\dfrac{1+x}{1+x^2}\cdot\sin x$;

(3)$y'=\dfrac{1}{2}\sqrt{x\sin x}\sqrt{1-\mathrm{e}^x}\left[\dfrac{1}{x}+\cot x+\dfrac{\mathrm{e}^x}{2(\mathrm{e}^x-1)}\right]$;

(4)$y'=\left(\dfrac{x}{1+x}\right)^x\left(\dfrac{1}{x+1}+\ln\dfrac{x}{x+1}\right)$;　(5)$y'=\dfrac{y(x\ln y-y)}{x(y\ln x-x)}$.

6.(1)$y''=3^x\ln^2 3+6x$;　(2)$y''=2\mathrm{e}^x\cos x$;　(3)$y''=\dfrac{-3+2\ln 3x}{x^3}$;

(4)$y''=\dfrac{2}{(1+x^2)^2}$.

7.(1)$\mathrm{d}y=\dfrac{1}{x}\cos(\ln x)\mathrm{d}x$;　(2)$\mathrm{d}y=-\mathrm{e}^x\cdot\tan(\mathrm{e}^x)\mathrm{d}x$;

(3)$\mathrm{d}y=5^{\ln\tan x}\cdot\dfrac{2\ln 5}{\sin 2x}\mathrm{d}x$;　(4)$\mathrm{d}y=\dfrac{y\,\mathrm{d}x}{y-1}$;　(5)$\mathrm{d}y=-\dfrac{\sqrt{1-y^2}}{\sqrt{1-x^2}}\mathrm{d}x$;

(6)$\mathrm{d}y=\dfrac{4x^3y\,\mathrm{d}x}{1+2y^2}$.

8.(1)切线方程:$x+y-3=0$;法线方程:$x-y+1=0$;

(2)切线方程:$x-4y+2=0$;法线方程:$4x+y+8=0$.

习题 2-2

1.(1)$\dfrac{1}{2}$;　(2)$\dfrac{1}{2}$;　(3)6;　(4)3;　(5)$\dfrac{1}{3}$;　(6)0;　(7)0;　(8)$\dfrac{1}{2}$;　(9)0;

(10)-1;　(11)$\dfrac{1}{2}$;　(12)$\dfrac{1}{2}$;　(13)$-\dfrac{1}{6}$;　(14)1;　(15)$\mathrm{e}^{-\frac{1}{2}}$;　(16)1;

(17)1;　(18)$\dfrac{1}{2}$.

2.增区间:$(-\infty,-1]\cup[3,+\infty)$;减区间:$[-1,3]$.

3.极大值:$f(-1)=0$;极小值:$f(1)=-3\sqrt[3]{4}$.

4.凹区间:$(-\infty,0]\cup\left[\dfrac{2}{3},+\infty\right)$;凸区间:$\left[0,\dfrac{2}{3}\right]$.拐点是$(0,1)$和$\left(\dfrac{2}{3},\dfrac{11}{27}\right)$.

5.(1)$b=1,c=3$;　(2)$k=\pm\dfrac{\sqrt{2}}{8}$;　(3)$a=3,b=-9,c=8$;

(4)$a=1,b=-3,c=-24,d=16$.

6.略.　7.略.　8.略.　9.略.　10.略.

11.底面圆的半径为$r=\sqrt[3]{\dfrac{V}{2\pi}}$,高为$h=\sqrt[3]{\dfrac{4V}{\pi}}$时用料最省.

12.(1)5;　(2)5.

13.$Q=90$台时利润最大,最大利润是$L_{\max}=7\,100$万元.

14. (1)$E=b$;　(2)$E=-bx$;　(3)$E=\dfrac{2ax^2+bx}{ax^2+bx+c}$.

15. $-\dfrac{12}{13}$和$-\dfrac{3}{2}$.

复习题二

一、1. B.　2. B.　3. A.　4. D.　5. D.

二、6. $(-1)^n n!$.　7. $(2e^{2x}-\sin(x+1))dx$.　8. $x-y+2=0$.　9. $a=\dfrac{1}{3}$.　10. 1.

三、11. $a=-1,b=1$.　12. $y^{(n+2)}=(-1)^n n!\dfrac{1}{x^{n+1}}$.

13. $4x-y-4=0$ 和 $8x-y-16=0$.　14. $\dfrac{1}{64}$　15. $\dfrac{1}{2}$.

16. 减区间:$(0,1)\bigcup[e^2,+\infty)$,增区间:$[1,e^2]$;极小值 $f(1)=0$,极大值 $f(e^2)=\dfrac{4}{e^2}$.

17. 最大值 $f(2)=1-\sqrt{2}$;最小值 $f(e)=1-\sqrt[e]{e}$.

18. 凹区间:$[-2,1)\bigcup(1,+\infty)$;凸区间$(-\infty,-2]$.拐点是$\left(-2,\dfrac{10}{9}\right)$.

四、19. $p=9$ 时利润最大,最大利润 $L_{max}=88$.　20. 最大面积 $S_{max}=100$.

五、21. 略.　22. 略.

习题 3-1

1. (1)$\dfrac{x^4}{4}+x^2+C$;　(2)$\dfrac{x^3}{27}-\dfrac{4x}{3}-\dfrac{4}{x}+C$;　(3)$-\dfrac{1}{x}-3\ln|x|+3x-\dfrac{x^2}{2}+C$;

   (4)$\arctan x+\dfrac{x^2}{2}+C$;　(5)$-\dfrac{1}{x}-\arctan x+C$;　(6)$\ln|x|-2\arctan x+C$;

   (7)$\dfrac{3^x e^x}{1+\ln 3}+C$;　(8)$e^x-x+C$;　(9)$\tan x-x+C$;　(10)$\tan x-\cot x+C$;

   (11)$\dfrac{1}{2}(x+\sin x)+C$;　(12)$\tan x+\sec x+C$;　(13)$x-\tan x+\sec x+C$;

   (14)$-3\cot x-3\csc x-x+C$;　(15)$\pm(\sin x+\cos x)+C$.

2. (1)$F[\varphi(x)]+C$;　(2)$\dfrac{1}{a}F(ax+b)+C$;　(3)$\dfrac{1}{\alpha}F(x^\alpha)+C$;　(4)$F(e^x)+C$;

   (5)$\dfrac{1}{\ln a}F(a^x)+C$;　(6)$F(\ln x)+C$;　(7)$F(\sin x)+C$;　(8)$-F(\cos x)+C$;

   (9)$F(\tan x)+C$;　(10)$-F(\cot x)+C$;　(11)$F(\arcsin x)+C$;

   (12)$F(\arctan x)+C$.

3. (1) $-\dfrac{1}{3}\sin(1-3x)+C$； (2) $\dfrac{1}{12}(2x+1)^{6}+C$； (3) $\dfrac{1}{\sqrt{2}}\arctan\dfrac{x}{\sqrt{2}}+C$；

(4) $\dfrac{1}{4}\tan(4x-1)+C$； (5) $\dfrac{2}{5}(x+1)^{\frac{5}{2}}-\dfrac{2}{3}(x+1)^{\frac{3}{2}}+C$；

(6) $3\arcsin\dfrac{x}{2}-\sqrt{4-x^{2}}+C$； (7) $\dfrac{1}{2}\arctan(x^{2})+C$； (8) $\dfrac{1}{6}\ln\dfrac{x^{6}}{1+x^{6}}+C$；

(9) $-\sin\dfrac{1}{x}+C$； (10) $-2\cos(1+\sqrt{x})+C$； (11) $2\arctan\sqrt{x}+C$；

(12) $\arctan e^{x}+C$； (13) $\arcsin\ln x+C$； (14) $\ln|\arcsin x|+C$；

(15) $(\arctan\sqrt{x})^{2}+C$.

4. (1) $\dfrac{1}{2}\sin^{2}x+C$； (2) $\dfrac{1}{3}\sin^{3}x-\dfrac{1}{5}\sin^{5}x+C$； (3) $\dfrac{1}{2}x+\dfrac{1}{4}\sin2x+C$；

(4) $\ln(1-\cos x)+C$； (5) $\ln(4+\sin x)+C$； (6) $\dfrac{1}{2}(x+\ln|\sin x-\cos x|)+C$；

(7) $2x+\ln|2\sin x+\cos x|+C$； (8) $-\ln|\cos x-\sin x|+C$；

(9) $\dfrac{1}{2}(x+\ln|\sin x+\cos x|)+C$； (10) $\dfrac{1}{2}\arctan\dfrac{\sin x}{2}+C$；

(11) $\ln|x-\cos x|+C$； (12) $\dfrac{1}{3}\arctan\dfrac{\tan x}{3}+C$.

5. (1) $\dfrac{1}{1-x}+C$； (2) $\dfrac{1}{2}\ln|x^{2}+2x-3|+C$； (3) $\ln|x+2|+\dfrac{2}{x+2}+C$；

(4) $\dfrac{1}{2}\ln(x^{2}-6x+13)+\arctan\dfrac{x-3}{2}+C$； (5) $\ln\left|\dfrac{x-2}{x-1}\right|+C$；

(6) $x-\ln|x^{2}+x-6|+\dfrac{8}{5}\ln\left|\dfrac{x-2}{x+3}\right|+C$.

6. (1) $\dfrac{1}{5}(x+2)(3x+1)^{\frac{2}{3}}+C$； (2) $2\arcsin\dfrac{\sqrt{x}}{2}+C$ 或 $\arcsin\dfrac{x-2}{2}+C$；

(3) $\arcsin\sqrt{x}-\sqrt{x-x^{2}}+C$； (4) $-x+\ln(\sqrt{1+e^{2x}}-1)+C$； (5) $\dfrac{1+x}{\sqrt{1-x^{2}}}+C$；

(6) $\dfrac{1}{2}\left(\arcsin\dfrac{x}{a}+\ln|x+\sqrt{a^{2}-x^{2}}|\right)+C$； (7) $\ln(x-1+\sqrt{x^{2}-2x+2})+C$；

(8) $-\dfrac{\sqrt{1+x^{2}}}{x}+C$； (9) $\sqrt{x^{2}-a^{2}}-a\arccos\dfrac{a}{x}+C$； (10) $-\arcsin\dfrac{1}{x}+\dfrac{\sqrt{x^{2}-1}}{x}+C$.

7. (1) $\dfrac{1}{9}(3x-1)e^{3x}+C$； (2) $-\dfrac{x}{e^{x}+1}+x-\ln(e^{x}+1)+C$；

(3) $-x^{2}\cos x+2x\sin x+2\cos x+C$； (4) $-x\cot x+\ln|\sin x|-\dfrac{x^{2}}{2}+C$；

(5)$x\ln x-x+C$； (6)$\dfrac{1}{2}\left[x^2\ln(1+x)-\dfrac{x^2}{2}+x-\ln|x+1|\right]+C$；

(7)$-\dfrac{1}{x}(\ln^2 x+2\ln x+2)+C$； (8)$\dfrac{1}{2}(x^2\arctan x-x+\arctan x)+C$；

(9)$x(\arcsin x)^2+2\sqrt{1-x^2}\cdot\arcsin x-2x+C$；

(10)$x\arctan x-\dfrac{1}{2}\ln(1+x^2)-\dfrac{1}{2}(\arctan x)^2+C$；

(11)$\dfrac{\mathrm{e}^{2x}}{13}(2\cos 3x+3\sin 3x)+C$； (12)$\mathrm{e}^x\ln x+C$； (13)$\mathrm{e}^{2x}\cdot\tan x+C$；

(14)$\dfrac{x\sin x}{1+\cos x}+C$； (15)$\dfrac{1}{2}x[\sin(\ln x)-\cos(\ln x)]+C$.

习题 3-2

1.(1)$\dfrac{4}{3}$； (2)$\dfrac{16}{77}$； (3)$\dfrac{2\mathrm{e}-1}{1+\ln 2}$； (4)$\dfrac{\pi}{6}$； (5)$\dfrac{5}{2}$； (6)$4\sqrt{2}$； (7)$\dfrac{2}{9}$； (8)$\mathrm{e}-1$；

(9)$\dfrac{4}{3}$； (10)$\dfrac{\pi^2}{32}$； (11)$3\ln 3$； (12)$\dfrac{8}{27}$； (13)$\dfrac{\pi}{16}$； (14)$2+\ln\dfrac{3}{2}$；

(15)$4-2\sqrt{\mathrm{e}}$； (16)$\dfrac{\pi}{2}-1$； (17)$\dfrac{\pi}{4}-\dfrac{\ln 2}{2}$； (18)$\dfrac{1}{2}(1-\mathrm{e}^{-\frac{\pi}{2}})$.

2.(1)$\dfrac{\pi}{4}$； (2)$\dfrac{4}{3}$； (3)$\dfrac{\pi}{32}$； (4)$\dfrac{\pi}{4}$； (5)0； (6)0； (7)$\dfrac{1}{3}(\mathrm{e}-\mathrm{e}^{-1})$；

(8)$-\dfrac{\pi a^3}{2}$.

3.(1)e^x-x； (2)$2x\ln(2+x^2)$； (3)$-\dfrac{2\sin x}{x}$； (4)$2\sin 8x^3-\sin(x+1)^3$；

(5)$\cos^2 x$； (6)$\sqrt{x}+\mathrm{e}^x\displaystyle\int_0^x\sqrt{t}\,\mathrm{e}^{-t}\mathrm{d}t$； (7)$2x\displaystyle\int_0^x f(t)\mathrm{d}t$；

(8)$f(x+2)-f(x+1)$.

4.(1)$\dfrac{3}{4}$； (2)$\dfrac{1}{3}$； (3)$\dfrac{1}{2}$； (4)$\dfrac{\pi}{2}$.

5.(1)$\ln 3$； (2)$\dfrac{16}{3}$； (3)$\dfrac{4}{3}$； (4)$\ln 2$； (5)$\sqrt{2}$； (6)$\dfrac{125}{48}$.

6.(1)$\dfrac{\pi}{2}(\mathrm{e}^4-1)$； (2)$\dfrac{\pi}{6}$； (3)$\dfrac{8\pi}{15}$； (4)$\dfrac{\pi}{2}$； (5)$4\pi^2 a^3$.

复习题三

一、1. B. 2. A. 3. B. 4. D. 5. D.

二、6.$\dfrac{x\cos x-\sin x}{x^2}+C$. 7.$ab$. 8.$\dfrac{\pi^3}{2}$. 9.$\displaystyle\int_0^x f(t)\mathrm{d}t$. 10.$2\pi^2$.

三、11. $\dfrac{1}{5}(1+x^2)^{\frac{5}{2}}-\dfrac{1}{3}(1+x^2)^{\frac{3}{2}}+C$.

12. $\dfrac{1}{2}x-\dfrac{1}{4}\sin2x+\tan x+2\ln|\cos x|+C$.

13. $\sqrt{x^2-a^2}-a\ln|x+\sqrt{x^2-a^2}|+C$.   14. $-\dfrac{1}{\ln x}-\dfrac{1+\ln x}{x}+C$.

15. $2-\dfrac{\pi}{2}$.   16. $\dfrac{\pi^3}{324}$.   17. $\dfrac{2}{3}$.   18. $\dfrac{1}{48}$.   19. 0.   20. $\dfrac{a}{2}$.

四、21. $\dfrac{16}{3}$.   22. $\pi\left(\dfrac{e^2}{2}-\dfrac{1}{4}\sin2-1\right)$.

五、23. 略.   24. 略.

习题 4-1

1. (1) $z'_x=2xy,z'_y=x^2+2y,dz=2xy\,dx+(x^2+2y)\,dy$;

(2) $z'_x=3x^2y-y^3,z'_y=x^3-3xy^2,dz=(3x^2y-y^3)\,dx+(x^3-3xy^2)\,dy$;

(3) $z'_x=-\dfrac{y(x^2+y^2)}{(x^2-y^2)^2},z'_y=\dfrac{x(x^2+y^2)}{(x^2-y^2)^2},dz=\dfrac{(x^2+y^2)}{(x^2-y^2)^2}(-y\,dx+x\,dy)$;

(4) $z'_x=-\dfrac{xy}{(x^2+y^2)^{\frac{3}{2}}},z'_y=\dfrac{x^2}{(x^2+y^2)^{\frac{3}{2}}},dz=\dfrac{x}{(x^2+y^2)^{\frac{3}{2}}}(-y\,dx+x\,dy)$;

(5) $z'_x=2^{xy}y\ln2,z'_y=2^{xy}x\ln2,dz=2^{xy}\ln2(y\,dx+x\,dy)$;

(6) $z'_x=-\dfrac{y}{x^2}e^{\frac{y}{x}},z'_y=\dfrac{1}{x}e^{\frac{y}{x}},dz=e^{\frac{y}{x}}\left(-\dfrac{y}{x^2}dx+\dfrac{1}{x}dy\right)$;

(7) $z'_x=-\dfrac{y}{x^2+y^2},z'_y=\dfrac{x}{x^2+y^2},dz=\dfrac{-y\,dx+x\,dy}{x^2+y^2}$;

(8) $z'_x=\dfrac{1}{\sqrt{1-x^2+2y^2}}\cdot\dfrac{x}{\sqrt{x^2-2y^2}},z'_y=\dfrac{1}{\sqrt{1-x^2+2y^2}}\cdot\dfrac{-2y}{\sqrt{x^2-2y^2}}$,

$dz=\dfrac{1}{\sqrt{1-x^2+2y^2}}\cdot\dfrac{1}{\sqrt{x^2-2y^2}}(x\,dx-2y\,dy)$;

(9) $z'_x=\dfrac{2}{y}\csc\dfrac{2x}{y},z'_y=-\dfrac{2x}{y^2}\csc\dfrac{2x}{y},dz=\dfrac{2}{y^2}\csc\dfrac{2x}{y}(y\,dx-x\,dy)$;

(10) $z'_x=2x\sin2y,z'_y=2x^2\cos2y,dz=2x\sin2y\,dx+2x^2\cos2y\,dy$;

(11) $z'_x=\dfrac{2y^2}{1+4x^2},z'_y=2y\arctan2x,dz=\dfrac{2y^2}{1+4x^2}dx+2y\arctan2x\,dy$;

(12) $z'_x=2x\ln(x^2+y^2)+\dfrac{2x^3}{x^2+y^2},z'_y=\dfrac{2x^2y}{x^2+y^2}$,

$dz=\left[2x\ln(x^2+y^2)+\dfrac{2x^3}{x^2+y^2}\right]dx+\dfrac{2x^2y}{x^2+y^2}dy$;

$(13) z'_x = y e^{xy} \sin(x+y) + e^{xy} \cos(x+y), z'_y = x e^{xy} \sin(x+y) + e^{xy} \cos(x+y),$

$\quad dz = [y e^{xy} \sin(x+y) + e^{xy} \cos(x+y)] dx + [x e^{xy} \sin(x+y) + e^{xy} \cos(x+y)] dy;$

$(14) z'_x = y^2 (1+xy)^{y-1}, z'_y = (1+xy)^y \left[\dfrac{xy}{1+xy} + \ln(1+xy) \right],$

$\quad dz = y^2 (1+xy)^{y-1} dx + (1+xy)^y \left[\dfrac{xy}{1+xy} + \ln(1+xy) \right] dy;$

$(15) z'_x = (x^2+y^2)^{xy} \left[y\ln(x^2+y^2) + \dfrac{2x^2 y}{x^2+y^2} \right],$

$\quad z'_y = (x^2+y^2)^{xy} \left[x\ln(x^2+y^2) + \dfrac{2xy^2}{x^2+y^2} \right],$

$\quad dz = (x^2+y^2)^{xy} \left\{ \left[y\ln(x^2+y^2) + \dfrac{2x^2 y}{x^2+y^2} \right] dx + \left[x\ln(x^2+y^2) + \dfrac{2xy^2}{x^2+y^2} \right] dy \right\}.$

2. $(1) -1$; $\quad (2) \dfrac{7}{2}, -\dfrac{17}{4}$; $\quad (3) 1, -1$; $\quad (4) 2y, -4.$

3. $(1) 6xy - 6y^3, -18x^2 y, 3x^2 - 18xy^2$;

$\quad (2) -\dfrac{1}{(x+y^2)^2}, \dfrac{2x-2y^2}{(x+y^2)^2}, -\dfrac{2y}{(x+y^2)^2}$;

$\quad (3) \dfrac{y^2-x^2}{(x^2+y^2)^2}, \dfrac{x^2-y^2}{(x^2+y^2)^2}, -\dfrac{2xy}{(x^2+y^2)^2}$;

$\quad (4) -\dfrac{2xy^3}{(1+x^2 y^2)^2}, -\dfrac{2x^3 y}{(1+x^2 y^2)^2}, \dfrac{1-x^2 y^2}{(1+x^2 y^2)^2}$;

$\quad (5) e^{2y-x}, 4e^{2y-x}, -2e^{2y-x}$; $\quad (6) -\dfrac{\sin x}{y}, \dfrac{2\sin x}{y^3}, -\dfrac{\cos x}{y^2}.$

4. $(1) z'_x = -\dfrac{y}{x^2} f'_1 + y f'_2, z'_y = \dfrac{1}{x} f'_1 + x f'_2$;

$\quad (2) z'_x = 2x f'_1 + y e^{xy} f'_2, z'_y = -2y f'_1 + x e^{xy} f'_2$;

$\quad (3) z'_x = f'_1 \arcsin y - \dfrac{y}{x^2} f'_2, z'_y = \dfrac{x}{\sqrt{1-y^2}} f'_1 + \dfrac{1}{x} f'_2$;

$\quad (4) z'_x = f'_1 \cos x + y f'_2, z'_y = x f'_2.$

5. $(1) z'_x = \dfrac{2}{y} + 2(x-y), z'_y = -\dfrac{2x}{y^2} + 2(y-x)$;

$\quad (2) z'_x = e^{x+y} (\sin xy + y\cos xy), z'_y = e^{x+y} (\sin xy + x\cos xy).$

6. $(1) z'_x = \dfrac{x}{2-z}, z'_y = \dfrac{y}{2-z}$; $\quad (2) z'_x = \dfrac{yz}{z^2-xy}, z'_y = \dfrac{xz}{z^2-xy}$;

$\quad (3) z'_x = \dfrac{yz - \sqrt{xyz}}{\sqrt{xyz} - xy}, z'_y = \dfrac{xz - 2\sqrt{xyz}}{\sqrt{xyz} - xy}$; $\quad (4) z'_x = \dfrac{y e^{-xy}}{e^z - 2}, z'_y = \dfrac{x e^{-xy}}{e^z - 2}$;

$\quad (5) z'_x = \dfrac{1}{\ln z - \ln y + 1}, z'_y = \dfrac{z}{y(\ln z - \ln y + 1)}$;

$(6) z'_x = \dfrac{2x}{y\cos yz - 1}, z'_y = \dfrac{z\cos yz}{1 - y\cos yz}.$

7.(1)极大值 $f(2,-2)=8$; (2)极小值 $f(3,3)=0$; (3)极小值 $f(2,2)=\dfrac{2}{3}$;

(4)极大值 $f(3,2)=36$; (5)极大值 $f(1,1)=1$; (6)极小值 $f\left(\dfrac{1}{2},-1\right)=-\dfrac{e}{2}$.

习题 4-2

1.(1)$\dfrac{1}{4}$; (2)23; (3)$\dfrac{44}{3}$; (4)$-\dfrac{1}{3}$; (5)$14a^4$; (6)$-\dfrac{3\pi}{2}$; (7)$\dfrac{1}{2}$;

(8)$1-\sin 1$; (9)$\dfrac{\pi}{12}$; (10)$\dfrac{\pi^2}{64}$.

2.(1)$\displaystyle\int_0^1 \mathrm{d}x \int_0^{\sqrt{x}} f(x,y)\mathrm{d}y + \int_1^3 \mathrm{d}x \int_0^{\frac{3-x}{2}} f(x,y)\mathrm{d}y$;

(2)$\displaystyle\int_0^1 \mathrm{d}x \int_0^{1-x^2} 3x^2 y^2 \mathrm{d}y$; (3)$\displaystyle\int_0^1 \mathrm{d}y \int_{\sqrt{y}}^{2-\sqrt{y}} f(x,y)\mathrm{d}x$;

(4)$\displaystyle\int_0^1 \mathrm{d}y \int_{y^2}^{2-y} f(x,y)\mathrm{d}x$; (5)$\displaystyle\int_0^1 \mathrm{d}x \int_{\sqrt{2x-x^2}}^{\sqrt{2-x^2}} f(x,y)\mathrm{d}y$.

3.(1)$\displaystyle\int_0^{\frac{\pi}{2}} \mathrm{d}\theta \int_0^2 rf(r^2)\mathrm{d}r$; (2)$\displaystyle\int_{\frac{\pi}{4}}^{\frac{\pi}{2}} \mathrm{d}\theta \int_0^{2a\cos\theta} rf(r\cos\theta, r\sin\theta)\mathrm{d}r$;

(3)$\displaystyle\int_0^{\frac{\pi}{2}} \mathrm{d}\theta \int_0^{6\sin\theta} rf(r\cos\theta, r\sin\theta)\mathrm{d}r$; (4)$\displaystyle\int_0^{\frac{\pi}{3}} \mathrm{d}\theta \int_0^4 rf(r\cos\theta, r\sin\theta)\mathrm{d}r$.

4.(1)$\displaystyle\int_0^1 \mathrm{d}x \int_{-\sqrt{1-x^2}}^{\sqrt{1-x^2}} f(\sqrt{x^2+y^2})\mathrm{d}y$;

(2)$\displaystyle\int_0^2 \mathrm{d}x \int_{\sqrt{2x-x^2}}^{\sqrt{4x-x^2}} f(x,y)\mathrm{d}y + \int_2^4 \mathrm{d}x \int_0^{\sqrt{4x-x^2}} f(x,y)\mathrm{d}y$.

复习题四

一、1. D. 2. B. 3. B. 4. B. 5. D.

二、6. $\dfrac{x^2+2xy}{(x+y)^2}$. 7. -1. 8. $a=3, b=-2$. 9. 0.

10. $\displaystyle\int_{\frac{1}{4}}^{\frac{1}{2}} \mathrm{d}x \int_{\frac{1}{2}}^{\sqrt{x}} f(x,y)\mathrm{d}y + \int_{\frac{1}{2}}^1 \mathrm{d}x \int_x^{\sqrt{x}} f(x,y)\mathrm{d}y$.

三、11. $\dfrac{\mathrm{d}y}{\mathrm{d}x} = x^{\sin x}\left[\dfrac{\sin x}{x} + (\cos x)\ln x\right]$.

12. $z'_x = -\dfrac{y}{x^2}\mathrm{e}^{\frac{y}{x}} - (1+3x^2y^2)\sin(x+x^3y^2), z'_y = \dfrac{1}{x}\mathrm{e}^{\frac{y}{x}} - 2x^3y\sin(x+x^3y^2)$.

13. $\mathrm{d}z = [y\ln(1+x^2y^2)-1]\mathrm{d}x + [x\ln(1+x^2y^2)]\mathrm{d}y$.

14. $\dfrac{\partial^2 z}{\partial x \partial y} = \dfrac{(1+e^z)^2 - xye^z}{(1+e^z)^3}$.   15. 极小值 $f(2,1) = -8$.

16. $\dfrac{9}{2}$.   17. $\dfrac{e-2}{6e}$.   18. $\dfrac{1}{8}$.   19. $\dfrac{1}{3} + \dfrac{\pi}{4}$.   20. $2 - \dfrac{\pi}{2}$.

四、21. 略.   22. 略.

习题 5-1

1.（1）一阶；   （2）一阶；   （3）一阶；   （4）二阶；   （5）二阶；   （6）二阶；   （7）三阶；

（8）三阶.

2.（1）$y' = (x+y)^2$；   （2）$yy' + 2x = 0$.

3.（1）$y = Ce^{\frac{x^2}{2}} - 2$；   （2）$y^2 = x^2 + C$；   （3）$2e^y - e^{2x} = C$；   （4）$3e^{-y^2} - 2e^{3x} = C$；

（5）$y = e^{Cx}$；   （6）$\ln|\cos y| = \ln|\cos x| + C$；   （7）$\arcsin y = \arcsin x + C$；

（8）$4(1+y)^3 = 3x^4 + C$；   （9）$y = 1 + \dfrac{Cx}{x+1}$；   （10）$y = -\dfrac{1}{1+\sin x}$；

（11）$y^2 = 2[x - \ln(1+e^x)] + 2\ln 2$；   （12）$y = 2(1+x^2)$.

4.（1）$y = \dfrac{\ln(1+x^2) + C}{2x}$；   （2）$y = \dfrac{x+C}{\cos x}$；   （3）$y = \dfrac{x - x^3 + C}{\arcsin x}$；   （4）$y = \dfrac{e^x - x + C}{x^2}$；

（5）$y = \dfrac{\tan x + C}{\ln x}$；   （6）$y = (\sqrt{x} + C)\cot x$；   （7）$y = x(C + \sin x)$；

（8）$y = (x^2 + C)\sin x$；   （9）$y = e^{-x}\left(\dfrac{x^3}{3} + C\right)$；   （10）$y = \dfrac{1}{5}e^{2x} + Ce^{-3x}$；

（11）$y = e^{-x^2}\left(\dfrac{x^2}{2} + C\right)$；   （12）$y = (x^2 - x + C)e^{\cos x}$.

5.（1）$x = \sqrt{y} + C$；   （2）$y = Ce^{ax}$；   （3）$xy = C$；   （4）$x^2 + y^2 = C$；   （5）$y = x + Ce^{-2x}$；

（6）$y = \arctan(x+y) + C$；   （7）$\sqrt{xy} = x + C$；   （8）$y = \ln|x+y+2| + C$；

（9）$x = \ln y + \dfrac{C}{y^2} - \dfrac{1}{2}$；   （10）$xy^2 = \ln|y| + C$；   （11）$x = y^2 + 2y$；

（12）$y^2 - 2xy + 2x^4 = 2$.

6.（1）$y = 1 + x^2$；   （2）$y = 2e^x - 2(x+1)$；   （3）$xy = 6$；   （4）$y = x(1 - \ln x)$.

7. $f(x) = \sin x + \cos x$.

习题 5-2

1.（1）$y'' + 2y' = 0$；   （2）$y'' + y = 0$；   （3）$y'' - 2y' + y = 0$；   （4）-1.

2.（1）$y = C_1 e^x + C_2 e^{-8x}$；   （2）$x = C_1 e^{2t} + C_2 e^{3t}$；

（3）$y = C_1 + C_2 e^{-\frac{1}{2}x}$；   （4）$y = C_1 e^{2x} + C_2 e^{-2x}$；   （5）$y = (C_1 + C_2 x)e^{-3x}$；

$(6)y=(C_1+C_2x)\mathrm{e}^{\frac{x}{2}}$; $\quad(7)y=\mathrm{e}^x(C_1\cos3x+C_2\sin3x)$;

$(8)y=\mathrm{e}^{-\frac{x}{2}}\left(C_1\cos\dfrac{x}{2}+C_2\sin\dfrac{x}{2}\right)$; $\quad(9)y=C_1\cos\sqrt{3}\,x+C_2\sin\sqrt{3}\,x$;

$(10)y=4\mathrm{e}^x+2\mathrm{e}^{3x}$; $\quad(11)y=(x-2)\mathrm{e}^{2x}$; $\quad(12)y=2\cos5x+\sin5x$.

3. $f(x)=\dfrac{3}{2}\mathrm{e}^x-\dfrac{1}{2}\mathrm{e}^{-x}$.

4. $(1)y=\dfrac{x^3}{3}\ln x-\dfrac{5}{18}x^3+C_1x+C_2$; $\quad(2)y=C_1\arctan x+C_2$; $\quad(3)y=C_1\mathrm{e}^{-x^2+C_2x}$.

复习题五

一、1. D. 2. A. 3. D. 4. C. 5. C.

二、6. 一. 7. $y=C\mathrm{e}^{x+\frac{x^2}{2}}$. 8. $y=1+\dfrac{1}{x}$. 9. $x\mathrm{e}^x-\dfrac{1}{x}+1$. 10. $y''+2y'+5y=0$.

三、11. $\ln(1+y^2)=x+\sin x-\pi$. 12. $y=x(x-2\sqrt{x}+C)$.

13. $x=-\dfrac{y}{4}-\dfrac{1}{16}+\dfrac{3}{16}\mathrm{e}^{4y}$. 14. $-x^2$. 15. $y=(\mathrm{e}^x+2)\mathrm{e}^{-\sin x}$. 16. e^{2x+1}.

17. $\mathrm{e}^{\frac{\pi}{2}}$. 18. $y=\mathrm{e}^{-x}+2\mathrm{e}^{\frac{x}{2}}$. 19. $y=x\sin(x+C)$. 20. $xy+\dfrac{y^2}{2}+x+C=0$.

习题 6-1

1. $(1)(2,-2,2\sqrt{2})$ 和 $(-1,1,-\sqrt{2})$; $\quad(2)4$ 和 8; $\quad(3)\pm\left(\dfrac{1}{2},-\dfrac{1}{2},\dfrac{\sqrt{2}}{2}\right)$;

$\quad(4)\left(\dfrac{1}{2},-\dfrac{1}{2},\dfrac{\sqrt{2}}{2}\right)$; $\quad(5)\cos\alpha=\dfrac{1}{2},\cos\beta=-\dfrac{1}{2},\cos\gamma=\dfrac{\sqrt{2}}{2},\dfrac{\pi}{3},\dfrac{2\pi}{3},\dfrac{\pi}{4}$.

2. $(1)3$; $\quad(2)-9$; $\quad(3)45$; $\quad(4)9$; $\quad(5)\dfrac{3\pi}{4}$.

3. $(1)\dfrac{58}{13}$; $\quad(2)-\dfrac{36}{5}$; $\quad(3)-1,1,-6,-\boldsymbol{i},\boldsymbol{j},-6\boldsymbol{k}$.

4. $(1)(2,-7,4)$; $\quad(2)(-2,7,-4)$; $\quad(3)(4,-14,8)$; $\quad(4)1$; $\quad(5)1$;
$\quad(6)(18,8,5)$; $\quad(7)(1,-1,-2)$.

5. $\pm\dfrac{1}{\sqrt{17}}(-3,2,2)$.

习题 6-2

1. $(1)2x-2y-3z+3=0$; $\quad(2)x-z=0$; $\quad(3)9x-8y+22z+59=0$;
$\quad(4)x-3y-z+4=0$; $\quad(5)3x-2y+z-8=0$; $\quad(6)5x-y-3z+11=0$;

(7) $x-y-z-1=0$；　(8) $2x+2y-3z=0$；　(9) $x-2y-3z-11=0$；

(10) $3x-2y+z-6=0.$

2. (1) $\dfrac{x+1}{4}=\dfrac{y}{-2}=\dfrac{z-2}{-1}$；　(2) $\dfrac{x-2}{3}=\dfrac{y+1}{-2}=\dfrac{z-4}{1}$；　(3) $\dfrac{x+3}{4}=\dfrac{y-2}{3}=\dfrac{z-5}{1}$；

(4) $\dfrac{x-1}{1}=\dfrac{y}{-3}=\dfrac{z-1}{-2}$；　(5) $\dfrac{x-2}{4}=\dfrac{y-1}{-1}=\dfrac{z+2}{-6}$；　(6) $\dfrac{x-1}{5}=\dfrac{y-1}{-1}=\dfrac{z-1}{-4}$；

(7) $\dfrac{x+1}{1}=\dfrac{y-2}{-2}=\dfrac{z-3}{1}$；　(8) $\begin{cases} x-3y-2z+1=0 \\ x-y+2z-1=0 \end{cases}$ 或 $\dfrac{x}{4}=\dfrac{y}{2}=\dfrac{1-2z}{2}.$

复习题六

一、1. B.　2. B.　3. D.　4. B.　5. C.

二、6. $k_2=5k_1$.　7. $m=\dfrac{8}{3}, n=-\dfrac{9}{2}$.　8. $\dfrac{x+5}{-3}=y=\dfrac{z-11}{10}$, $\begin{cases} x=-5-3t \\ y=t \\ z=11+10t \end{cases}$.

9. 3.　10. 7.

三、11. 50.　12. $3\sqrt{5}$.　13. $\pi-\arccos\dfrac{1}{\sqrt{6}}$.　14. (1) $k=5$；　(2) $k=-2$.

15. $2x-z-5=0$.　16. $\dfrac{x-1}{-4}=\dfrac{y}{50}=\dfrac{z+2}{31}$.　17. $\dfrac{3\sqrt{2}}{2}$.　18. $\left(0,0,\dfrac{1}{5}\right)$.

四、19. 略.　20. 略.

习题 7-1

1. (1) 发散；　(2) 发散；　(3) 发散；　(4) 发散；　(5) 发散；　(6) 发散；　(7) 发散；
(8) 发散；　(9) 发散；　(10) 发散；　(11) 发散；　(12) 发散.

2. (1) 发散；　(2) 发散；　(3) 发散；　(4) 发散；　(5) 发散；　(6) 收敛；　(7) 收敛；
(8) 收敛；　(9) 收敛；　(10) 收敛；　(11) 收敛　(12) 收敛.

3. (1) 收敛；　(2) 收敛；　(3) 收敛；　(4) 收敛；　(5) 收敛；　(6) 收敛；　(7) 发散；
(8) 发散.

4. (1) 收敛；　(2) 收敛；　(3) 发散；　(4) 发散；　(5) 收敛；　(6) 收敛；　(7) 发散；
(8) 收敛；　(9) 收敛；　(10) 收敛.

5. (1) 收敛；　(2) 收敛；　(3) 发散；　(4) 收敛；　(5) 收敛；　(6) 发散；　(7) 收敛；
(8) 收敛；　(9) 发散；　(10) 发散.

6. (1) 收敛(条件)；　(2) 收敛(条件)；　(3) 收敛(条件)；　(4) 收敛(条件)；
(5) 收敛(绝对)；　(6) 收敛(绝对)；　(7) 收敛(绝对)；　(8) 收敛(绝对)；
(9) 发散；　(10) 收敛(绝对).

1. (1) $R=1,(-1,1),(-1,1)$;   (2) $R=0,x=0$;   (3) $R=1,(-1,1),[-1,1)$;

   (4) $R=1,(-1,1),(-1,1]$;   (5) $R=1,(-1,1),[-1,1]$;

   (6) $R=3,(-3,3),[-3,3)$,   (7) $R=\dfrac{1}{4},\left(-\dfrac{1}{4},\dfrac{1}{4}\right),\left[-\dfrac{1}{4},\dfrac{1}{4}\right]$;

   (8) $R=5,(-5,5),(-5,5)$;   (9) $R=+\infty,(-\infty,+\infty),(-\infty,+\infty)$;

   (10) $R=+\infty,(-\infty,+\infty),(-\infty,+\infty)$;   (11) $R=+\infty,(-\infty,+\infty),(-\infty,+\infty)$;

   (12) $R=1,(3,5),(3,5]$;   (13) $R=2,(-1,3),[-1,3)$;

   (14) $R=e,(-2-e,-2+e),(-2-e,-2+e)$;   (15) $R=\dfrac{1}{2},(-1,0),[-1,0)$;

   (16) $R=+\infty,(-\infty,+\infty),(-\infty,+\infty)$;   (17) $R=\dfrac{1}{\sqrt{3}},\left(-\dfrac{1}{\sqrt{3}},\dfrac{1}{\sqrt{3}}\right),\left(-\dfrac{1}{\sqrt{3}},\dfrac{1}{\sqrt{3}}\right)$;

   (18) $R=\sqrt{2},(-\sqrt{2},\sqrt{2}),(-\sqrt{2},\sqrt{2})$;   (19) $R=1,(-1,1),(-1,1)$;

   (20) $R=2,(-2,2),(-2,2)$.

2. (1) $S(x)=\dfrac{2x}{1-2x^2},x\in\left(-\dfrac{1}{\sqrt{2}},\dfrac{1}{\sqrt{2}}\right)$;   (2) $S(x)=\dfrac{1}{(1-x)^2},x\in(-1,1)$;

   (3) $S(x)=\dfrac{x}{(1-x)^2},x\in(-1,1)$;   (4) $S(x)=\dfrac{x-1}{(2-x)^2},x\in(0,2)$;

   (5) $S(x)=\dfrac{x^2}{(1-x)^2},x\in(-1,1)$;   (6) $S(x)=\dfrac{x^3(2-x)}{(1-x)^2},x\in(-1,1)$;

   (7) $S(x)=\dfrac{1}{(1-x)^3},x\in(-1,1)$;   (8) $S(x)=-\ln(1-x),x\in[-1,1)$;

   (9) $S(x)=-\ln(5+x),x\in(-5,-3]$;   (10) $S(x)=-x\ln(1-x),x\in[-1,1)$;

   (11) $S(x)=\begin{cases} -\dfrac{\ln(1-x)}{x}, & -1\leqslant x<0 \\ 1, & x=0 \\ -\dfrac{\ln(1-x)}{x}, & 0<x<1 \end{cases}$;   (12) $S(x)=\dfrac{1}{2}\ln\dfrac{1+x}{1-x},x\in(-1,1)$;

   (13) $S(x)=-\arctan x,x\in[-1,1]$;

   (14) $S(0)=0,S(1)=1,S(x)=1+\dfrac{(1-x)\ln(1-x)}{x}$（$-1\leqslant x<0$ 及 $0<x<1$）;

   (15) $S(x)=e^x-1,x\in(-\infty,+\infty)$;   (16) $S(x)=-e^{-\frac{x^2}{2}},x\in(-\infty,+\infty)$.

3. (1) $\sum\limits_{n=0}^{\infty}2^n x^n,\left(-\dfrac{1}{2}<x<\dfrac{1}{2}\right)$;   (2) $\sum\limits_{n=0}^{\infty}(-1)^n\dfrac{x^n}{5^{n+1}},(-5<x<5)$;

   (3) $\sum\limits_{n=0}^{\infty}x^{2n},(-1<x<1)$;   (4) $\sum\limits_{n=1}^{\infty}nx^{n-1},(-1<x<1)$;

(5) $-\dfrac{1}{3}\displaystyle\sum_{n=0}^{\infty}\left[(-1)^n+\dfrac{1}{2^{n+1}}\right]x^n,(-1<x<1)$;

(6) $\displaystyle\sum_{n=0}^{\infty}\left(\dfrac{1}{2^{n+1}}-\dfrac{1}{3^{n+1}}\right)x^{n+1},(-2<x<2)$;　　(7) $\ln 3-\displaystyle\sum_{n=1}^{\infty}\dfrac{x^n}{n3^n},(-3\leqslant x<3)$;

(8) $-\displaystyle\sum_{n=1}^{\infty}\dfrac{(-2)^n+1}{n}x^n,\left(-\dfrac{1}{2}<x\leqslant\dfrac{1}{2}\right)$;　　(9) $\displaystyle\sum_{n=1}^{\infty}\dfrac{1-(-1)^n}{n}x^n,(-1<x<1)$;

(10) $\displaystyle\sum_{n=0}^{\infty}\dfrac{1-(-1)^n}{2n!}x^n,(-\infty<x<+\infty)$;　　(11) $\displaystyle\sum_{n=0}^{\infty}\dfrac{(-1)^n}{2^n n!}x^{2n},(-\infty<x<+\infty)$;

(12) $\displaystyle\sum_{n=0}^{\infty}\dfrac{(\ln 2)^n}{n!}x^n,(-\infty<x<+\infty)$.

4. $\displaystyle\sum_{n=0}^{\infty}\dfrac{(-1)^n}{4^{n+1}}(x-4)^n,(0<x<8)$.

5. $-\dfrac{1}{4}\displaystyle\sum_{n=0}^{\infty}\left[\dfrac{1}{3^{n+1}}+(-1)^n\right](x+2)^n,(-3<x<-1)$.

6. $\displaystyle\sum_{n=0}^{\infty}\dfrac{1}{\mathrm{e}^3\cdot n!}(x+3)^n,(-\infty<x<+\infty)$.

7. $\ln 2+\displaystyle\sum_{n=1}^{\infty}\dfrac{(-1)^{n+1}}{n2^n}(x-2)^n,(0<x\leqslant 4)$.

8. $\lg 2-\displaystyle\sum_{n=1}^{\infty}\dfrac{\lg \mathrm{e}}{n2^n}(x+1)^n,(-3\leqslant x<1)$.

复习题七

一、1. B.　2. B.　3. B.　4. B.　5. C.

二、6. $-a$.　7. 有极限.　8. $0\leqslant p<1$.　9. $\dfrac{1}{2}$.　10. $[-2,2]$.

三、11. $\dfrac{3}{4}$.　12. $\dfrac{3}{4}$.　13. 10.　14. (1)R,(2)R,(3)R,(4)$\dfrac{R}{2}$,(5)$\sqrt{R}$.

15. $\displaystyle\sum_{n=1}^{\infty}\dfrac{nx^{n-1}}{2^{n+1}},(-2<x<2)$.　16. $\displaystyle\sum_{n=0}^{\infty}\dfrac{(-1)^n}{4^{n+1}}(x-1)^{2n},(-1<x<3)$.

17. $s(x)=\dfrac{x(x+1)}{(1-x)^2},x\in(-1,1)$.　18. $c=2$.

四、19. 略.　20. 略.